高等职业技术教育电子电工类专业“十一五”规划教材

编委会名单

前　言

本教材是根据高职高专院校培养目标，并结合教学实际编写的“理论+实验”型教材，可作为高职高专院校电子工程类、工业自动化类、电气工程类、通信类、计算机应用类、仪器仪表类等相关专业的教材使用，也可作为相关专业技术人员的自学参考书。

编写本教材遵循的原则是：强化工程实践训练，培养学生的创新意识，提高学生的综合素质，以适应当前市场对人才的需要。本书将EDA工具软件分为三大类：电子电路仿真软件、电路图和电路板设计软件、可编程逻辑器件开发软件，采用教、学、做相结合的教学模式，深入浅出地介绍了使用Multisim2001进行电路仿真设计，使用Protel 99 SE进行电路图绘制和印制电路板设计，使用Lattice 公司的ispLEVER软件进行PLD设计的方法。

全书共分6章，主要内容有：Multisim2001的基本操作，仿真仪器的使用，仿真电路的分析，Protel 99 SE原理图编辑，PCB印制电路板设计，PCB印制电路板布线，可编程逻辑器件(PLD)设计等。本课程建议教学学时为60学时，其中理论教学30学时，上机实验30学时。有条件的院校建议安排一周的实训。

本教材由西安铁路职业技术学院的朱晓红担任主编，范新龙、吕红娟和吕昕参编。其中第1章、第2章、第6章由朱晓红编写，第3章由吕昕编写，第4章由吕红娟编写，第5章由范新龙编写。朱晓红对全书进行了修改和统稿。

限于编者水平，加之编写时间仓促，书中难免存在不足之处，敬请读者批评指正。

编　者

2010年5月

目　录

第 1 章 绪 论

本章要点

- EDA 技术及其发展
- 常用的 EDA 工具
- Multisim2001 软件和 Protel 99 SE 软件的安装

1.1 电子设计自动化

人类社会已进入高度发达的信息化社会，信息社会的发展离不开电子产品的进步。现代电子产品在性能提高、复杂度增大的同时，价格却一直呈下降趋势，而且产品更新换代的步伐也越来越快，实现这种进步的主要因素是生产制造技术和电子设计技术的快速发展。生产制造技术以微细加工技术为代表，目前已进展到深亚微米阶段，可以在几平方厘米的芯片上集成数千万个晶体管。电子设计技术的发展则以电子设计自动化(EDA，Electronic Design Automatic)技术为代表。

传统的电子线路设计方法一般采用搭接实验电路的方式进行，这种方法费用高、效率低。随着计算机技术的发展，一些特殊类型电路的设计可以通过计算机来完成，但目前能实现完全自动化设计的电路类型并不多，大部分情况下要以“人”为主体，借助计算机来完成设计任务，这种设计模式称作计算机辅助设计(CAD，Computer Aided Design)。

1. EDA 技术的含义

EDA 技术就是以功能强大的计算机为工作平台，以专用 EDA 软件工具为开发环境，以硬件描述语言和电路图描述为设计入口，以可编程逻辑器件为实验载体的电子产品自动化设计技术。

利用 EDA 工具，电子设计师可以从概念、算法、协议等开始设计电子系统，大量工作可以通过计算机完成，并可以将电子产品从电路设计、性能分析到设计出 IC 版图或 PCB 版图的整个过程在计算机上自动处理完成。

电子产品从系统设计、电路设计到芯片设计、PCB 设计都可以用 EDA 工具完成，其中仿真分析、规则检查、自动布局和自动布线是计算机取代人工的最有效部分。利用 EDA 工具可以大大缩短设计周期，提高设计效率，减小设计风险。

2. EDA 技术的发展

EDA 技术发展迅猛，可以用日新月异来形容。自 20 世纪 70 年代以来，在计算机技术

和集成电路制造技术的推动下，EDA 技术水平不断提高，应用越来越广泛，现在已涉及到各行各业。EDA 技术发展至今，经历了三个阶段。

1) CAD 阶段

20 世纪 70 年代是电子线路的计算机辅助设计(CAD，Computer Aided Design)阶段，即 EDA 发展的初级阶段。它利用计算机的图形编辑、分析和存储等能力，协助工程师进行电子系统的 IC(Integrated Circuit)版图编辑和 PCB(Printed Circuit Board)布局布线，取代了手工操作。CAD 可以减少设计人员繁琐、重复的劳动，但其自动化程度低，因而需要人工干预整个设计过程。这类专用软件大多以计算机为工作平台，易于学习和使用，设计中小规模电子系统可靠有效。现仍有很多此类专用软件被广泛应用于工程设计。

2) CAE 阶段

80 年代被称为 CAE(Computer Aided Engineering)阶段，与 CAD 相比，除了纯粹的图形绘制功能外，CAE 阶段已具备了设计自动化的功能，其主要特征是具备了自动布局布线和电路的计算机仿真、分析和验证功能，同时又增加了电路功能设计和结构设计，并且通过电气连接网络表将两者结合在一起，以实现工程设计，这就是计算机辅助工程的概念。CAE 的作用已不仅仅是辅助设计，还可以代替人进行某种思维。CAE 的主要功能有：原理图输入，逻辑仿真，电路分析，自动布局布线，PCB 后分析。

3) EDA 阶段

90 年代至今是高级 EDA 阶段，又称为电子系统设计自动化(ESDA，Electronic System Design Automation)阶段。传统的电子系统产品设计采用“自底而上”的顺序，依照这种顺序，设计者先对系统结构分块，然后进行电路级的设计。这种设计方式使设计者不能预测下一阶段的问题，而且每一阶段是否存在问题，往往在系统整机调试时才确定，也很难通过局部电路的调整使整个系统达到既定的功能和指标，不能保证设计一举成功。EDA 技术高级阶段采用一种新的“自顶向下”的设计顺序和“并行工程”的设计方法。依照这种方法，设计者的精力主要集中在所要设计系统的准确定义上，用 EDA 系统来完成电子产品的系统级到物理级的设计。该阶段技术的基本特征是：设计人员以计算机为工具，按照“自顶向下”的设计方法，对整个系统进行方案设计和功能划分；然后再将划分后的各个模块用硬件描述语言等设计描述方法完成系统行为级设计，再利用先进的开发工具自动完成逻辑编译、化简、分割、综合、优化、布局布线、仿真及特定目标芯片的适配编译和编程下载，这也称为数字逻辑电路的高层次设计方法。

EDA 技术代表了当今电子设计技术的最新发展方向，它是电子设计领域的一场革命。目前 EDA 的概念和技术应用得很广，涉及机械、电子、通信、航空航天、化工、矿产、生物、医学、军事等各个领域。

目前，EDA 技术正以惊人的速度发展，并已成为当今电子技术发展的前沿之一，被世界上各大公司、企业和科研单位广泛使用。本书所指的 EDA 技术，主要是针对电子电路设计和 PCB 设计的 EDA。

EDA 技术设计电子系统的简要流程图如图 1.1 所示。

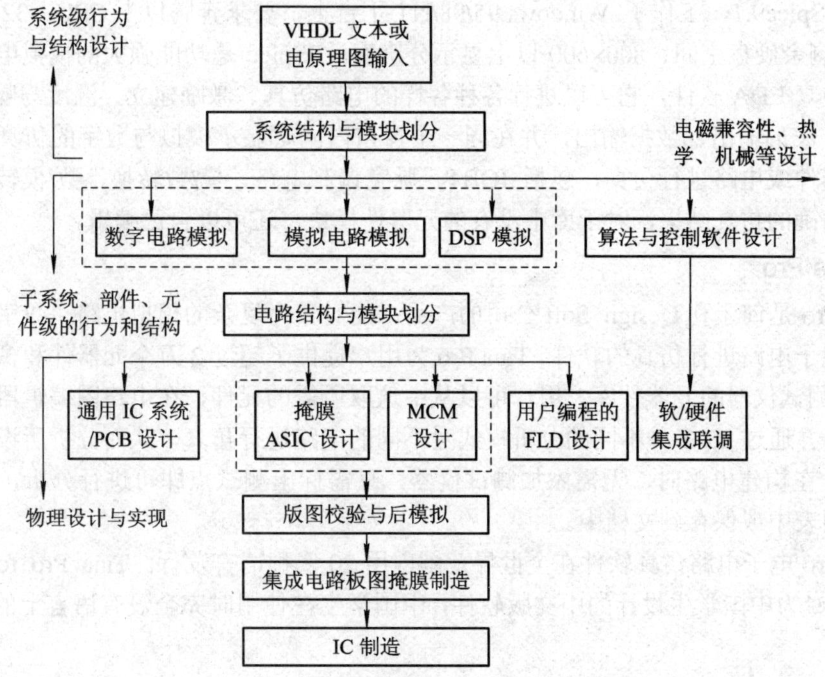

图 1.1 EDA 技术设计电子系统的简要流程图

1.2 常用 EDA 软件

掌握 EDA 技术的关键在于熟练使用 EDA 工具软件。电子设计自动化技术软件很多，有单一功能的，也有将电子设计方面的所有功能全部包括进去的集成软件环境，但大致可以分为：

(1) 电子电路设计与仿真软件，主要完成电子电路和系统的设计与仿真。

(2) PCB 设计软件，主要完成电原理图和印制电路板图的绘制。

(3) 片上系统开发软件，主要完成复杂电子系统的设计、仿真、编译和下载，在芯片上实现电子系统。

1.2.1 电子电路设计与仿真软件

常用的电子电路设计与仿真软件有以下介绍的几种。

1. PSpice

PSpice 是由 Spice 发展而来的通用电路分析程序。PSpice 是较早出现的 EDA 软件之一(1985 年就由 MicroSim 公司推出)，它在电路仿真方面的功能最为强大，在国内被普遍使用。现在使用较多的是 PSpice6.2(工作于 Windows 环境，占用硬盘空间 20 多兆)，整个软件由原理图编辑、电路仿真、激励编辑、元器件库编辑、波形图等几个部分组成。PSpice 发展至今，已被并入 OrCAD，成为 OrCAD-PSpice，但 PSpice 仍然单独销售和使用。PSpice 的最

新版本为 PSpice9.1，工作于 Windows 95/98/NT 平台上，要求奔腾以上 CPU、32 M 内存、50 M 以上剩余硬盘空间、800×600 以上显示分辨率。PSpice 是功能强大的模拟电路和数字电路混合仿真 EDA 软件，它可以进行各种各样的电路仿真、激励建立、温度与噪声分析、模拟控制、波形输出、数据输出，并在同一个窗口内同时显示模拟与数字的仿真结果。无论对哪种器件或电路进行仿真，包括 IGBT、脉宽调制电路、模/数转换、数/模转换等，都可以得到精确的仿真结果，对于库中没有的元器件模块，还可以自己编辑。

2. Tina Pro

Tina Pro 是匈牙利 Design Soft 公司的产品，能对较为复杂的模拟电路、数字电路和数模混合式电子电路进行仿真的软件。Tina Pro 为用户提供了超过 2 万个元器件和多种信号源及 10 多种测试仪器的元器件库。用户可以从中选取所需的元件，在电路图编辑器中迅速地创建电路，并通过 20 多种不同的分析模式对不同的电路进行仿真，从而分析所设计电路的性能指标。在构建电路时，无需添加测试仪器，只需标出测试点即可进行分析，结果可展现在相关图表中或保存到文档中。

Tina Pro 电子电路仿真软件在全世界范围内用 20 多种语言发行。Tina Pro for Chinese Students 是专为中国学生设计的中文版软件，中国学生在使用时完全没有语言上的障碍，很容易掌握。

3. EWB/Multisim2001

EWB(Electronic Workbench) 是加拿大交互图像技术有限公司 (Interactive Image Technologies Ltd.) 在 20 世纪 90 年代初推出的 EDA 软件。相对其他 EDA 软件而言，它是个较小巧的软件，只有 16 M，功能也比较单一，就是进行模拟电路和数字电路的混合仿真，但其仿真功能十分强大，几乎可以百分之百地仿真出真实电路的结果。该软件提供了上万种元器件和 7 种测试仪器，设计者可以从中选取所需的元件和仪器，在电路图编辑器中迅速地创建电路，并通过 10 多种不同的分析模式对不同的电路进行仿真，从而分析所设计电路的性能指标。EWB 的兼容性也较好，其文件格式可以导出能被 OrCAD 或 Protel 读取的格式，该软件只有英文版，在中文版 Windows 98 下它的一些图标会有偏移(在 Windows 95 下正常)，但不影响使用。

Multisim2001 是 EWB 的升级版，它保留了 EWB5.0 的全部功能，并增加了许多新功能，不仅可以完成电路的瞬态分析和稳态分析、时域和频域分析、器件的线性和非线性分析、噪声分析、失真分析、离散傅立叶分析、电路零极点分析、交流灵敏度分析和电路容差分析等 19 种电路分析，还可以实现故障模拟和数据存储等功能，另外还提供了增强型 RF 设计功能，能支持和模拟 Spice、VHLD/Verilog 模型等。

1.2.2 PCB 设计软件

常用的 PCB 设计软件有 Protel 和 OrCAD 两种。

1. Protel

Protel 是 Protel(现为 Altium)公司在 20 世纪 80 年代末推出的 CAD 工具，是 PCB 设计者的首选软件。它较早在国内使用，普及率最高，几乎所有的电路公司都要用到它。早期

的 Protel 主要作为印刷版自动布线工具使用，其最新版本为 Protel DXP，现在普遍使用的是 Protel 99 SE，它是一个完整的全方位电路设计系统，包含了电原理图绘制、模拟电路与数字电路混合信号仿真、多层印刷电路板设计(包含印刷电路板自动布局布线)、可编程逻辑器件设计、图表生成、电路表格生成、宏操作等功能，并具有 Client/Server(客户/服务体系结构)，同时还兼容一些其他设计软件的文件格式，如 OrCAD、PSpice、Excel 等。使用多层印制电路板的自动布线，可实现高密度 PCB 的 100%布通率。Protel 软件功能强大(同时具有电路仿真功能和 PLD 开发功能)、界面友好、使用方便，但它最具代表性的是电路设计和 PCB 设计功能。

2. OrCAD

OrCAD 是 OrCAD 公司于 20 世纪 80 年代末推出的 EDA 软件。它是世界上使用最广的 EDA 软件，每天都有上百万的电路工程师在使用它。相对于其他 EDA 软件而言，它的功能也是最强大的。由于 OrCAD 软件使用了软件狗防盗版，因此在国内并不普及，知名度也比不上 Protel，只有少数的电路设计者使用它。早年工作于 DOS 环境的 OrCAD 4.0 就集成了电原理图绘制、印制电路板设计、数字电路仿真、可编程逻辑器件设计等功能，而且它的界面友好且直观。OrCAD 的元器件库也是所有 EDA 软件中最丰富的，一直是 EAD 软件中的首选。

OrCAD 公司在与 CADENCE 公司合并后，成为世界上最强大的开发 EDA 软件的公司，它的产品 OrCAD 世纪集成版工作于 Windows 95 与 Windows NT 环境下，集成了电原理图绘制、印刷电路板设计、模拟与数字电路混合仿真等功能；电路仿真元器件库达 8500 个，收入了几乎所有的通用型电路元器件模块。

1.2.3 PLD 设计工具

PLD(Programmable Logic Device，可编程逻辑器件)是一种可由用户根据需要而自行构造逻辑功能的数字集成电路，可以完全替代 74 系列及 GAL、PLA 电路，只要有数字电路基础并会使用计算机的用户，就可以进行 PLD 的开发。PLD 的在线编程能力和强大的开发软件，使工程师可以在几天甚至几分钟内就完成以往几周才能完成的工作，并可将数百万门的复杂设计集成在一颗芯片内。目前 PLD 主要有两大类型：CPLD(Complex PLD)和 FPGA(Field Programmable Gate Array)。它们的基本设计方法是借助于 EDA 软件，用原理图、状态机、布尔表达式、硬件描述语言等方法生成相应的目标文件，最后用编程器或下载电缆，由目标器件实现。生产 PLD 的厂家很多，但最有代表性的是 Altera、Xilinx 和 Lattice 公司。

PLD 的开发工具一般由器件生产厂家提供，但随着器件规模的不断扩大，软件的复杂性也随之提高，目前由专门的软件公司与器件生产厂家推出了功能强大的设计软件。下面介绍几种主要器件生产厂家和开发工具。

1. Altera

Altera 公司的主要产品有：MAX3000/7000、FELX6K/10K、APEX20K、ACEX1K、Stratix 等。其开发工具 MAX＋PLUS Ⅱ是较成功的 PLD 开发平台，最新又推出了 Quartus Ⅱ开发

软件。Altera 公司提供较多形式的设计输入手段，可绑定第三方 VHDL 综合工具，如：综合软件 FPGA Express、Leonard Spectrum、仿真软件 ModelSim。

2．Xilinx

Xilinx 公司是 FPGA 的发明者。Xilinx 公司的产品种类较全，主要有：XC9500/4000、Coolrunner(XPLA3)、Spartan、Vertex 等系列，其最大的 Vertex-II Pro 器件已达到 800 万门。开发软件为 Foundation 和 ISE。通常来说，在欧洲用 Xilinx 的人多，在日本和亚太地区用 Altera 的人多，在美国则是平分秋色。全球 PLD/FPGA 产品 60%以上是由 Altera 和 Xilinx 提供的，因此可以说 Altera 和 Xilinx 共同决定了 PLD 技术的发展方向。

3．Lattice

Lattice 公司是 ISP(In-System Programmability)技术的发明者。ISP 技术极大地促进了 PLD 产品的发展，与 Altera 和 Xilinx 公司相比，其开发工具略逊一筹。该公司中小规模的 PLD 比较有特色，大规模 PLD 的竞争力还不够强(Lattice 没有基于查找表技术的大规模 FPGA)。1999 年 Lattice 公司推出可编程模拟器件，并收购了 Vantis(原 AMD 子公司)，成为世界第三大可编程逻辑器件供应商；2001 年 12 月，Lattice 公司又收购了 Agere 公司(原 Lucent 微电子部)的 FPGA 部门。Lattice 公司的主要产品有 ispLSI2000/5000/8000 和 MACH4/5。

4．Actel

Actel 是反熔丝(一次性烧写)PLD 的领导者。由于反熔丝 PLD 抗辐射、耐高温、功耗低、速度快，所以在军品和宇航级市场上有较大优势。Altera 和 Xilinx 公司则一般不涉足军品和宇航级市场。

5．WSI

WSI 生产 PSD(单片机可编程外围芯片)产品。这是一种特殊的 PLD，如最新的 PSD8xx、PSD9xx 集成了 PLD、EPROM、Flash，并支持 ISP(在线编程)，集成度高，主要用于配合单片机工作。

1.3　本书使用的主要软件安装

本书主要介绍电子电路仿真、印制版的设计和 PLD 设计，共选用了 3 个典型的软件。

1. Multisim2001

Multisim2001 是一个 32 位的电路仿真软件，是迄今为止使用最方便、最直观的仿真软件，它增加了大量的 VHDL 元件模型，可以仿真更复杂的数字元件，在保留了 EWB 形象直观等优点的基础上，增强了软件的仿真测试和分析功能，扩充了元件库中的元件的数目，特别是增加了大量与实际元件对应的元件模型，使得仿真设计的结果更精确、更可靠、更具有实用性。

Multisim2001 软件具有以下的功能：

(1) 具有丰富的元件库。Multisim2001 主元件库提供了一个庞大的元件模型数据库，用户可以通过新增的元件编辑器建立自己的元件库。

(2) 类型齐全的仿真。在 Multisim2001 电路窗口中，既可以分别对数字或模拟电路进行仿真，也可以将数字元件和模拟元件连接在一起进行仿真分析，还可以对射频电路进行仿真。

(3) 高度集成的操作界面。Multisim2001 将电路原理图的创建、电路的测试分析和结果的图表显示等全部集成到同一个电路窗口中。整个操作界面就像一个实验工作台，有存放仿真元件的元件箱，有存放测试仪器仪表的仪器库，有进行仿真分析的各种操作命令。

(4) 强大的分析功能。Multisim2001 提供了十几种电路的分析功能，有直流工作点分析、交流分析、瞬态分析、傅里叶分析等，可帮助设计者分析电路的性能，大大缩短分析时间。

(5) 强大的虚拟仪器仪表功能。Multisim2001 提供了双踪示波器、逻辑分析仪、波特图示仪、数字万用表等十几种虚拟仪器、仪表，其操作界面如同在实验室中亲手操作仪器一样，可非常方便地用于分析研究和教学，逻辑分析仪、网络分析仪更是一般实验室不可多得的高档仪器。

(6) 具有 VHDL/Verilog 的设计和仿真功能。Multisim2001 包含了 VHDL/Verilog 的设计和仿真，使得大规模可编程逻辑器件的设计和仿真与模拟电路、数字电路的设计和仿真融为一体，弥补了原来大规模可编程逻辑器件无法与普遍电路融为一体仿真的缺陷。

(7) 提供多种输入输出接口。Multisim2001 可输入由 Spice 等其他电路仿真软件所创建的 Spice 网表文件并自动形成相应的电路原理图，可以把 Multisim2001 环境下创建的电路原理图文件输出给 Protel 等常见的 PCB 软件进行印刷电路板设计，也可以将仿真结果输送到 MathCAD 和 Excel 等应用程序中。

2. Protel 99 SE

Protel 99 SE 是一个 32 位印制版辅助设计软件包，具有强大的设计功能，可以完成原理图、印制版设计和可编程逻辑器件设计。

Protel 99 SE 主要由两大部分组成，每个部分有 3 个模块：

第一部分为电路设计部分，主要有以下 3 个模块：

(1) 用于原理图设计的 Advanced Schematic 99。这个部分主要包括设计原理图的原理图编辑器，用于修改和生成零件的零件库编辑器以及各种报表生成器。

(2) 用于电路板设计的 Advanced PCB 99。这个部分主要包括设计电路板的电路板编辑器、用于修改和生成零件封装的零件封装编辑器以及电路板组件管理器。

(3) 用于 PCB 自动布线的 Advanced Route 99。

第二部分为电路仿真与 PLD 设计部分，主要有以下 3 个模块：

(1) 用于可编程逻辑器件设计的 Advanced PLD 99。这个模块主要包括具有语法意义的文本编辑器，用于编译和仿真设计的 PLD，以及用来观察仿真波形的 WAV。

(2) 用于电路仿真的 Advanced SIM 99。这个模块主要包括一个功能强大的数/模信号仿真器，能够提供连续的模拟信号和离散的数字信号。

(3) 用于高级信号 wan 完整性分析的 Advanced Integrity 99。这个模块主要包括一个高

级信号完整性分析器，能分析 PCB 设计和检查设计参数。

3. ispLEVER

ispLEVER 软件是 Lattice 公司最新推出的一套 EDA 软件。设计输入可采用原理图、硬件描述语言、混合输入 3 种方式。逻辑模拟能对所设计的数字电子系统进行功能模拟和时序模拟。编译器是此软件的核心，能进行逻辑优化，将逻辑映射到器件中去，自动完成布局与布线并生成编程所需要的熔丝图文件。

(1) 输入方式：

- 原理图输入。
- 硬件描述语言输入：

ABEL-HDL 输入。

VHDL 输入。

Verilog-HDL 输入。

- 原理图和硬件描述语言混合输入。

(2) 逻辑模拟：

- 功能模拟。
- 时序模拟。

(3) 编译器：结构综合、映射、自动布局和布线。

(4) 支持的器件：

- 含有支持 ispLSI 器件的宏库及 MACH 器件的宏库、TTL 库。
- 支持所有 ispLSI、MACH、ispGDX、ispGAL、GAL、ORCA FPGA/FPSC、ispXPGA 和 ispXPLD 器件。

(5) 软件支持的计算机平台：Windows 98/NT/2000/XP。

1.3.1 Multisim2001 软件的安装

1. Multisim2001 的安装环境要求

操作系统：Windows 95/98/2000/NT4.0/XP

CPU：Pentium166 或更高档次的 CPU。

内存：至少 32 MB(推荐 64 MB 或更高，最好 128 MB 以上)。

显示器分辨率：至少 800 像素 × 600 像素。

光驱：配备 CD-ROM 光驱(光驱可以通过网络安装)。

硬盘：可用空间至少为 200 MB。

2. Multisim2001 的安装

Multisim2001 的安装是基于 Windows 的操作界面之下的。下面介绍的是以安装源盘为光盘，在 Windows XP 操作系统下的安装步骤。

Multisim2001 的安装光盘可以自行启动运行，具体安装步骤如下：

(1) 开始安装前请退出所有的 Windows 应用程序。将光盘放入光驱，光盘会自启动，出现图 1.2 所示的安装程序的启动画面，单击【Next】按钮继续。

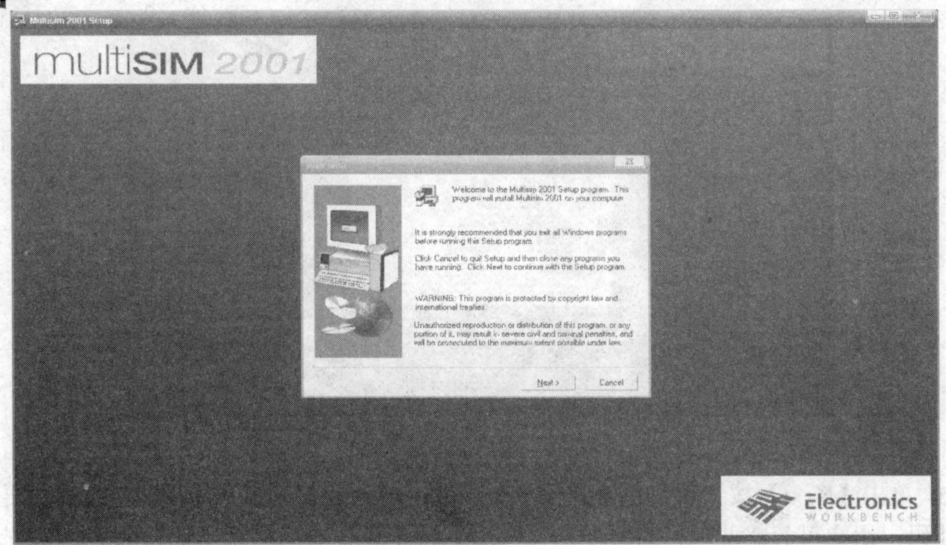

图 1.2　Multisim2001 安装程序的启动画面

(2) 阅读授权协议，单击【Yes】按钮接受协议。如果不接受协议请单击【No】按钮，安装程序将终止，如图 1.3 所示。

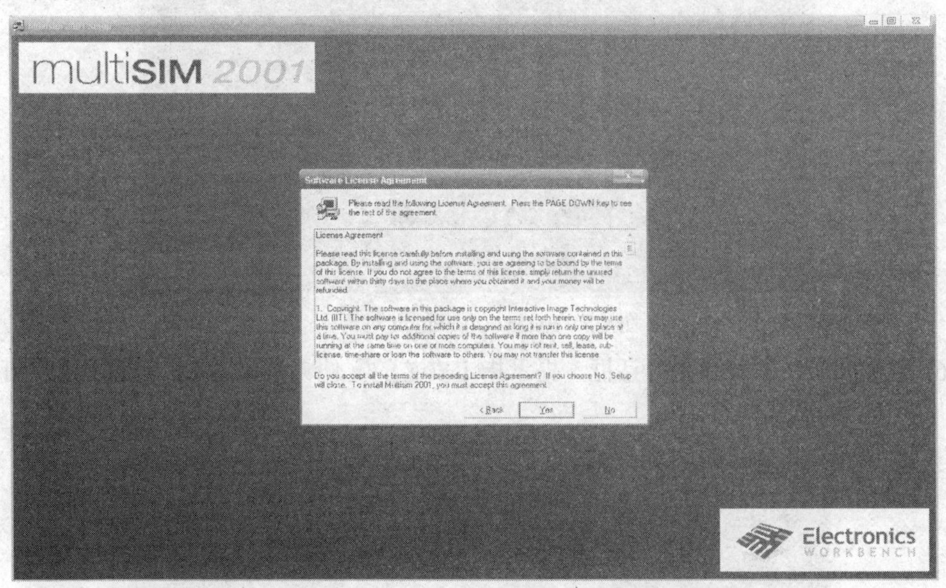

图 1.3　Multisim2001 版权声明对话框

(3) 阅读出现的系统升级对话框，系统窗口文件此时需要升级。系统升级完毕后，提示重新启动计算机，重启后，系统会继续自动安装进程，如果不能自动安装，可通过【开始】→【程序】→【Startup】→【Setup】继续安装。系统提示欢迎信息和授权协议，单击【Yes】按钮继续安装。

(4) 继续安装后，屏幕弹出对话框，要求输入用户信息，包括用户名、公司名称和 20 位的产品序列号，如图 1.4 所示。

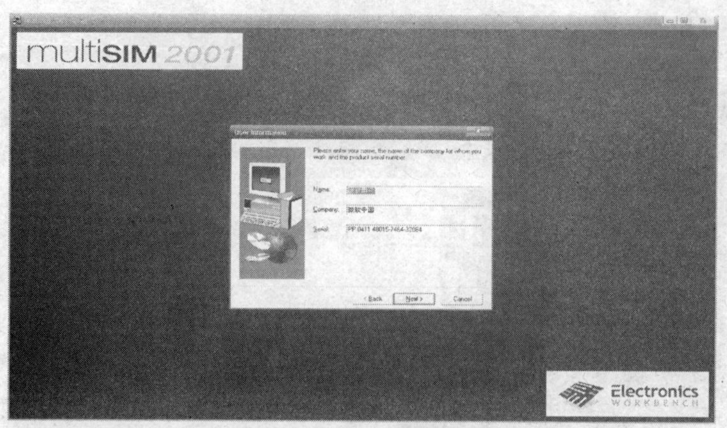

图 1.4　用户信息对话框

(5) 单击【Next】按钮后，系统弹出 Enter Information 对话框，如图 1.5 所示，要求输入功能码，用户可忽略此项，直接单击【Next】按钮跳过，忽略功能码输入后，系统的使用会受到一些限制。

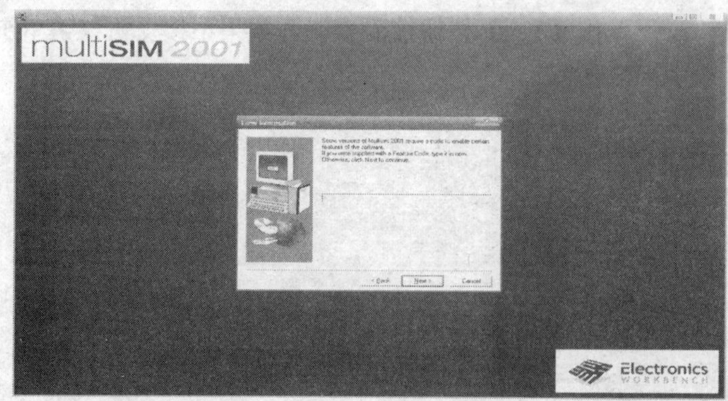

图 1.5　Enter Information 对话框

(6) 继续安装，系统弹出对话框，提示指定安装的文件夹，如图 1.6 所示，用户可自行定义。

图 1.6　指定文件夹对话框

(7) 在指定程序组对话框中，如图 1.7 所示，默认名称为 Multisim2001，一般情况下不需要改动，单击【Next】按钮后，安装程序继续执行。

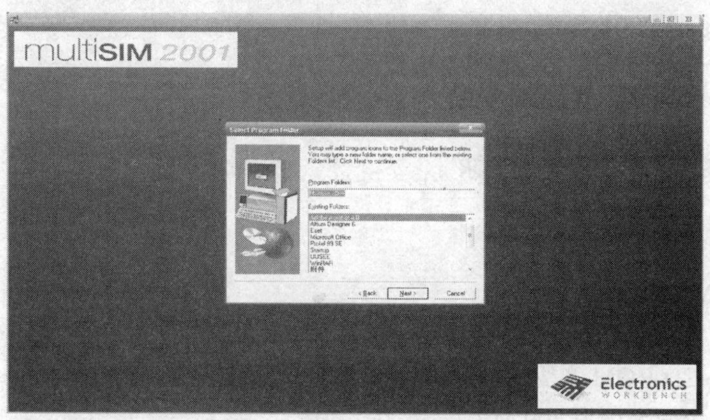

图 1.7　指定程序组对话框

(8) 此时，安装程序开始复制文件，并在屏幕上显示复制过程的进展情况，如图 1.8 所示。

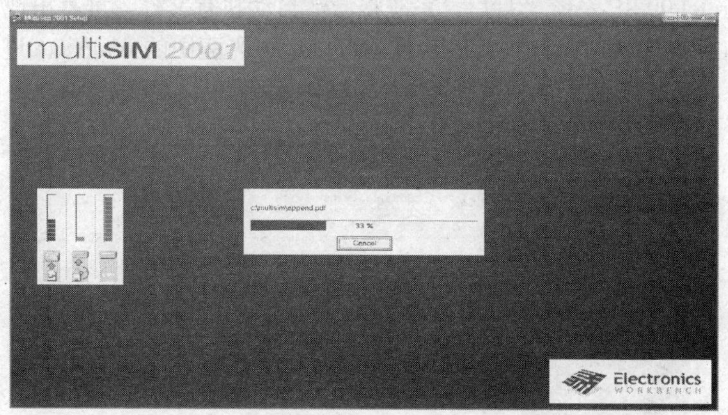

图 1.8　复制文件

(9) 文件复制完毕后，单击【OK】按钮，安装程序显示安装完成对话框，如图 1.9 所示，单击其中的【Finish】按钮后，第二阶段安装结束。

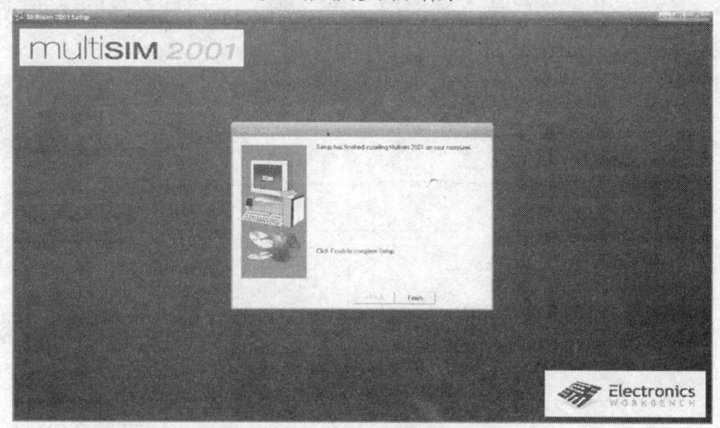

图 1.9　完成安装

完成第二阶段的安装后，Multisim2001 就可以使用了，但有时间限制(只有 15 天)，时间一过就不能再使用，即便重新安装也无济于事。要想不受时间限制，还需要输入一个交付码来激活 Multisim2001。

1.3.2 Protel 99 SE 软件的安装

1. Protel 99 SE 的安装环境要求

操作系统：Windows 98 以上。

CPU：CⅡ1G 以上。

内存：128 MB 以上。

显示器：17 寸 SVGR，分辩率为 1024 像素 × 768 像素以上。

光驱：配备 CD-ROM 光驱(没有光驱时可以通过网络安装)。

硬盘：可用空间至少为 300 MB。

2. Protel 99 SE 的安装

(1) 放入 Protel 99 SE 系统光盘后，系统将激活自动执行文件，屏幕出现如图 1.10 所示的欢迎信息。如果光驱没有自动执行的功能，可以运行光驱中的 setup.exe 进行安装。

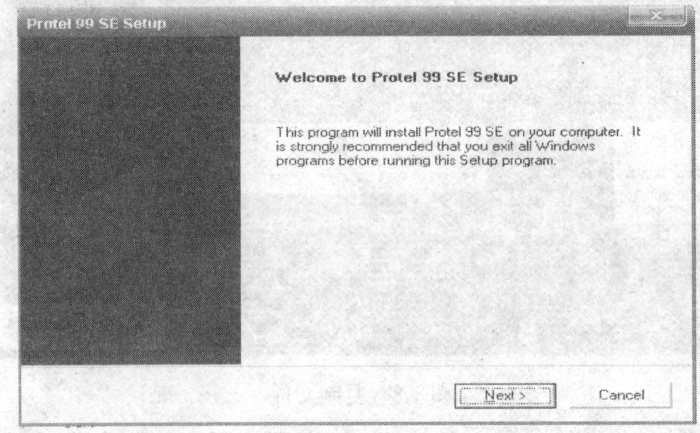

图 1.10　安装软件的欢迎信息

(2) 单击【Next】按钮，屏幕弹出对话框，提示输入序列号，如图 1.11 所示。正确输入供应商提供的序列号后单击【Next】按钮进入下一步。

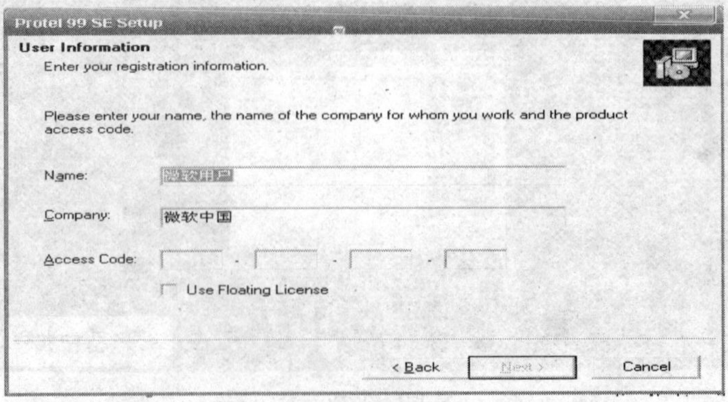

图 1.11　输入序列号

(3) 单击【Next】按钮后，屏幕提示选择安装路径，可自行选择。单击【Next】按钮后选择安装模式，一般选择典型安装(Typical)模式。再次单击【Next】按钮，屏幕提示指定存放图标文件的程序组位置，如图 1.12 所示。

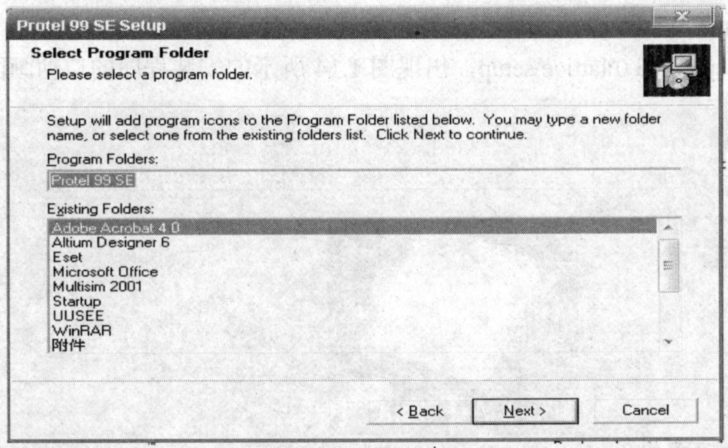

图 1.12　指定程序组

(4) 设置好程序组后，单击【Next】按钮，系统开始复制文件，如图 1.13 所示。

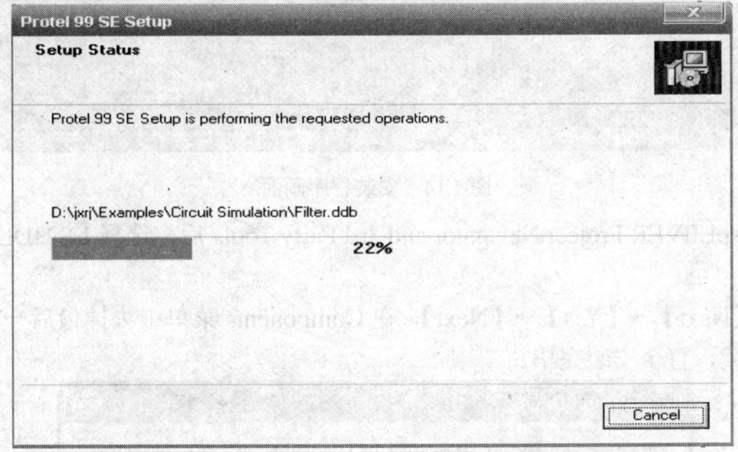

图 1.13　复制文件

(5) 系统安装结束后，屏幕提示安装完毕，单击【Finish】按钮结束安装，至此 Protel 99 SE 软件安装完毕。

3．安装补丁程序

完成 Protel 99 SE 安装后，可以执行光盘中的 Protel 99_service_pack 1.exe 文件，安装补丁程序。

4．安装中文菜单

在安装中文菜单前，先启动一次 Protel 99 SE 应用程序，退出后将 Windows 根目录下的 Client 99.rcs 文件保存起来。然后将附带光盘中的 Client99.rcs 复制到 Windows 根目录下，再启动 Protel 99 SE 时，即可发现所有菜单命令后均带有中文注释信息。

1.3.3 ispLEVER 软件的安装

ispLEVER 软件的安装步骤如下：

(1) 关闭所有 Windows 应用程序，将光盘放入光驱。

(2) 运行:\isplever3.0\lattice\setup，出现图 1.14 所示的安装程序的启动画面。

图 1.14　安装程序画面

(3) 点击 ispLEVER Project Navigator and 3rd Party Tools 后，选择 LS HDL BASE PC N，单击【Next】。

(4) 选择【Next】→【Yes】→【Next】，在 Components 菜单中去掉最后一项，如图 1.15 所示，然后继续，直至安装完毕。

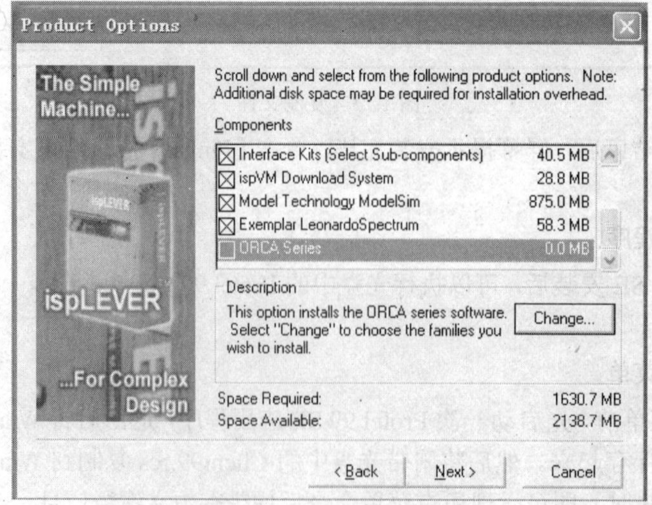

图 1.15　Components 菜单

(5) 安装后将光盘上的 license.dat 拷贝到 :\isptools\license 目录下。

(6) 重新启动计算机即可运行 ispLEVER 软件。

上 机 操 作

操作 1　Multisim2001 软件的安装

操作 2　Protel 99 SE 软件的安装

操作 3　ispLEVER 软件的安装

课 后 练 习

1. 简述 EDA 技术的含义和发展。

2. 常用的 EDA 工具有哪些？

第 2 章　Multisim2001 仿真电路

本章要点

- Multisim2001 仿真电路的创建
- 虚拟仪器的使用
- 仿真分析方法

2.1　Multisim2001 仿真电路的创建

2.1.1　Multisim2001 基本界面

单击任务栏上的【开始】→【程序】→【Multisim2001 程序组】→【Multisim2001】，进入 Multisim2001 主窗口，如图 2.1 所示。从图中可以看到，在窗口界面中主要包含了以下几个部分：电路工作区、菜单栏、主要工具栏、元器件库栏和仪表工具栏等。

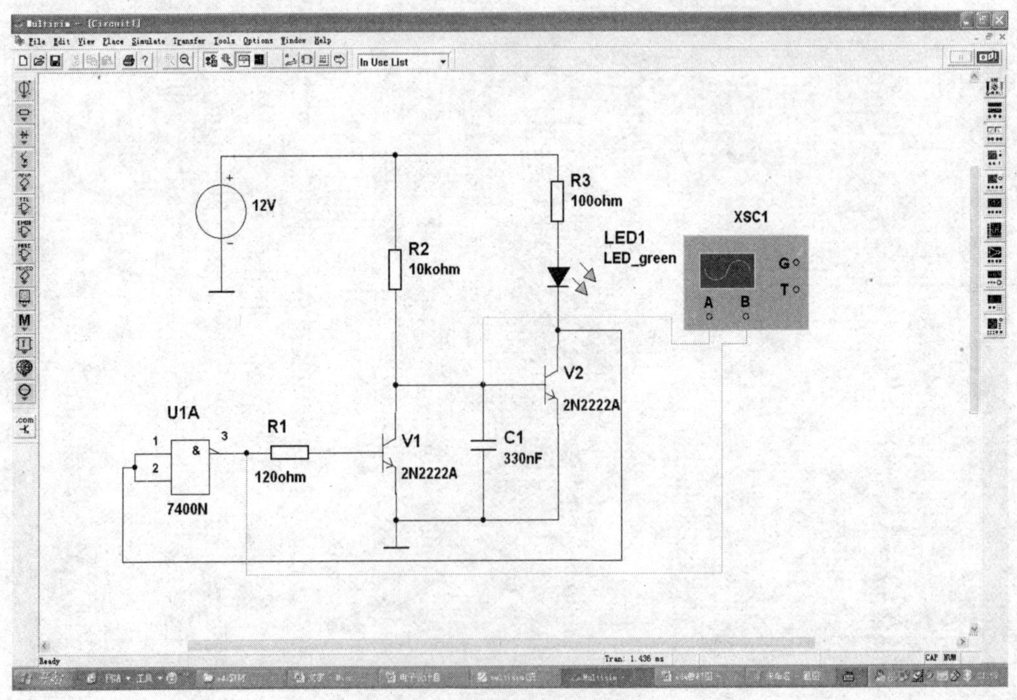

图 2.1　Multisim2001 主窗口

1. 电路工作区

电路工作区用于搭接仿真电路和显示仿真分析结果，用户的大量工作在此窗口上完成。

2. 菜单栏

菜单栏如图 2.2 所示，包含了 9 个菜单项：

- File：文件菜单，主要用于管理所创建的电路文件，包含 Open、New、Save 和 Print 等。
- Edit：编辑菜单，包含一些最基本的编辑操作命令，如 Cut、Copy、Paste 和 Undo 等命令。
- View：视图菜单，包括调整窗口视图的命令，用于添加或去除工具条、元件库栏、状态栏，在窗口界面中显示网格，以提高在电路搭接时元件相互位置的准确度；放大或缩小视图的尺寸以及设置各种显示元素等。
- Place：放置菜单，通过放置菜单中的各项命令，可在窗口中放置节点、元件、总线、输入/输出端、文本和子电路等对象。
- Simulate：仿真菜单，提供了仿真所需的各种设备及方法。
- Transfer：导出菜单，可将所搭接的电路及分析结果传输给其他应用程序，如 PCB 和 MathCAD、Excel 等。
- Tools：设计工具菜单，用于创建、编辑、复制、删除元件，可管理、更新元件库等。
- Option：选项菜单，可对程序的运行和界面进行设置。
- Help：帮助菜单，提供帮助文件，按下键盘上的 F1 键也可以获得帮助。

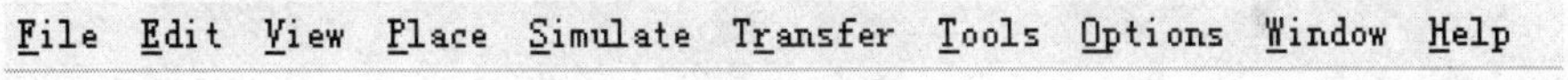

File　Edit　View　Place　Simulate　Transfer　Tools　Options　Window　Help

图 2.2　菜单栏

3. 工具栏

工具栏分为系统工具栏和设计工具栏两部分，位于菜单栏的下方，如图 2.3 所示。

图 2.3　工具栏

(1) 系统工具栏(System)：各个按钮的名称及其功能与 Windows 基本相同，如图 2.4 所示。

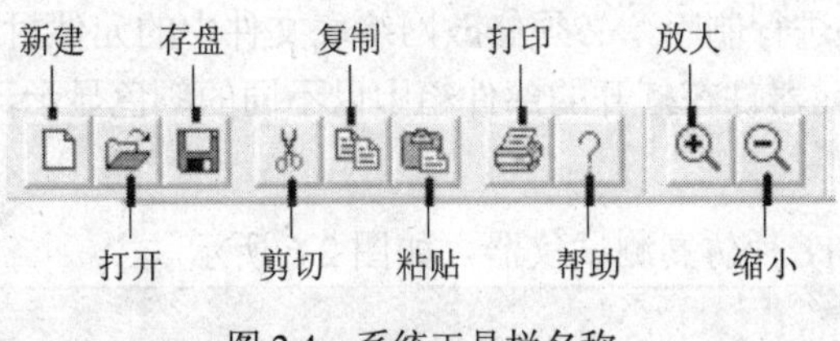

图 2.4　系统工具栏名称

(2) 设计工具栏(Designs)：共有 9 个按钮，各按钮的名称及功能如表 2.1 所示。

表 2.1　设计工作栏功能

图标	功　能	图标	功　能	图标	功　能
	元器件设置按钮，用于打开/关闭元器件工具条		元器件设计按钮，用于打开元件编辑器，进行元件编辑		仪器库设置按钮，用于打开/关闭仪器工具条
	模拟仿真按钮，用于开始/暂停/结束电路的模拟		仿真分析按钮，用于选择电路的分析功能		仿真结果后处理按钮，用于分析结果的再处理
	VHDL/Verilog 模型按钮，用于打开 VHDL/Verilog 设计界面		统计报告按钮，用于统计电路元器件、仪器清单等		导出按钮，用于与其他电路文件之间的传输

另外一个按钮“In Use List”是当前元件清单，记录用户在进行电路仿真中最近用过的元件和分析方法，以便用户随时调出并使用。

4．元器件库栏

元器件库提供了用户在电路仿真中所用到的所有元件，元器件库栏有两种工业标准，即 ANSI(美国标准)和 DIN(欧洲标准)，每种标准采用不同的图形符号表示，如图 2.5 所示。

图 2.5　元器件库

元器件库从左到右依次分别为：电源库、基本元器件库、二极管库、晶体管库、模拟元器件库、TTL 元件库、CMOS 元件库、其他数字元器件库、混合芯片库、指示部件库、其他部件库、控制器件库、射频器件库和机电类元器件库。

Multisim2001 提供实际元器件和理想元器件，实际元器件是具有实际标称值或型号的元器件，一般提供有元件封装；理想元器件用户可随意定义其数值或型号，包括所有电源、电阻、电容、电感和运放电路，理想元器件没有定义元件封装形式，只能用于创建原理图，如果要输出到 PCB 软件进行制版，必须修改网络表文件中的元件封装。

理想元器件和实际元器件在打开的部件箱中以不同的颜色显示，前者默认为绿色。

5．仪表工具栏

仪表工具栏提供了 11 种仿真测试仪器，如图 2.6 所示。

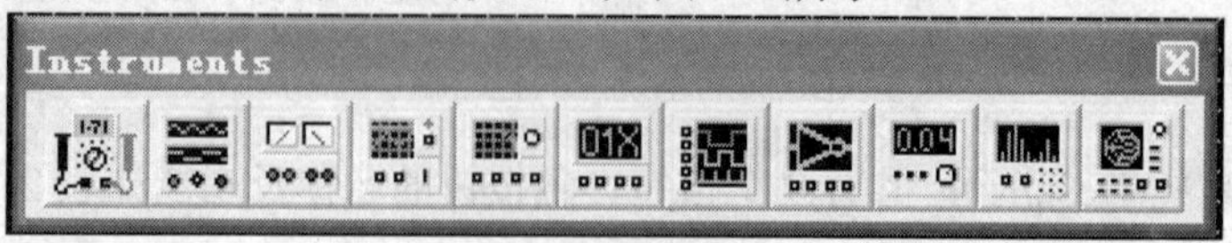

图 2.6　仪表工具栏

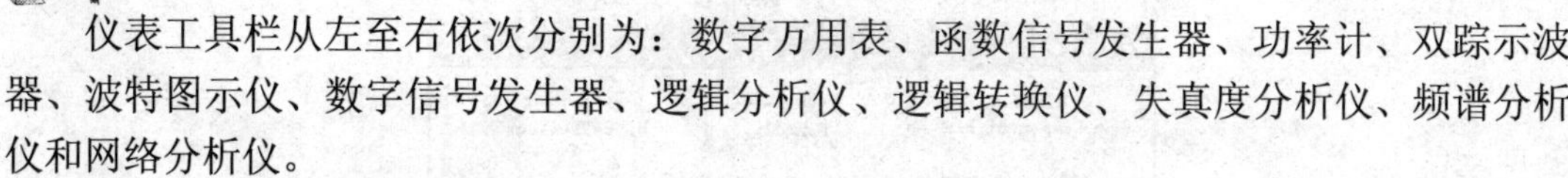

仪表工具栏从左至右依次分别为：数字万用表、函数信号发生器、功率计、双踪示波器、波特图示仪、数字信号发生器、逻辑分析仪、逻辑转换仪、失真度分析仪、频谱分析仪和网络分析仪。

2.1.2　电路仿真的基本操作

进行电路仿真实验前必须先搭接好线路，仿真电路的建立主要包括定制用户界面、选择和放置元器件、连接线路等几个方面。

1. 用户界面的定制

创建一个电路之前，可根据具体电路的要求和用户的习惯设置一个特定的用户界面。设置用户界面有两种形式：一种是针对当前界面的设置，另一种是对界面进行长期的设置。

(1) 针对当前界面的设置只需在电路窗口处单击鼠标右键，在弹出的菜单中进行设置，它可以设置栅格、页边距和标题栏的显示状态以及颜色、字体、线宽和电路的显示状态等，如图 2.7 所示。但该设置仅对当前的电路有效，新建电路不能保留该设置。

Place Component...	Ctrl+W
Place Junction	Ctrl+J
Place Bus	Ctrl+U
Place Input/Output	Ctrl+I
Place Hierarchical Block	Ctrl+H
Place Text	Ctrl+T
Cut	Ctrl+X
Copy	Ctrl+C
Paste	Ctrl+V
Place as Subcircuit	Ctrl+B
Replace by Subcircuit	Ctrl+Shift+B
✔ Show Grid	
Show Page Bounds	
✔ Show Title Block and Border	
Zoom In	F8
Zoom Out	F9
Find...	Ctrl+F
Color...	
Show...	
Font...	
Wire width...	
Help	F1

图 2.7　当前界面的设置

(2) 对界面进行长期设置可以通过执行菜单【Option】→【Preferences】项来实现。在基本界面上执行菜单【Option】→【Preferences】，即出现 Preferences 对话框，如图 2.8 所示。

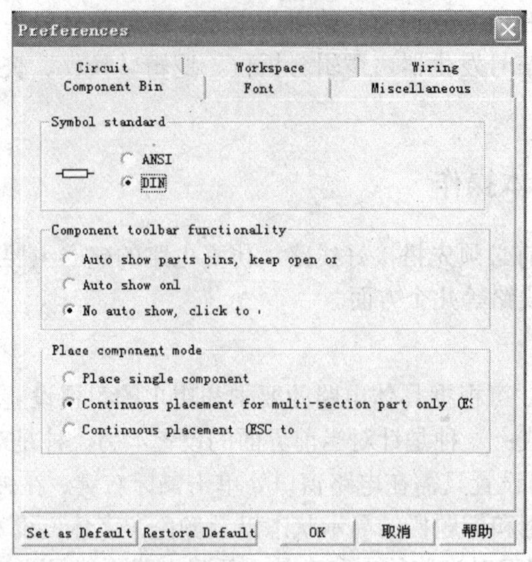

图 2.8　Preferences 对话框

该对话框有 6 个选项，基本包括了电路界面中所有的设置。

① Component Bin：如图 2.8 所示，共有 3 个区：

• Symbol standard 区：设置元器件符号标准，其中有 DIN(欧洲标准)和 ANSI(美国标准)两种标准。选择不同的符号标准时，在元器件库中以不同的符号表示，其中 DIN 标准比较接近我国国标符号。

• Component toolbar functionality 区：设置元件箱的打开和显示方式。

• Place component mode 区：选择放置元件的方式。

② Circuit：设置电路图选项，如图 2.9 所示。

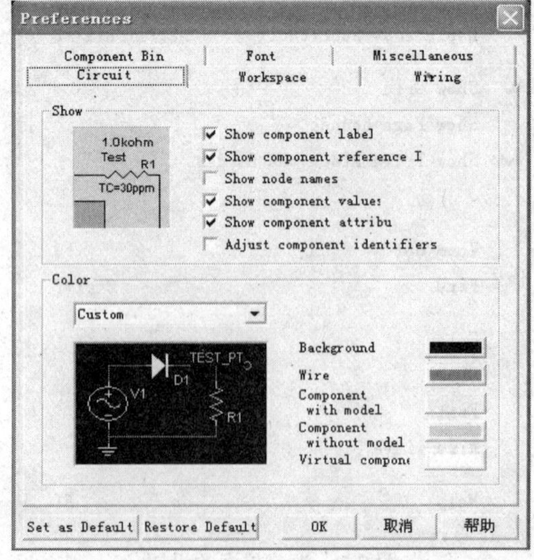

图 2.9　Circuit 选项卡

• Show 区：设置元器件标号、参考编号、节点号、标称值、元件属性和调整元件的标识符等。

• Color 区：用于设置电路图颜色，在下拉列表框中可以选择 4 种固定配色方案或

Custom(定制)，当选择 Custom 时，可自行进行电路图背景、连接线、元器件颜色的设置。

③ Workspace：对电路显示窗口图纸进行设置，如图 2.10 所示。

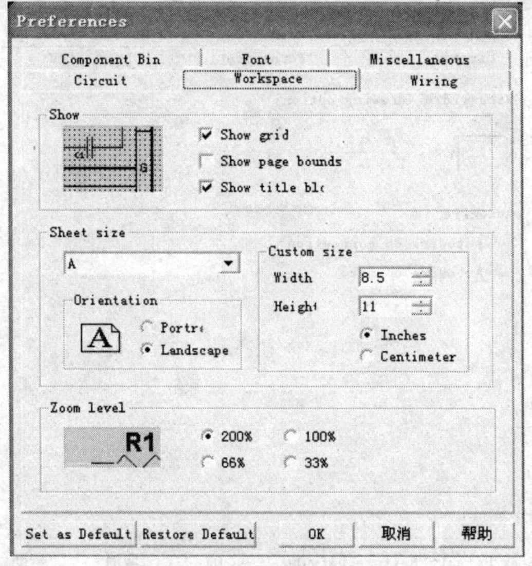

图 2.10　Workspace 选项卡

• Show 区：设置窗口图纸格式，可设置电路图栅格、页边缘和标题栏显示状态，即 Show grid(显示栅格)、Show page bounds(显示页边缘)和 Show title block and border(显示标题栏)，点击复选框后打“√”选中该项。

• Sheet size 和 Custom size 区：设置标准图纸大小和自定义图纸大小；Inches(英寸)和 Centimeters(厘米)用于设置单位制；Orientation 用来设置图纸放置方向(Portrait 为纵向图纸，Landscape 为横向图纸)。

• Zoom level 区：设置窗口图纸的缩放比例，仅有 4 种可选择的比例(200%、100%、66%和 33%)，不能设置任意比例。

④ Font：设置元件的标识和参数值、节点、引脚名称、原理图文本和元器件属性等，如图 2.11 所示。设置方法与 Windows 操作系统相似。

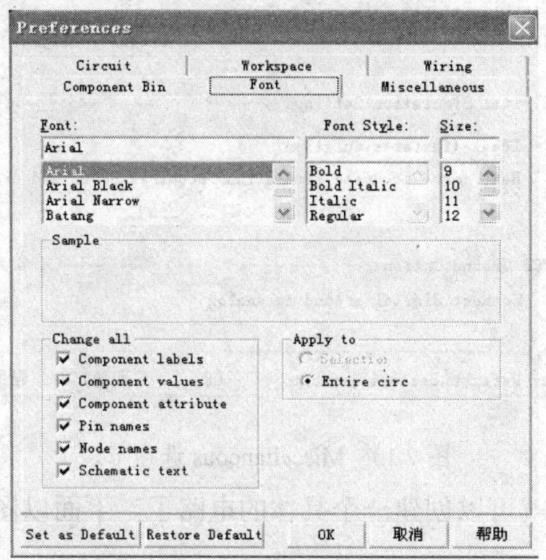

图 2.11　Font 选项卡

⑤ Wiring：设置电路导线的宽度与连线方式，如图 2.12 所示。

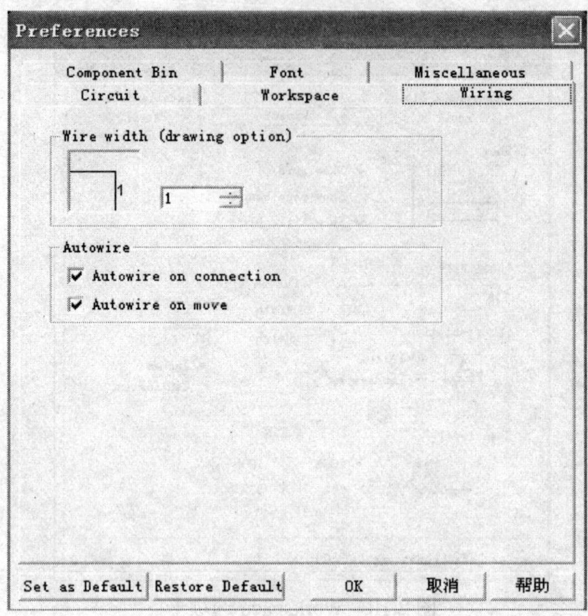

图 2.12 Wiring 选项卡

⑥ Miscellaneous：设置电路的备份、存盘路径、数字仿真速度及 PCB 接地方式等，如图 2.13 所示。选中 Auto-backup 可以设置自动备份时间。

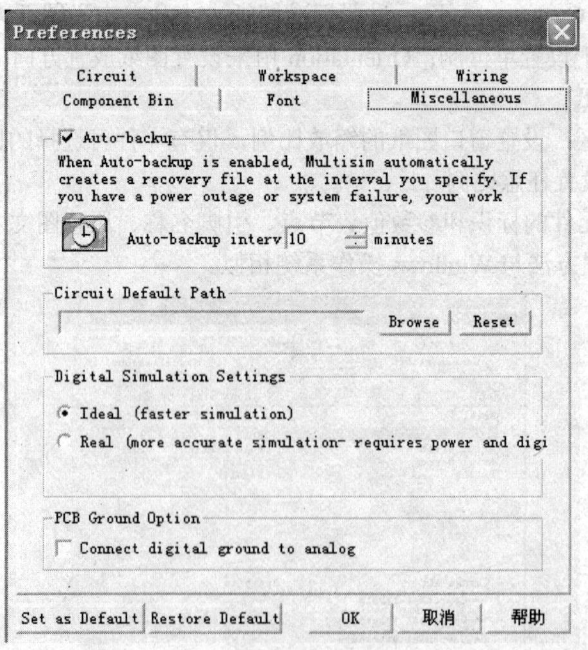

图 2.13 Miscellaneous 选项卡

定制好用户界面后，就可以创建一个具体的电路了。下面以图 2.14 所示电路图为例，介绍电路的创建过程。

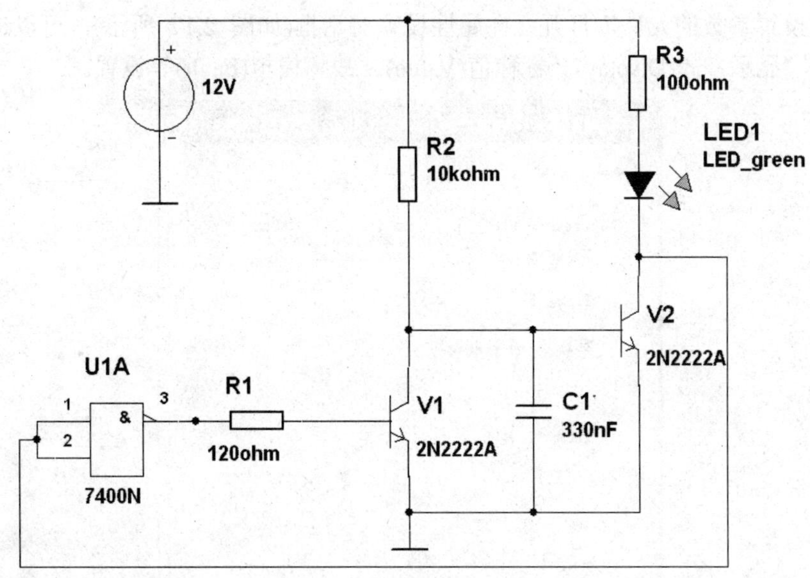

图 2.14　举例电路

2．选择和放置元器件

1) 选取电阻、电容、电感等基本元件

单击按钮即可拉出电阻元件库，如图 2.15 所示。

在此元件库中，对于电阻、电容、电感等基本元件有两种元件模型：实际元件(灰框)和理想元件(绿框)。

在 Multisim 中，许多元件模型是根据实际存在的元器件参数设计的，与实际元件相对应，且仿真结果准确可靠，此类元件为实际元件。而理想元件是指元件的大部分模型参数是该类元件的典型值，部分模型参数可由用户根据需要自行确定的元件。由于多数情况下选取理想元件的速度要比实际元件快得多，因此常用理想元件，本例中也采用理想元件。在电阻元件库中找到所需要的理想元件(如理想电阻)，单击该元件，此时在电路工作区中的光标上带有一个悬浮的电阻，移动光标到合适的位置后，再次单击鼠标，理想电阻就放置于工作区中，如图 2.16 所示。

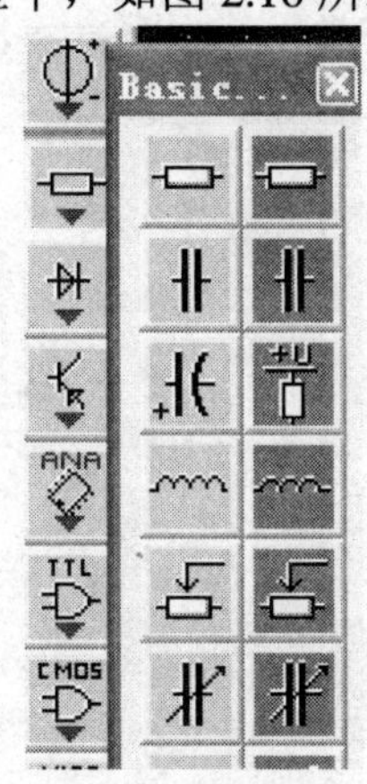

图 2.15　电阻元件库

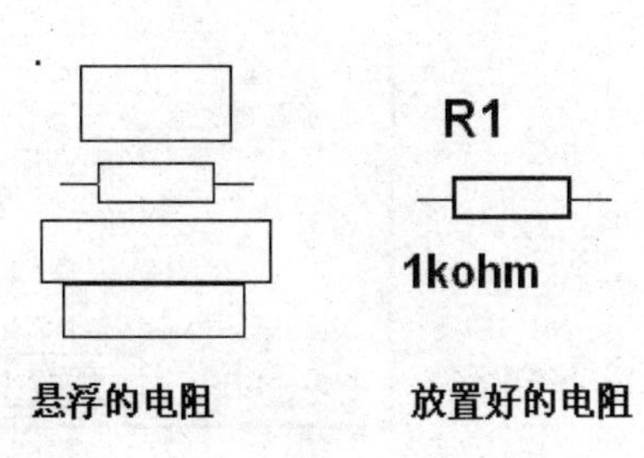

图 2.16　元器件的放置

双击要设置参数的元件，打开元件属性设置对话框(如图 2.17 所示)，可以进行元器件标号(Label)、显示方式(Display)、标称值(Value)、故障模拟(Fault)等设置。

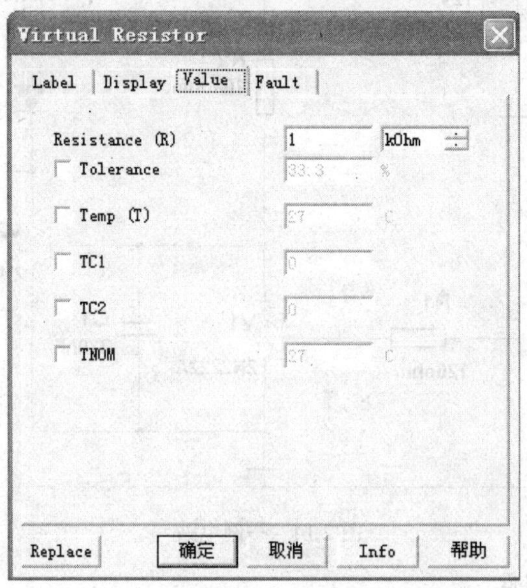

图 2.17　元器件属性设置对话框

(1) 设置元件标称值：单击图 2.17 中的 Value 选项卡，在 Resistance 栏中键入元件的标称值即可。理想元件的标称值可以任意设置，注意标称值的单位。如果想将此元件改为实际元件，可以单击【Replace】按钮进行修改。

(2) 设置元器件标号：单击 Label 选项卡，弹出图 2.18 所示的对话框。Label(标号)可以由用户根据电路自行设定，Reference ID(参考编号)由系统自动定义，而且必须是唯一的，一般情况下不要修改参考编号。

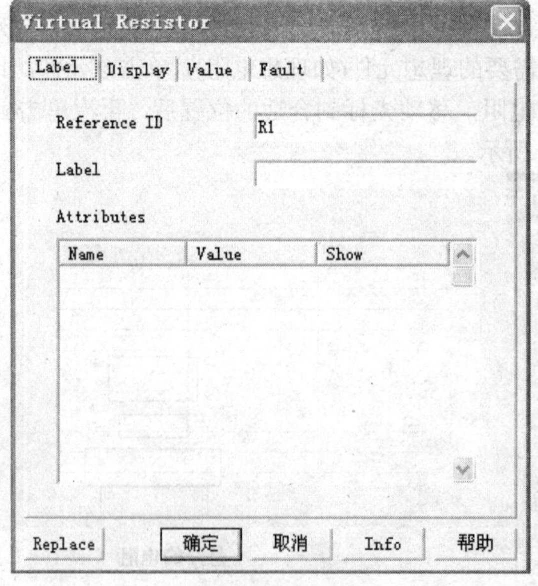

图 2.18　元器件标号设置对话框

2) 放置多功能单元的元件

某些元器件(如集成电路等)存在多个功能单元，放置这些多功能单元的实际元器件时，对话框将提示选择对应的功能单元。

下面以 TTL 元件 7400N 为例进行说明。7400N 共有 4 个与非门，在元器件库中选中该元件时，将弹出元器件浏览对话框，选择所需的元件 7400N，单击【OK】按钮，屏幕上弹出选择功能单元菜单，如图 2.19 所示。从中选择功能单元 A(或 B、C、D)后即完成放置 7400N 的第 1 个与非门，元件的标号自动设置为 U1A，表示选择的是第一个功能单元，此时可以继续选择放置功能单元 B、C、D；若要取消放置状态，可以单击【Cancel】按钮。

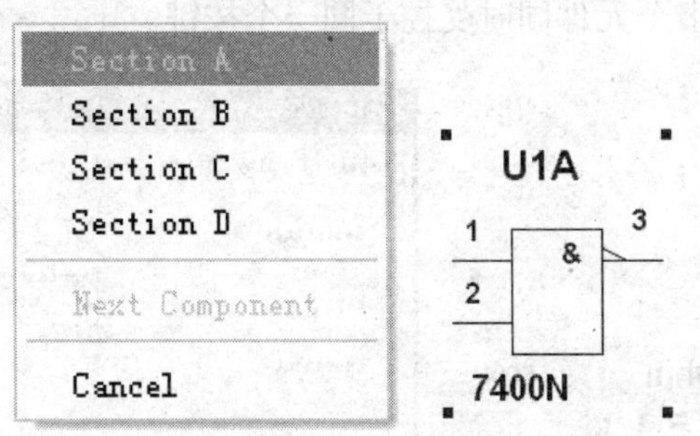

图 2.19　放置 7400 的功能单元 A

3) 元器件的修改与调整

为了使元件符合图中的要求，有时需要移动、旋转、删除元件，改变元件的显示颜色等，这时，可用鼠标进行相应操作或用鼠标右击元件，然后在弹出菜单中选择相应的操作，如图 2.20 所示。

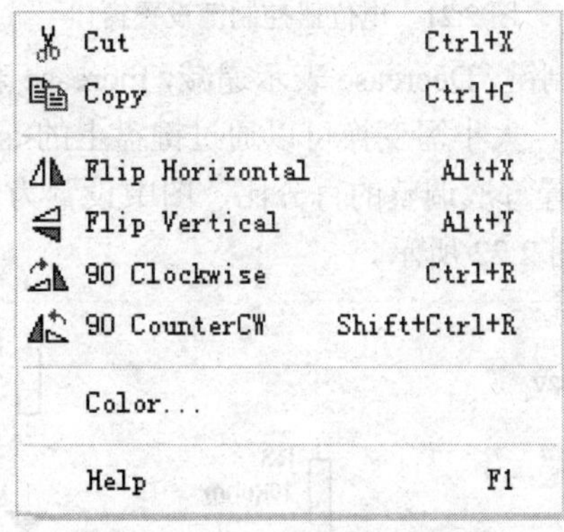

图 2.20　元器件调整快捷菜单

具体步骤如下：

(1) 元器件的移动。为了使电路布局更加合理，有时需要对元器件，包括图标、参考编号和标称值等进行移动。移动一个元器件时，通过选中该元器件图标后拖动光标来实现；移动一组元器件时，先选中这些元器件，然后用鼠标左键拖曳其中的任意一个元器件，则所有选中的元器件都会一起移动。元器件移动后，与其相连接的导线会自动重新排列。

(2) 元器件的旋转和翻转。为了使电路布局排列合理，常常需要对元件进行旋转和翻转等操作。在图 2.20 所示的元器件调整菜单中执行 Flip Horizontal 实现水平翻转；执行菜单

Flip Vertical 实现垂直翻转；执行 90 Clockwise 实现顺时针旋转 90°；执行 90 CounterCW 实现逆时针旋转 90°。

(3) 元器件的复制和删除。在图 2.20 中，选中菜单 Copy 可复制当前选中元件；执行菜单 Cut 可剪切当前选中元件。选中元件后，单击【Delete】可以删除选中的元件。

(4) 调整可调元器件。对于电位器、可变电容、可变电感和开关等可调元件，在仿真过程中是通过键盘上的按键来控制的。

在工作区中放置一只电位器，双击该电位器，工作区弹出如图 2.21 所示的电位器控制键设置窗口。元件“key=x”中的“x”为控制键，一般修改为所需的字母，本例为“a”，按键一般不能重复，以免多个元件同时受控于同一个按键。

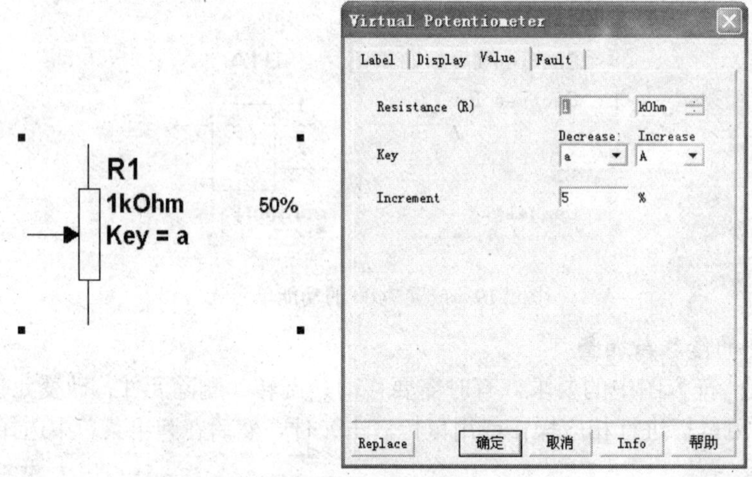

图 2.21　电位器控制键设置窗口

图中的 Key 用于设置控制键，Decrease 表示递减，Increase 表示递增，图中设置为按“a”减小阻值，按“A”增大阻值，大小写变换可以通过键盘上的<shift>键进行，控制键可以自行改变；Increment 栏用于设置每次调整的百分比，图中设置为 5%。

调整好的元件布局图如图 2.22 所示。

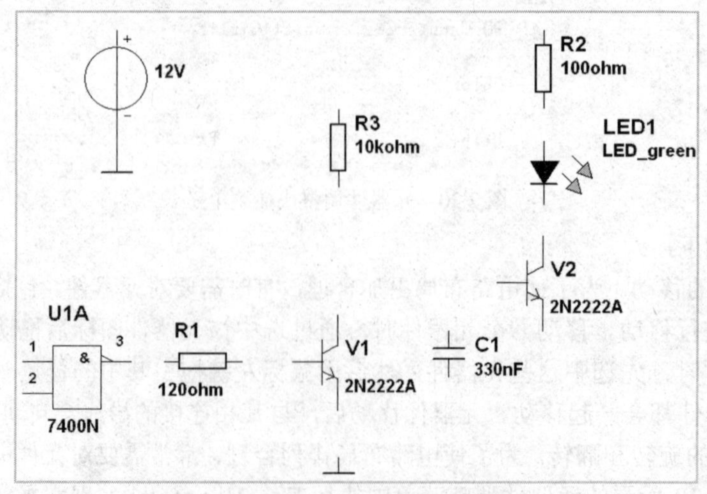

图 2.22　调整后的元件布局图

3．线路连接

在 Multisim 中线路的连接非常方便，一般有如下两种连接方法：

(1) 元件之间的连接。将鼠标指针移近所要连接的元件引脚一端，鼠标指针自动转变为“ ✦ ”，点击并拖动指针至另一元件的引脚，再次出现“ ✦ ”时点击，系统即自动连接两个引脚之间的线路，如图 2.23 所示。

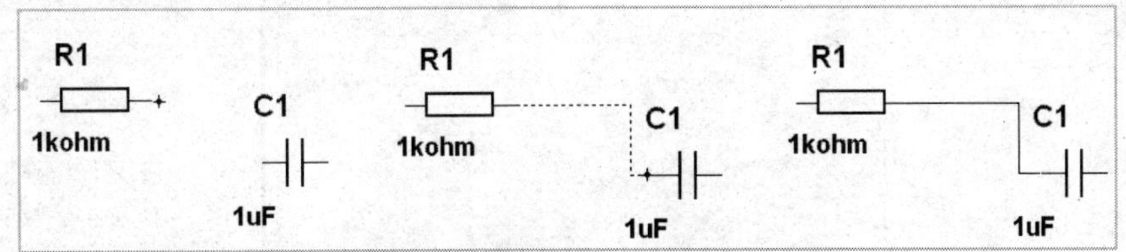

图 2.23　自动连线方式示意图

(2) 元件与线路的中间连接。从元件引脚开始，指针指向该引脚并点击，然后拖向所要连接的线路上再点击，此时系统不但自动连接两个点，同时在所连接的线路上的交叉点上自动放置一个接点。

如果两条线只是交叉而过，则不会产生连接点，即两条交叉线并不相连接。

连接好的电路如图 2.24 所示。

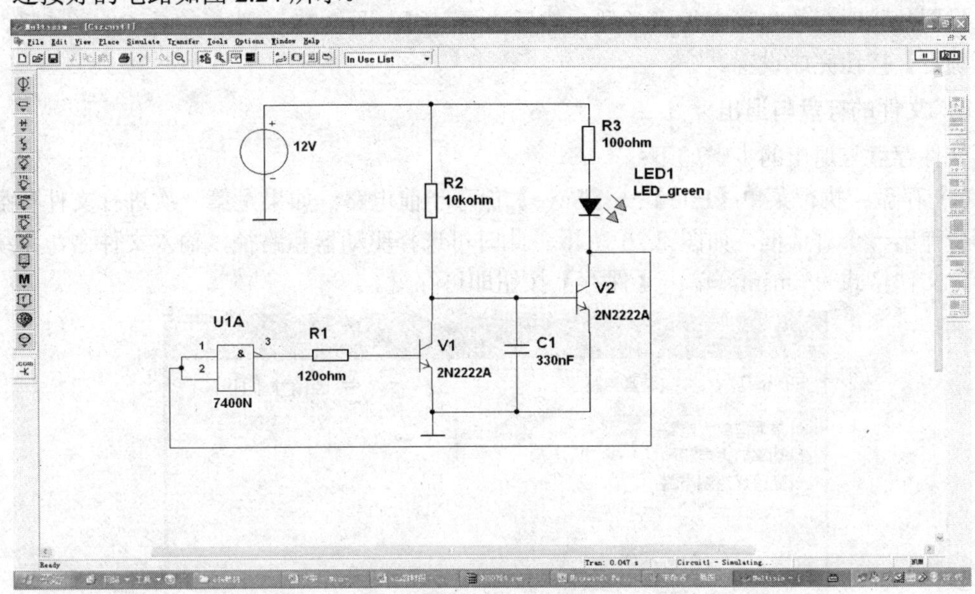

图 2.24　连线完毕的电路

电路搭接完成后，此时电路并未工作，单击工作界面右上角的开关按钮[O|I]，通电进行电路观察，此时如果电路无误，可以观察到发光二极管在闪烁。

4．元件故障设置

在进行电路分析时，有时需要观察元件故障时的电路变化，Multisim2001 提供了元件故障模拟功能。双击要设置故障的元件，屏幕弹出如图 2.25 所示元件特性对话框，选择 Fault 可进行元器件的故障模拟设置。

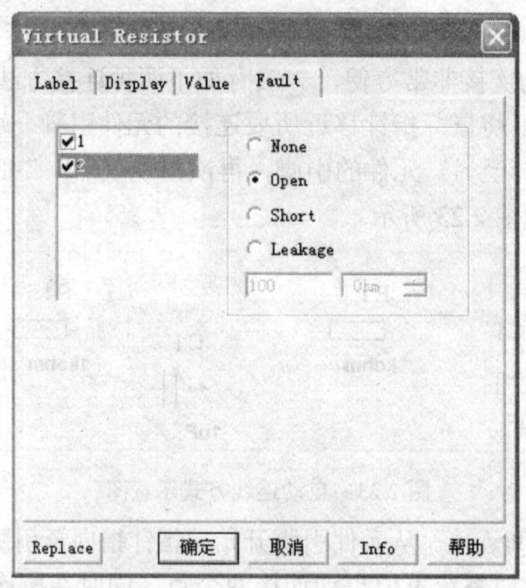

图 2.25　元件故障设置

元器件故障模拟设置有 None(无故障)、Open(开路)、Short(短路)和 Leakage(漏阻) 4 种类型，当选择漏阻时，可设置其漏阻阻值的大小。

设置故障时必须先选中故障类型，然后选择引脚。图 2.25 中选择的是 Open 故障，单击【确定】按钮完成设置。

5．文件的存盘与退出

文件存盘与退出的步骤如下：

(1) 存盘：执行菜单【File】→【Save】保存当前电路。如果是第一次进行文件存盘，屏幕会弹出一个对话框，如图 2.26 所示。此时可选择驱动器和路径，输入文件名，系统自动给定文件格式为*.msm，单击【保存】按钮即可存盘。

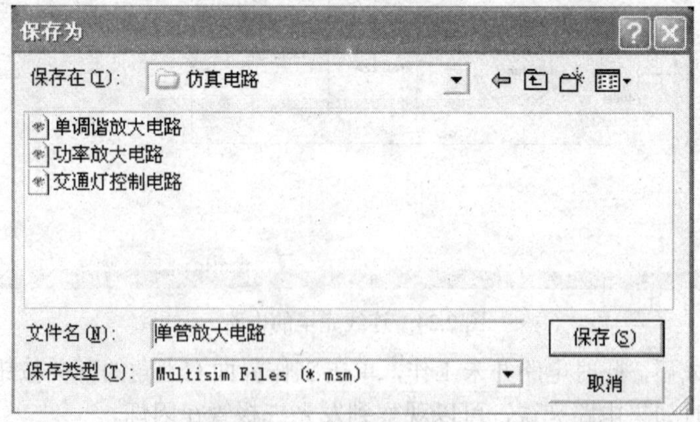

图 2.26　保存文件对话框

(2) 更名保存：执行菜单【File】→【Save As】，用新的文件名保存当前的电路图，原有文件名中的电路不会发生变化。

(3) 关闭文件：执行菜单【File】→【Close】关闭当前的电路图。若当前文件的电路已进行过修改，并且尚未保存，则系统在关闭前将提示是否保存。

(4) 退出编辑：执行菜单【File】→【Exit】关闭所有打开的电路窗口，并退出 Multisim 2001 系统。若修改的电路尚未保存，则系统退出前会提示是否保存。

2.1.3　子电路的使用

1. 总线的绘制

总线(Bus)通常是一组具有相关性信号线的总称，如微机中的数据总线、地址总线和控制总线等。

总线在电路上通常表现为一根粗线，由于总线本身没有实际的电气连接意义，所以必须定义总线名和分支编号。具有相同分支编号的导线在电气上是连接的，这样做可以节省原理图的空间，也便于读图。

使用总线的步骤如下：

(1) 执行菜单【Place】→【Bus】，单击鼠标左键可定义总线起点，移动光标到要拐弯的地方后单击鼠标左键可实现转折，在最后的位置双击鼠标左键即可结束该总线的放置，放置后的总线系统被自动取名为 Bus。

(2) 双击总线，屏幕弹出总线属性对话框，可以在 Reference ID 栏中修改总线名称。由于 Multisim2001 中所有总线都是以 BUS 自动命名的，所以用户必须修改总线名称，否则所有总线都是连接在一起的。

(3) 连接分支线路(即引脚与总线之间的连线)，系统弹出定义总线分支的编号对话框，如图 2.27 所示，此时应定义总线分支编号，具有相同总线分支编号的连接在电气上是相连的。

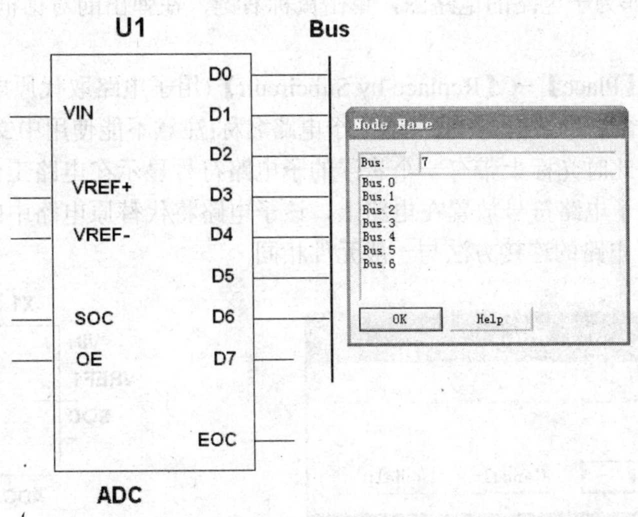

图 2.27　总线与总线分支的连接

2. 子电路的创建

在复杂电路中，通常用方框图来表示电路原理，而具体的电路则在方框图所对应的子电路中。Multisim2001 允许使用子电路，子电路由一个文件中的整个或部分电路组成，在工作区中以框图形式显示，框图上带有与外电路连接的端口。

为了便于与外电路连接，子电路必须添加输入/输出端口，创建子电路的过程如下。

(1) 绘制子电路的电路图。

(2) 选择菜单【Place】→【Place Input】/【Output】可在电路的输入/输出端放置输入/输出端口，并进行命名和线路连接，如图 2.28 所示。

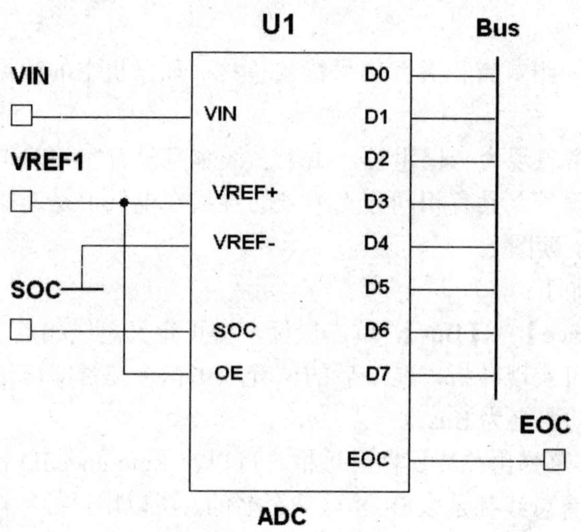

图 2.28　子电路 ADC

3. 子电路的添加

创建完子电路后，可以将该电路添加到子电路中，以便调用。添加子电路的步骤如下：

(1) 选中需要作为子电路的电路图，单击鼠标右键，在弹出的对话框中选择 Copy，将其复制到剪贴板上。

(2) 执行菜单【Place】→【Replace by Subcircuit】(用子电路取代原电路)，屏幕弹出图 2.29 所示的子电路命名对话框，在框中输入子电路名称(注意不能使用中文命名)，单击【OK】按钮保存子电路。此时光标上带有一个悬浮的子电路符号显示在电路工作窗口中，在适当位置单击鼠标将该子电路符号放置在电路上，该子电路将代替原电路中的相应部分电路。如图 2.30 所示，子电路的连接方法与一般元件相同。

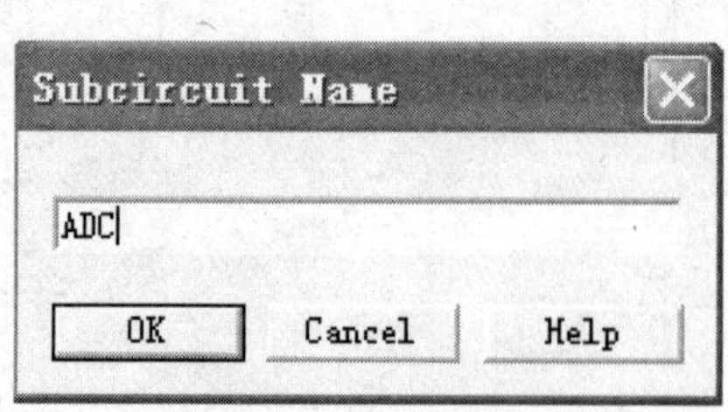

图 2.29　子电路的命名

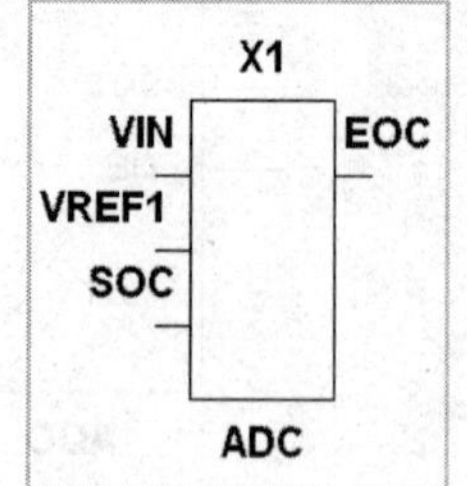

图 2.30　子电路框图

4. 子电路的编辑

双击子电路图标，出现图 2.31 所示的对话框，其中 Reference ID 栏可以修改子电路图标参考编号，点击【Edit Subcircuit】按钮进入子电路编辑窗口，此时可以对子电路进行编辑修改。

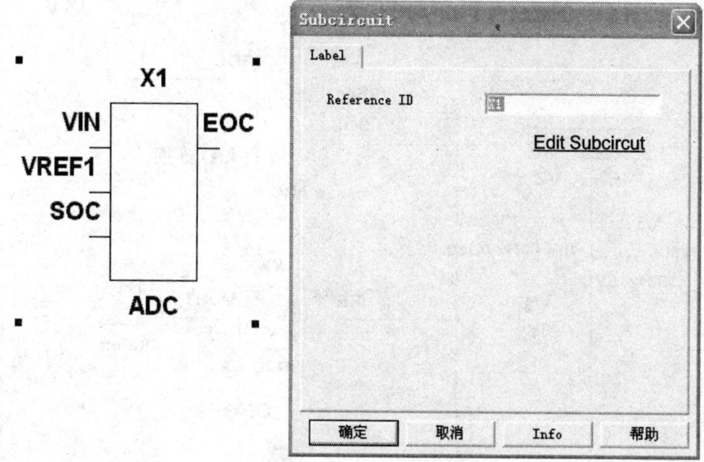

图 2.31 子电路编辑对话框

在子电路窗口中，除了可以修改电路图外，还能修改 I/O 端口名称。用鼠标单击 I/O 端口，屏幕弹出对话框，在 Reference ID 栏内输入相应的 I/O 端口名称后，单击【OK】按钮即可。

5. 子电路的调用

一般情况下为了保存已设计好的子电路，可以专门设置一个用于保存子电路的电路图，将子电路均放置其中，其他电路中需要调用已有的子电路时，可以从该电路中采用复制、粘贴的方法解决。

用同样的方法创建一个子电路 IDAC，如图 2.32 所示。

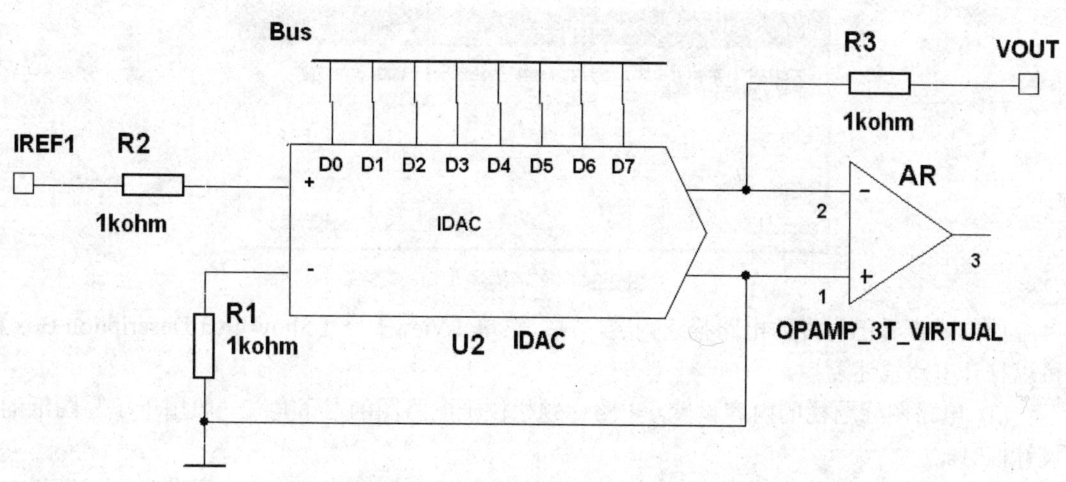

图 2.32　子电路 IDAC

6. 主电路

绘制主电路图如图 2.33 所示。

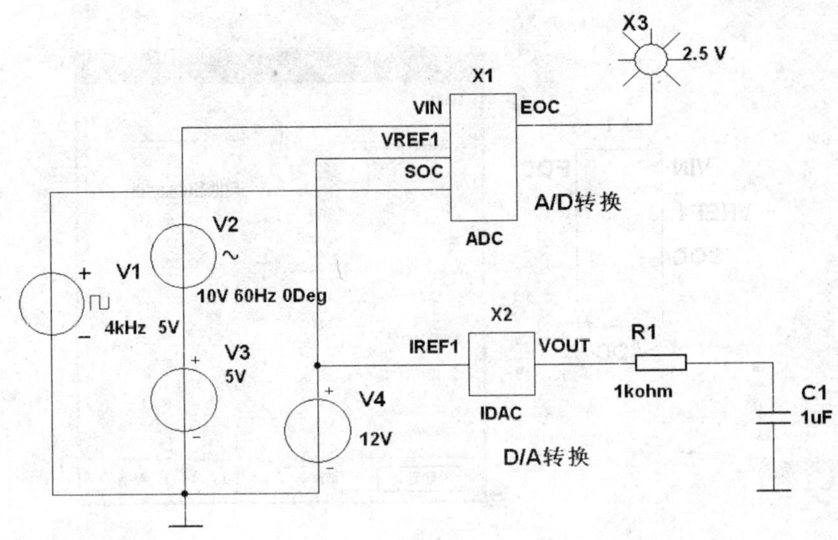

图 2.33　主电路图

7．文字描述

(1) 添加文字说明。执行菜单【Place】→【Place Text】，在工作区中需要放置文字说明的地方单击，即可输入文字，单击鼠标右键结束输入。

(2) 添加电路描述。在仿真电路中有时需要对电路的功能及元器件参数作描述，以便使用者了解电路功能。

执行菜单【Place】→【Place Text Description Box】，屏幕弹出放置电路描述窗口，在窗口内输入描述文字后，单击【OK】按钮，保存内容并关闭窗口，如图 2.34 所示。电路描述是对电路的详细说明，它随电路一起保存，用户可以随时打开并加以修改。单击【Print】按钮可以打印输出电路描述。

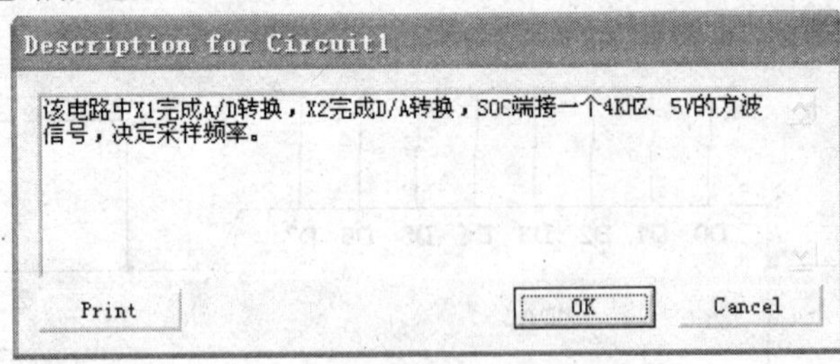

图 2.34　文字描述窗口

如果要查看已写好的电路描述内容，执行菜单【View】→【Show Text Description Box】可以打开电路描述窗口。

(3) 电路图标题栏的内容设置。电路标题栏位于电路图的右下角，一般用于填写图纸的设计信息。

执行菜单【Options】→【Modify Title Block】可设置标题栏的内容，屏幕弹出标题栏对话框，其中 Title 用于设置图纸的名称，Description 用于说明该图的具体内容，Designed 用于填写设计者，Checked 用于填写检查者，Approved 用于填写批准者，设置好的对话框如图 2.35 所示。

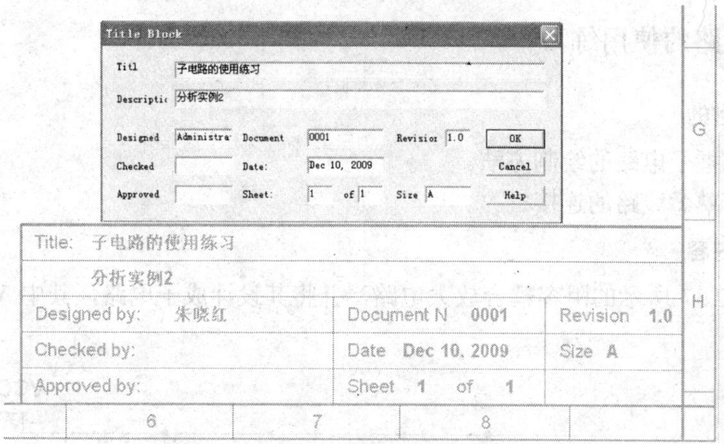

图 2.35　标题栏内容设置

上 机 操 作

操作 1　Multisim2001 基本操作练习

一、实验目的

(1) 熟练掌握 Multisim2001 的基本操作。

(2) 练习搭接简单的电路图。

二、实验内容

搭接如图 2.36 所示的单管放大电路。

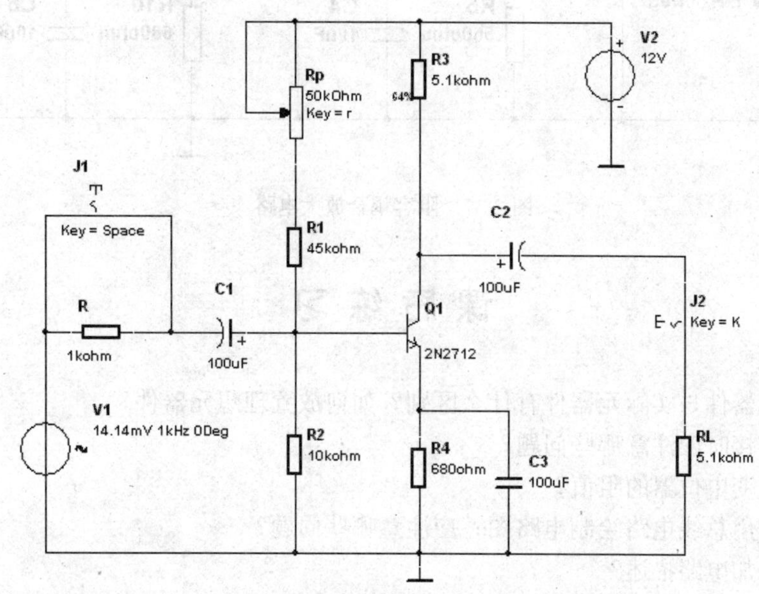

图 2.36　单管放大电路

操作 2　子电路的使用练习

一、实验目的

(1) 熟练掌握子电路的绘制方法。

(2) 进一步熟悉线路的连接。

二、实验内容

绘制如图 2.37 所示的阻容耦合放大电路，并将其设计成子电路，其中 V1 为电路 1，V2 为电路 2。

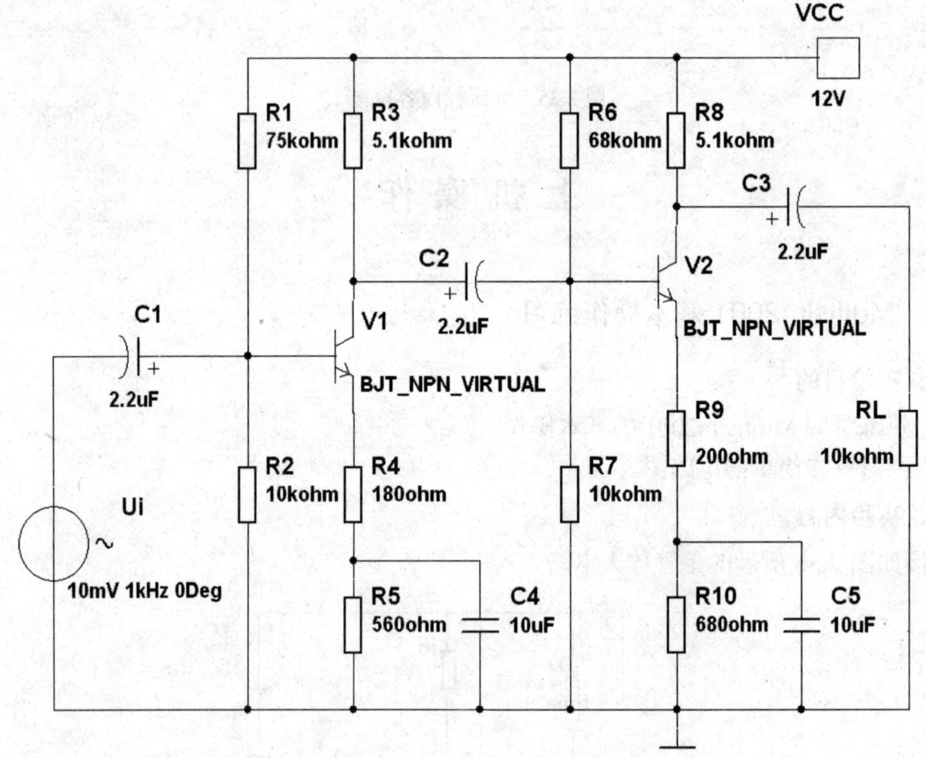

图 2.37　阻容耦合放大电路

课 后 练 习

1. 理想元器件与实际元器件有什么区别？如何放置理想元器件？
2. 线路连接时应注意哪些问题？
3. 如何改变电位器的阻值？
4. 如何使用总线电路绘制电路图？应注意哪些问题？
5. 如何添加电路描述？
6. 如何设置电路标题栏？

2.2　Multisim2001 虚拟仪器的使用

Multisim2001 提供了 11 种虚拟仪器，这些仪器可用于电路基础、模拟电路、数字电路和高频电路的测试，用户可以使用它们来测试设计电路，而且仪器的面板及使用方法与实验室中常见的仪器相似。

2.2.1　仪器仪表的基本操作

仪器存放在仪器库栏，执行菜单栏中的【View】→【Toolbars】→【Instrument】可设置仪器库栏为显示状态，如图 2.38 所示。或在工具栏中按下图标 使之为显示状态。从仪器库栏中选择并单击相应的图标，此时光标上有一个悬浮的仪器图标，移动光标到适当位置后单击可放置该仪器。

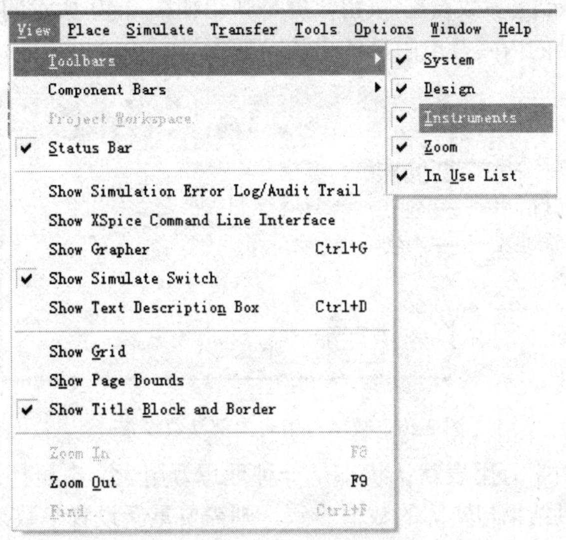

图 2.38　仪表工具栏的显示

仪器的图标用于连接线路，即将光标移动到图标的连接端口，单击鼠标左键开始连线，连接中应注意仪器各端子不能连错。

双击仪器图标可打开仪器面板，面板上可以看到显示屏、控制端和连接端口，显示屏用来观察测试数据与波形，控制端用来设置和选择仪器参数，连接端口与图标中的连接端口功能一样。一般在进行仪器连接时，如果不熟悉仪器的接线端，可打开仪器面板，在面板上可查看各连接端的功能。

2.2.2　常用仪器的使用

1. 数字万用表(Multimeter)

数字万用表是一种多用途的常用仪器，它能完成交/直流电压、交/直流电流、电阻的测

量及显示，也可用分贝形式显示电压和电流(可自动调整量程)。在仪器库栏中单击图标可调出数字万用表，图 2.39 所示为数字万用表的图标和面板图。

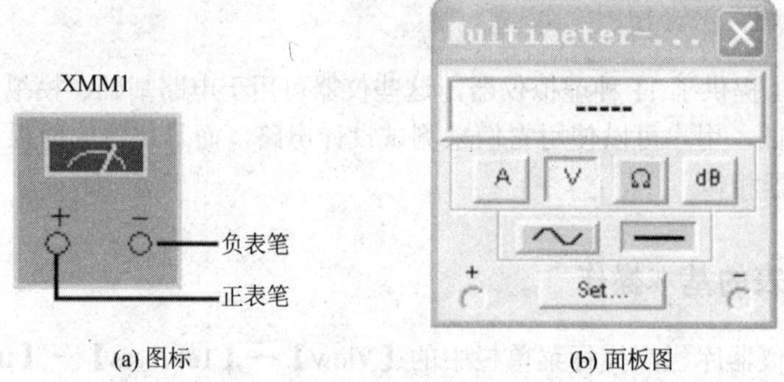

(a) 图标　　(b) 面板图

图 2.39　数字万用表的图标和面板图

1) 数字万用表的参数测试

单击面板上的【Set】(参数设置)按钮，屏幕弹出如图 2.40 所示的对话框，根据实际要求设置电压挡、电流挡的内阻及电阻挡的电流值等参数。

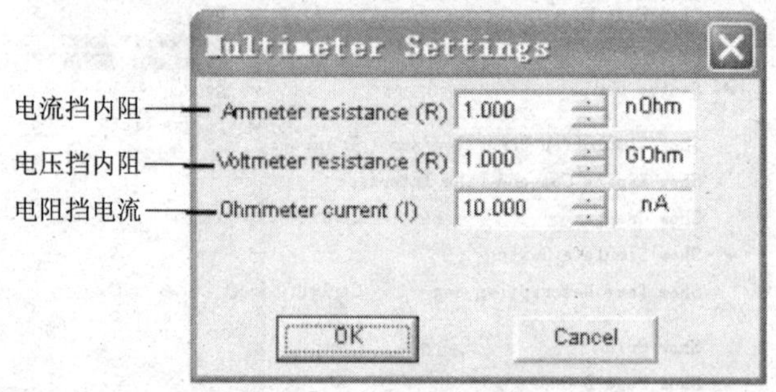

图 2.40　数字万用表内部参数设置

由于系统提供的数字万用表默认状态是一种理想万用表，电压挡电阻很大，电流挡电阻很小，如果希望测量结果与实际的数值一致，则需要重新设置参数。

2) 数字万用表的测量

(1) 电压电流的测量。面板上的【V】按钮或【A】按钮将万用表设置为测量电压或电流，测量电压时万用表与被测电路并联，测量电流时万用表被串接在被测电路中。

根据测量的信号是交流还是直流选择万用表的测量方式。通过面板上的【～】按钮或【－】按钮来切换。

(2) 电阻的测量。测量某电路的电阻时，需将万用表两表笔与被测电路并联，选择面板上的【Ω】按钮，启动电路后，在面板上就可以读出测量的阻值。

在测量电阻时应注意：

- 电路中必须有一个接地点，否则无法测出电阻阻值。
- 测量的电路中不能存在交/直流信号源，否则测量结果不准确。
- Multisim 提供的万用表电阻挡无法判断二极管、三极管的好坏。

3) 应用举例

用万用表测量图 2.41 所示电路的电流 I1、I2 和 R4 两端的电压。

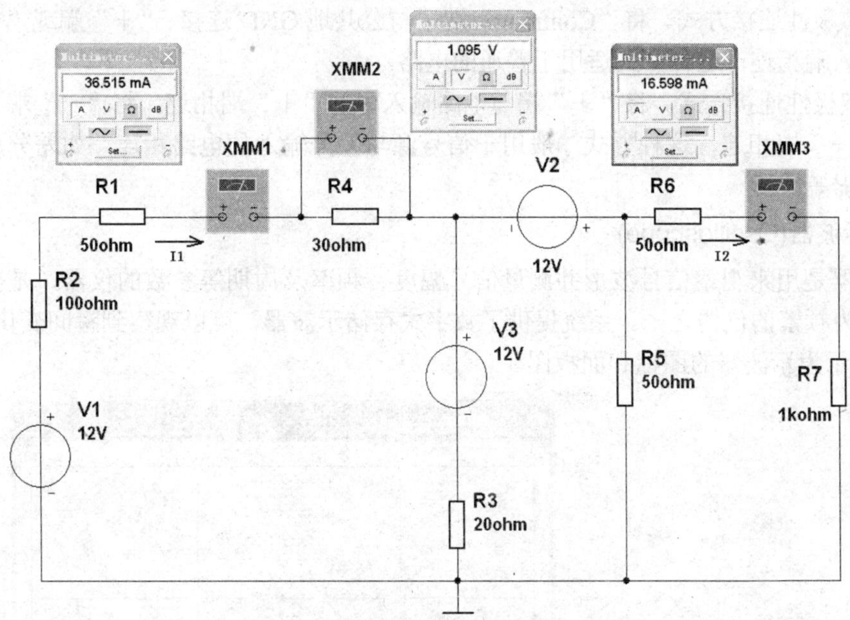

图 2.41　万用表测量电压、电流示意图

连接好电路，双击 3 个万用表图标，选择 XMM1、XMM2 的直流电流挡和 XMM3 的直流电压挡。运行仿真开关，分别测得电流 I1、I2 为 36.515 mA、16.598 mA，R4 两端的电压为 1.095 V。

2．函数信号发生器(Function Generator)

函数信号发生器是用来产生正弦波、三角波和方波信号的仪器，其输出波形的频率、幅度、直流偏置电压及占空比等参数均可以调节，修改时可直接在面板上设置。

图 2.42 所示为函数信号发生器的图标和面板图，其中幅度参数是指信号波形的峰值电压，占空比参数主要用于三角波和方波的波形调整，上升沿/下降沿时间参数主要用于方波的波形调整。

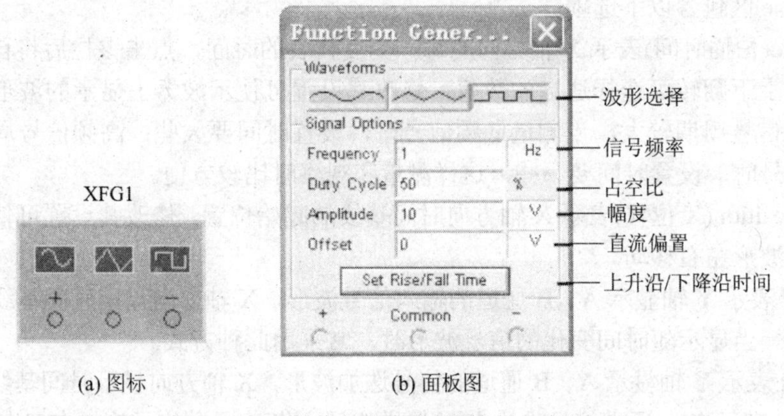

(a) 图标　　(b) 面板图

图 2.42　函数信号发生器的图标和面板图

函数信号发生器有 3 个输出端：即“＋”端、“Common”端和“－”端，通常它与电路的连接有两种方式。

(1) 单极性连接方式。将“Common”端子与公共地 GND 连接，“＋”端或“－”端与电路的输入端相连，这种方式适用于普通的电路。

(2) 双极性连接方式。将“＋”端与电路输入中的“＋”端相连，将“－”端与电路输入中的“－”端相连，这种方式一般用于信号源与差分输入的电路相连，如差分放大器、运算放大器等。

3．示波器(Oscilloscope)

示波器是用来观察信号波形并测量信号幅度、频率及周期等参数的仪器，是电子实验中使用最为频繁的仪器之一。系统提供了数字式存储示波器，可以观察到瞬间变化的波形。图 2.43 所示为示波器的图标和面板图。

XSC1

G

T

A B

(a) 图标

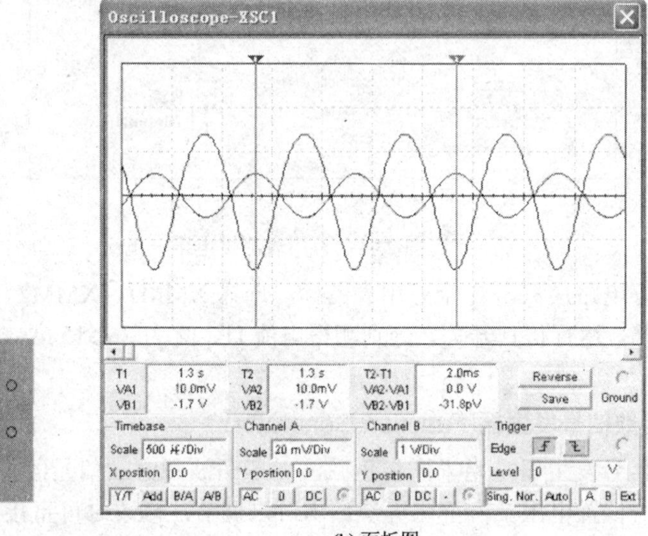

(b) 面板图

图 2.43　示波器的图标和面板图

1) 扫描时基选择(Timebase 区)

Timebase 区包含以下选项：

• Scale(扫描时间)表示 X 轴方向的每一刻度代表的时间，点击该栏后将自动出现刻度翻转列表，上下翻转可选择适当的数值，修改其设置可使示波器上显示的波形的宽窄发生变化。低频信号周期较大，当测量低频信号时，设置时间要大些；高频信号周期较小，当测量高频信号时，设置时间要小些，这样测量和观察时比较方便。

• X position(X 位移)表示 X 轴方向时间基线的起始位置，修改其设置可使时间基线左右移动，即波形左右移动。

• Y/T 表示 Y 轴显示 A、B 通道的输入信号波形，X 轴方向显示时间基线，并设置时间进行扫描。当显示随时间变化的信号波形时，常采用此种方式。

• Add 表示 Y 轴显示 A、B 通道的信号迭加波形，X 轴方向显示时间基线。

• B/A 表示将 A 通道信号作为 X 轴扫描信号，将 B 通道信号施加在 Y 轴上显示。选

项 A/B 与此相反。

2) 输入通道设置(Channel 区)

示波器有两个完全相同的输入通道 A 和 B。

- Scale(伏/度选择)用于设置 Y 轴方向每格的电压值。
- Y position(Y 位移)用于表示 Y 轴方向时间基线的起始位置。

输入耦合方式有三种："AC"表示交流耦合；"0"表示接地，可用于确定零电平在屏幕上的基准位置；"DC"表示直流耦合。

其中 B 通道中的 - 按钮在单独使用时，显示 B 通道的反相波形，若与时基调节中的 Add 一起使用，则显示 A、B 通道的 A-B 迭加波形。

3) 触发方式设置(Trigger 区)

- Edge 用于选择上升沿触发或下降沿触发。
- Level 用于选择触发电平的大小。

触发方式有六种选择："Auto"表示自动触发方式；"Norm"为常态触发方式；"A"或"B"表示将 A 通道或 B 通道的输入信号作为时基扫描的触发信号；"Ext"为外触发，是指用示波器图标上触发端子连接的信号作为触发信号；"Sing"为单次触发方式，一般情况下使用"Auto"方式。

4) 应用举例

用示波器观察图 2.44 所示的单管放大电路的输入、输出波形。

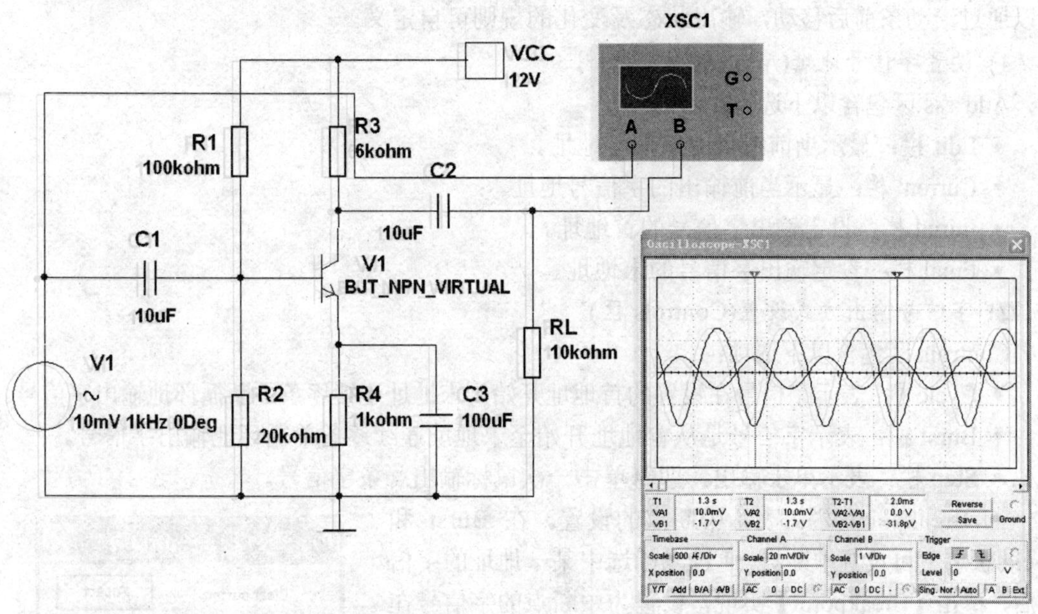

图 2.44　单管放大电路

双击示波器图标，参数设置如图 2.44 所示，运行仿真开关，即可得到输入、输出波形。

4．字信号发生器(Word Generator)

字信号发生器是一个最多能够产生 32 位同步逻辑信号的仪器，可以用来对数字逻辑电路进行测试，实际上是一个数字激励源编辑器，其图标和面板图如图 2.45 所示。

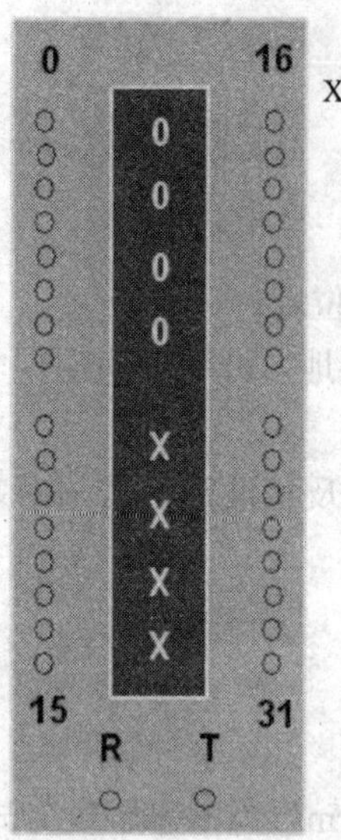

(a) 图标

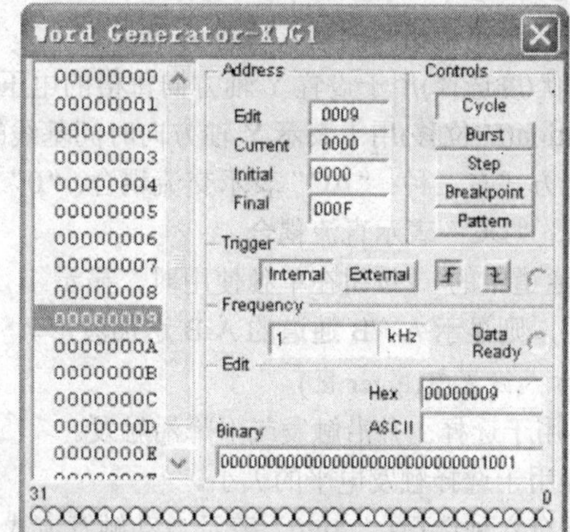

(b) 面板图

图 2.45 字信号发生器的图标和面板图

图标左边 16 个端子输出低 16 位逻辑信号，右边 16 个端子输出高 16 位逻辑信号，R 端为数据准备就绪输出端，T 端为外触发信号输入端。

面板图最左侧是字信号显示区，32 位的字信号以 8 位 16 进制数进行显示，显示的内容可以通过滚动条前后移动，输出状态及变化的规则可自定义。

1) 设置字信号地址(Address 区)

Address 区包含以下选项：

- Edit 栏：显示当前编辑的字信号地址。
- Current 栏：显示当前输出的字信号地址。
- Initial 栏：设定输出字信号的首地址。
- Final 栏：设定输出字信号的末地址。

2) 字信号输出方式设置(Controls 区)

Controls 区包含以下选项：

- Cycle 栏：表示字信号在设置的首地址开始到末地址连续逐条不断循环地输出字信号。
- Burst 栏：表示字信号是从首地址开始至末地址连续逐条单循环地输出字信号。
- Step 栏：表示单步输出，即每单击一次鼠标输出一条字信号。
- Breakpoint 栏：表示中断点的设置。在 Burst 和 Cycle 状态下可设置中断点，通过光标选中某一地址的字信号后，单击【Breakpoint】实现，设置为中断点的字信号在显示区中以*号显示，当运行至该地址时输出暂停，单击【Burst】或【Cycle】则恢复输出。
- Pattern 栏：表示输出模式的设置。单击【Pattern】按钮，屏幕弹出如图 2.46 所示的对话框。该对话框用来自定义字信号输出模型和字信号文件的操作，其中：

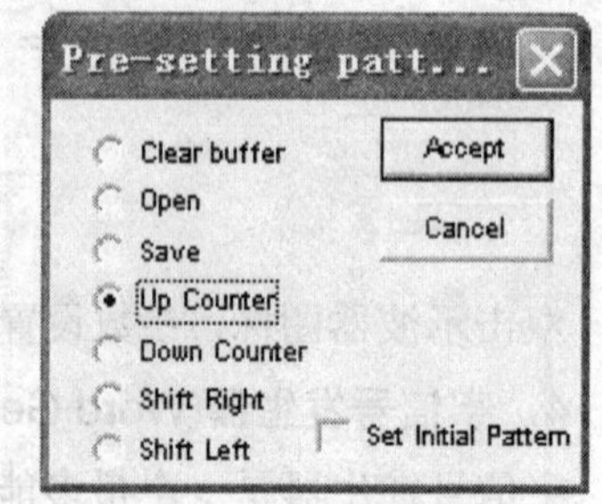

图 2.46 模式设置对话框

Clear buffer 复选框用于设置是否清除字信号编辑区的内容；Open 复选框用于打开存有字信号内容的字信号文件，文件的扩展名为“.dp”，选中后单击【Accept】按钮进行操作；Save 复选框用于保存字信号的内容，文件的扩展名为“.dp”；Up Counter 设置输出递增编码的字信号；Down Counter 设置输出递减编码的字信号；Shift Right 设置输出右移编码字信号；Shift Left 设置输出左移编码字信号。

3) 触发方式(Trigger 区)

触发方式有两种：Internal(内部)和 External(外部)。当选择内部触发方式时，字信号的输出直接受输出方式按钮(Step、Burst、Cycle)控制；当选择外部触发方式时，必须接入外触发脉冲信号，而且要定义“上升沿”或“下降沿”触发，然后单击输出方式按钮，待触发脉冲到时才启动输出。为了保持同步，往往用 Data Ready 端(数据准备就绪)指示。

4) 输出频率设置(Frequency 区)

Frequency 区用于设置字信号输出频率，在 Burst 和 Cycle 状态下输出的快慢由设定的输出频率决定。

5) 字信号的编辑(Edit 区)

编辑字信号时，在显示区中用鼠标选择编辑位置，当前编辑的地址可以在 Address 区的 Edit 栏中看出，然后在字信号模型编辑区的 Hex 栏中以 16 进制数输入数据；或在 ASCII 栏以 ASCII 码输入数据；或在 Binary 栏以二进制数输入数据，显示区中的相应位置将显示已设定的字信号模型。

5．逻辑分析仪(Logic Analyzer)

逻辑分析仪可以同时观察多路逻辑信号波形，适用于逻辑信号高速采集和准确的时序分析，是分析和设计大规模数字系统的有力工具。系统提供的分析仪可以同步记录和显示 16 路逻辑信号，其图标和面板图如图 2.47 所示。

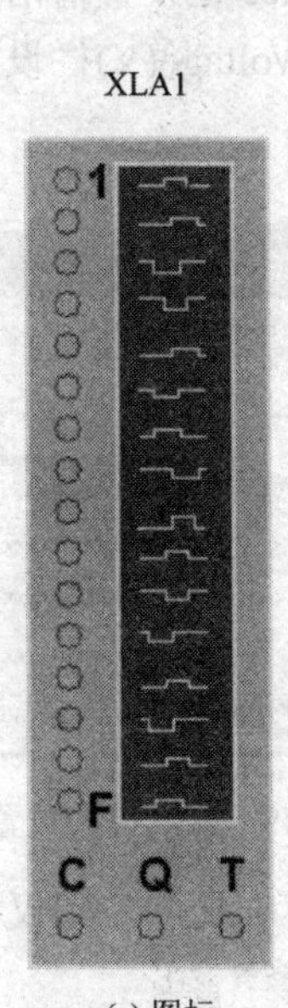

(a) 图标

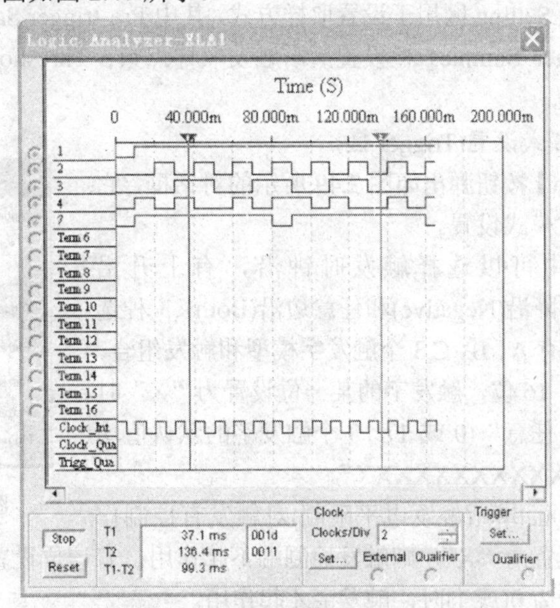

(b) 面板图

图 2.47 逻辑分析仪的图标和面板图

逻辑分析仪图标左侧自上而下的16个端口是其输入信号端口，使用时连接到电路的测量点，图标下部的 C 端口为外时钟输入端，Q 端口为时钟控制输入端，T 是触发控制输入端。

面板图左边的 16 个小圆圈对应 16 个输入端，从上到下排列依次为最低位至最高位。波形的时间轴可以通过面板下边的 Clocks/Div 栏(时基)设置。当波形密集时，可将时基设置小一点。拖动读数指针可以读取数据，面板下部左边第 2 个区的两个方框内显示指针处的时间读数和逻辑读数(16 进制数)。单击面板上的【Stop】按钮可停止仿真，显示触发前波形；单击面板上的【Reset】按钮可清除已显示的波形。

1) 时钟控制设置(Clock 区)

Clock 区包含：

- Clocks/Div 栏：设置显示窗上每个水平刻度显示的时钟脉冲数。
- Set 栏：设置时钟脉冲，单击【Set】按钮，弹出如图 2.48 所示的对话框，它可以对波形采集的控制时钟进行设置。

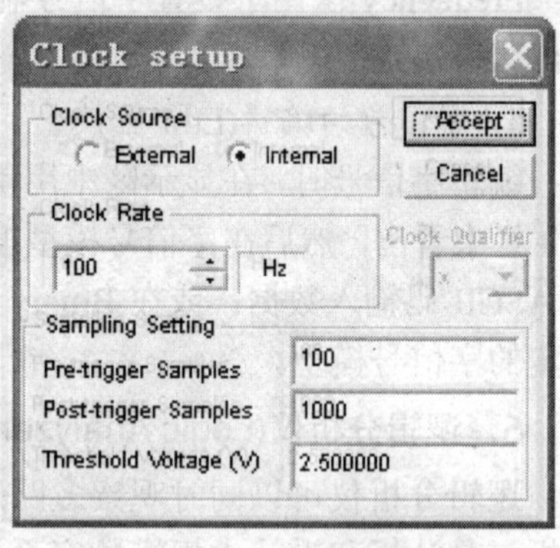

图 2.48　时钟脉冲设置对话框

时钟源(Clock Source)若选择内部时钟(Internal)，就必须在内部时钟频率栏内输入相应的频率。Clock Qualifier(时钟触发电平控制)的设置决定时钟控制输入端对时钟的控制方式，只有在选中外部时钟(External)时才起作用，若该位设置为 1(或 0)，表示只有在时钟控制输入端输入 1(或 0)时，逻辑分析仪才可以进行波形采集；若设置为 X，表示时钟总是开放，不受时钟控制输入端的限制。

Sampling Setting 区用于设置取样方式，其中 Pre-trigger Samples 栏设置前沿触发取样点数；Post-trigger Samples 栏设置后沿触发取样点数；Threshold Voltage(V)栏设置触发门限电平。

2) 触发模式设置(Trigger 区)

单击【Set】按钮弹出如图 2.49 所示的对话框，它可以进行触发模式设置。

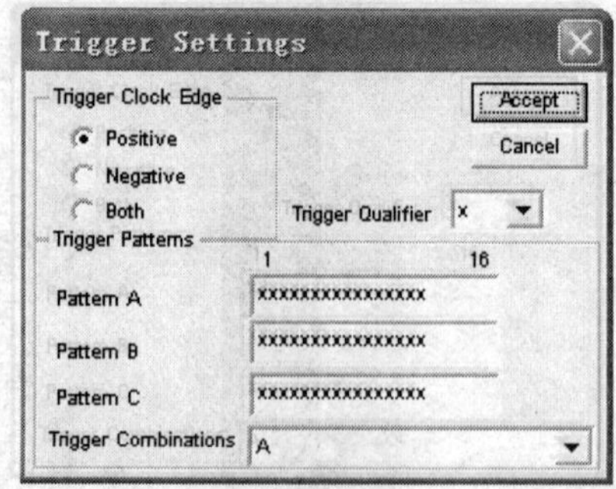

图 2.49　触发模式设置对话框

对话框中可以选择触发时钟沿，有上升沿(Positive)、下降沿(Negative)和任意边沿(Both) 3 种选择。触发模型有 A、B、C 3 个触发字模型和触发组合，每个触发字有 16 位，触发字的某一位设置为“X”时表示该位为“任意”(0 或 1)，3 个触发字的默认值均为“XXXXXXXXXXXXXXXX”。

Trigger Qualifier(触发电平限制)对触发有控制作用，若该位设置为“X”，则触发控制端不起作用；若该位设置为 0(或 1)，则仅当触发控制端的输入信号为 0(或 1)时，触发字才起作用。

当所有项选定之后，单击【Accept】按钮确认选择。

3) 应用举例

利用字信号发生器和逻辑分析仪分析如图 2.50 所示的逻辑电路。

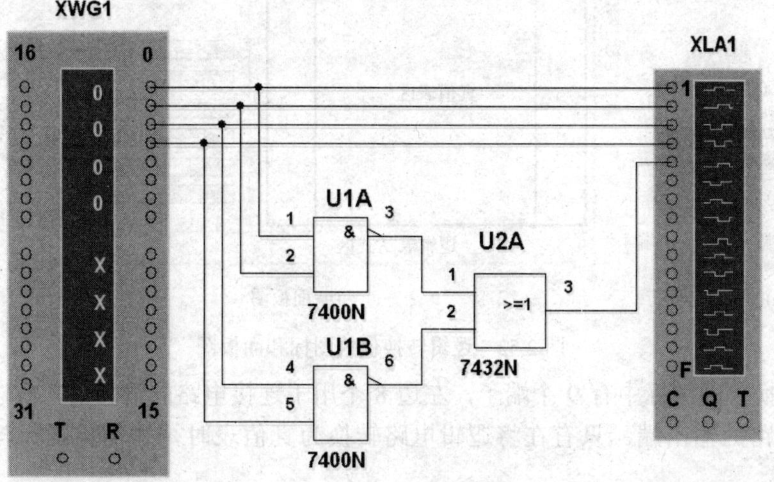

图 2.50 逻辑电路

字信号发生器产生 0000～000F 的字信号，输出频率为 100 Hz，通过逻辑分析仪观察输入端和输出端之间的逻辑关系。

图 2.51 所示为字信号发生器的参数设置和逻辑分析仪观测的输入、输出波形。满足逻辑关系 $Y=\overline{AB}+\overline{CD}$。

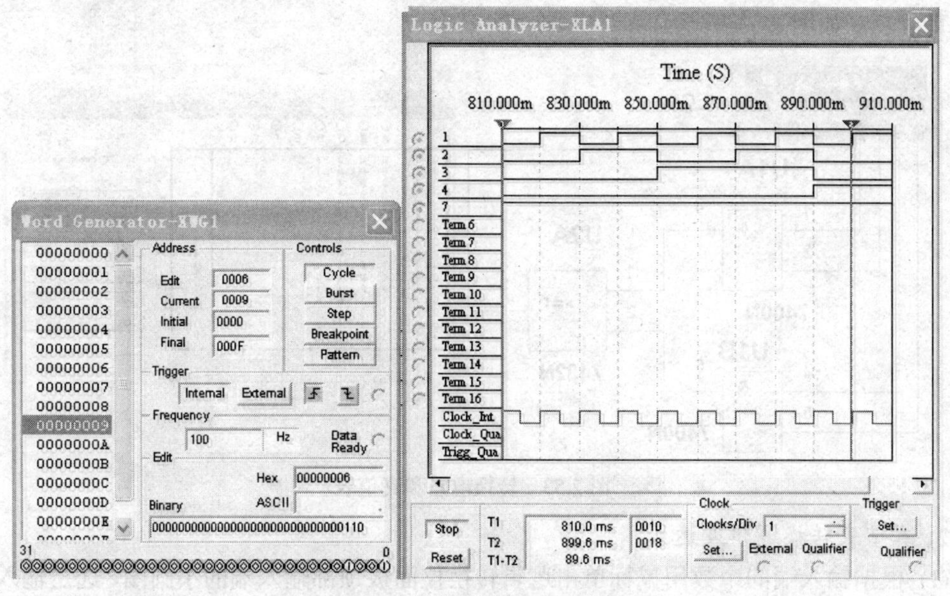

图 2.51 参数设置和输出波形

6．逻辑转换仪(Logic Converter)

逻辑转换仪是 Multisim 软件中特有的虚拟仪器，实际工作中不存在与之对应的设备。它能完成逻辑表达式、真值表和逻辑电路三者之间的相互转换，为逻辑电路的设计与仿真带来了方便，图 2.52 所示为逻辑转换仪的图标和面板图。

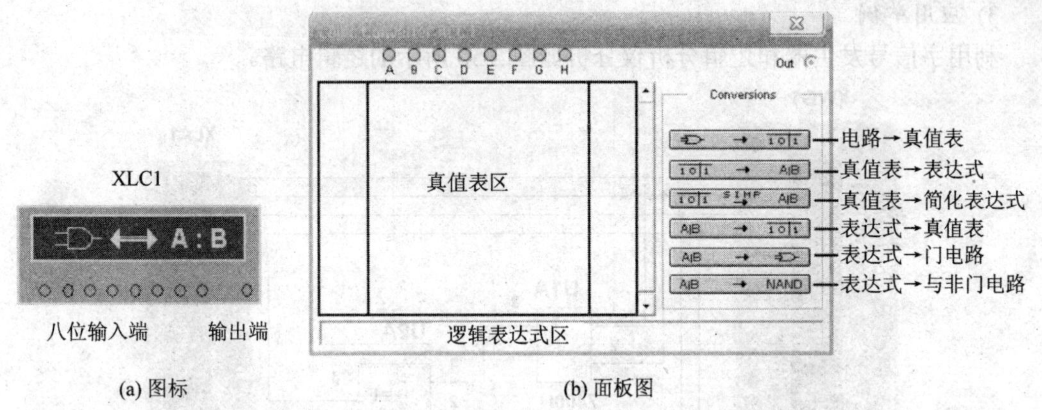

(a) 图标　　　　(b) 面板图

图 2.52　逻辑转换仪的图标和面板图

逻辑转换仪的图标中有 9 个端子，左边 8 个用于连接电路的输入端，右边的 1 个端子用于连接电路的输出端。只有在将逻辑电路转换为真值表时，才需将图标与逻辑转换仪相连。

1) 逻辑电路转换真值表

(1) 绘制逻辑电路。

(2) 将逻辑电路的输入端连到逻辑转换仪的输入端，将逻辑电路的输出端连到逻辑转换仪的输出端。

(3) 单击电路转换真值表 按钮，系统自行转换并在真值表区列出该电路的真值表，如图 2.53 所示。

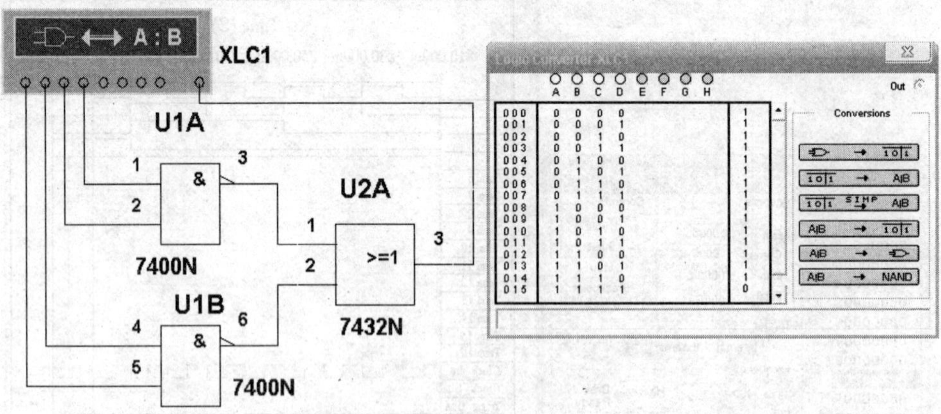

图 2.53　转换电路和真值表

2) 真值表转换逻辑表达式

(1) 根据输入端的个数用鼠标单击逻辑转换仪面板顶部输入端的小圆圈，选定输入信号(由 A 到 H)。

(2) 选定输入信号后，真值表区将自动出现输入信号的所有组合，而真值表区右端输出列全部显示为“?”。

(3) 用鼠标单击“?”，可以在“0”、“1”、“X”之间切换，根据实际要求修改真值表的输出值为 0、1 和 X(不定)。

(4) 单击真值表转换逻辑表达式 [10|1 → A|B] 按钮，在面板底部逻辑表达式栏出现相应的逻辑表达式，表达式中的“'”表示逻辑变量“非”，如 A'表示$\overline{A}$。

(5) 单击真值表转换简化的逻辑表达式 [10|1 SIMP→ A|B] 按钮，可获得简化逻辑表达式。

3) 其他转换

在逻辑转换仪底部逻辑表达式栏内输入表达式(“与-非”式及“或-非”式均可)，然后单击表达式转换真值表 [A|B → 10|1] 按钮，得到相应的真值表。

单击表达式转换门电路 [A|B → 门] 按钮，则得到相应的逻辑电路图。

单击表达式转换与非电路 [A|B → NAND] 按钮，得到由与非门构成的电路。

转换后的逻辑门电路将出现在电路工作区并处于选中状态，可以进行移动或删除操作。

2.2.3　其他常用指示器件

Multisim2001 的指示器件库(Indicators)中提供了电压表和电流表，电压探测器、灯泡、条形光柱、数码管等，如图 2.54 所示。

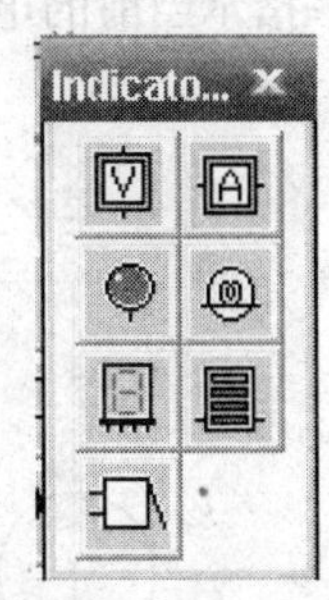

图 2.54　指示器件库

1．电压表(Voltmeter)和电流表(Ammeter)

电压表和电流表分别测量电路中交、直流电压和电流，其数值可直接从表头上读取，仪表有两个端子与电路连接，并且有“＋”、“－”标志，仪表的接线端可以进行旋转操作。

图 2.55 所示为电压、电流表图标和电压表参数设置属性框，双击电压表或电流表，屏幕弹出仪表设置对话框，单击 Value 选项卡设置仪表参数。图 2.55(b)中的 Resistance 栏用于设置内阻，一般为提高测量精度，电压表的内阻要设置大一些，电流表的内阻要设置小一些；Mode 下拉列表框用于选择交流(AC)、直流(DC)工作方式。

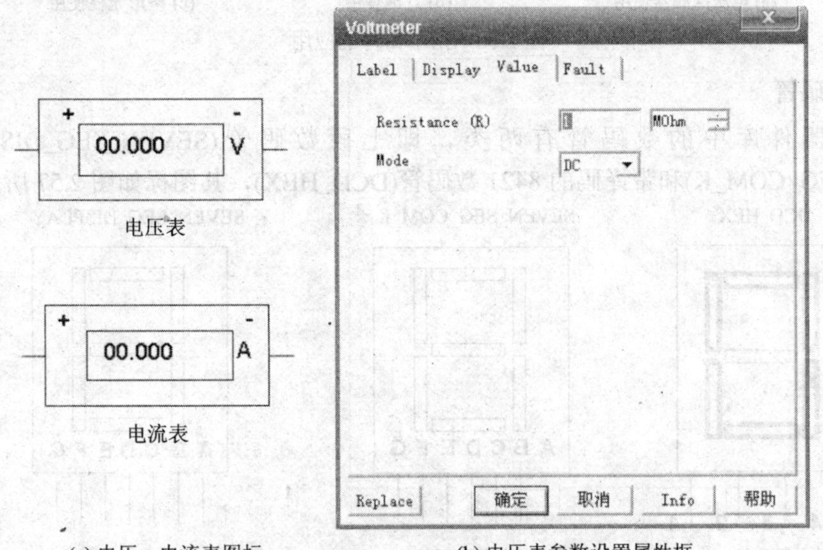

(a) 电压、电流表图标　　(b) 电压表参数设置属性框

图 2.55　电压、电流表图标和电压表参数设置属性框

2．电压探测器、灯泡、条形光柱

电压探测器相当于一个发光二极管，但它是一个单端元件，当端电压大于设定值时，探测器被点亮。

灯泡的额定电压对交流信号而言是指其最大值，当加在灯泡两端的电压为额定电压的50%～100%时，灯泡一边亮；当加在灯泡两端的电压为额定电压的100%～150%时，灯泡两边亮；当加在灯泡两端的电压大于额定电压的150%时，灯泡被烧毁，只能重新选取新的灯泡。对于直流电压而言，灯泡发出稳定的灯光；对于交流电压而言，灯泡将一闪一闪地发光。

条形光柱类似于几个LED发光二极管串联，当电压超过某个值时，相应的LED之下的数个LED全部被点亮，它可以指示当前的电平状态。

从图2.56中可以看出，电压探测器的门限电压为2.5 V，加在探测器上的电压为12 V，故探测器发光；灯泡的功率为100 W，额定电压为100 V，加在两端的电压是120 V的交流电压，故灯泡两边亮，且闪烁；条形光柱上加了8 V的电压，其中10个LED管中有6个点亮，指示当前的电平状态。

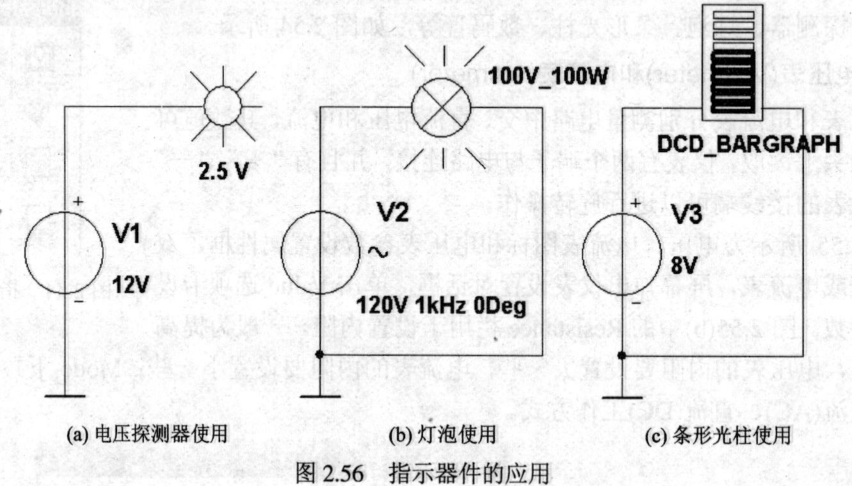

图2.56　指示器件的应用

3．数码管

指示器件库中的数码管有两类，即七段数码管(SEVEN_SEG_DISPLAY或SEVEN_SEG_COM_K)和带译码的8421数码管(DCD_HEX)，其图标如图2.57所示。

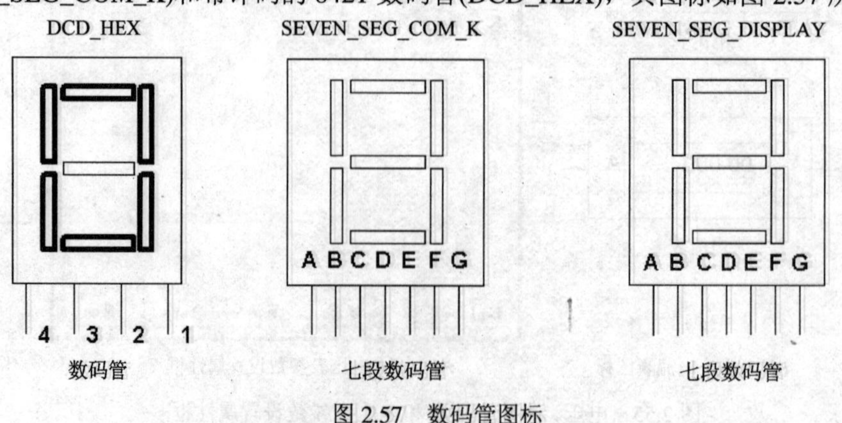

图2.57　数码管图标

七段数码管的每一段与引脚之间有唯一的对应关系，在某一引脚上加高电平，其对应的数码段就发光显示。如果要用七段数码管显示十进制数，还需加上一个译码电路。

带译码的 8421 数码管有 4 个引脚线，从左到右分别对应 4 位二进制数的高位至低位，可显示 0～F 之间的 16 个数。

2.2.4　运行仿真电路

仿真电路创建完毕，接入仪器或运行分析方法可以获得仿真分析结果。执行菜单【View】→【Show Simulation Switch】(仿真开关)，可以设置仿真开关的显示状态。

1. 仿真电路的启动

电路连接完成后，此时电路并未工作，用鼠标单击主窗口右上角的启动按钮，或选择菜单【Simulation】→【Run】，系统启动仿真软件，电路才开始真正地工作。电路启动后，自动将分析结果显示在各仪器仪表上。如果有错误，在仿真过程中会自动弹出窗口，显示电路仿真结果和仿真中出现的问题。

执行菜单【View】→【Show Grapher】(显示分析图)，系统将在分析图窗口中显示仿真结果。

2. 仿真电路的暂停

如果要暂停当前的仿真操作，单击主窗口右上角的暂停按钮 II ，或选择菜单【Simulation】→【Pause】。一般在用示波器、逻辑分析仪等观测波形时，为了测量和读数方便准确，执行暂停操作冻结波形后，再进行测量和读数。

3. 仿真电路的停止

如果要停止当前的仿真操作，可单击主窗口右上角的停止按钮，停止仿真操作。若需要对电路中的元器件、仪器等参数进行修改，或进行其他操作时，一般要在系统已处于停止仿真状态下进行。

4. 仿真分析仪器的参数设置

示波器、逻辑分析仪等仪器在进行瞬态分析时必须先设置仪器参数。执行菜单【Simulation】→【Default Instrument Setting】，屏幕弹出如图 2.58 所示的默认仪器设置对话框。

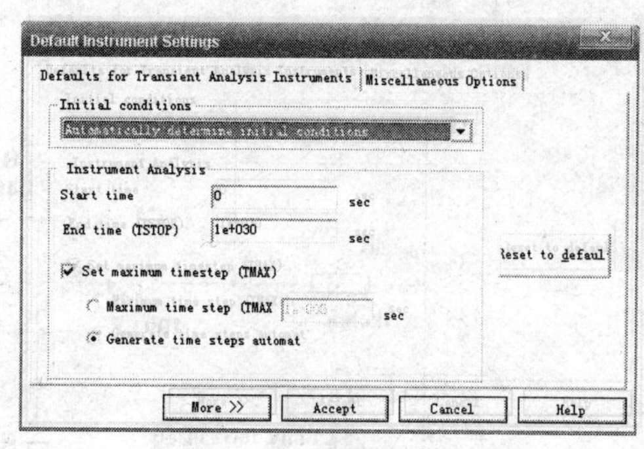

图 2.58　默认仪器参数设置

- Initial conditions 区：用于设置初始条件。其下拉菜单有四种选项：Set to Zero(设初始值为零)、User-Defined(用户自定义初始值)、Calculate DC Operating Point(计算直流工作点作为初始值)和 Automatically Determined Initial Conditions(由程序自动设置初始值)，一般选择第四种条件。

- Instrument Analysis 区：在观察瞬态波形时，应根据电路情况设置好 Instrument Analysis 区(仪器分析)中的 Start time(开始时间)和 End time(结束时间)。

在使用仪器观测波形时，有时发现仿真运行速度很慢，甚至没有输出，原因在于仪器分析参数设置中的 Maximum time step(最大时间步长)设置太小，实际应用时应根据不同的电路，设置不同的最大时间步长。

上机操作

操作 1　单管共发射极放大电路的测试

一、实验目的

(1) 熟练掌握电压表、信号源、示波器的使用方法。

(2) 初步掌握单管共发射极放大电路的静态工作点、电压放大倍数和输入、输出电阻的测量方法。

二、实验内容及步骤

单管共发射极放大电路是放大电路的基本形式，为了获得不失真的放大输出，需设置合适的静态工作点，静态工作点过高或过低都会引起输出信号的失真。通过改变放大电路的偏置电压，可以获得合适的静态工作点。

单管共发射极放大电路是一个低频、小信号放大电路。当输入信号的幅度过大时，即便有了合适的静态工作点，同样会出现失真。改变输入信号的幅值即可测量出最大不失真输出电压。放大电路的电压放大倍数、输入电阻和输出电阻是衡量放大电路性能的重要参数。

1．静态工作点的设置

搭接图 2.59 所示的单管共发射极放大电路，其中电阻 R 和开关 J1 用于输入电阻的测量，开关 J2 用于输出电阻的测量。

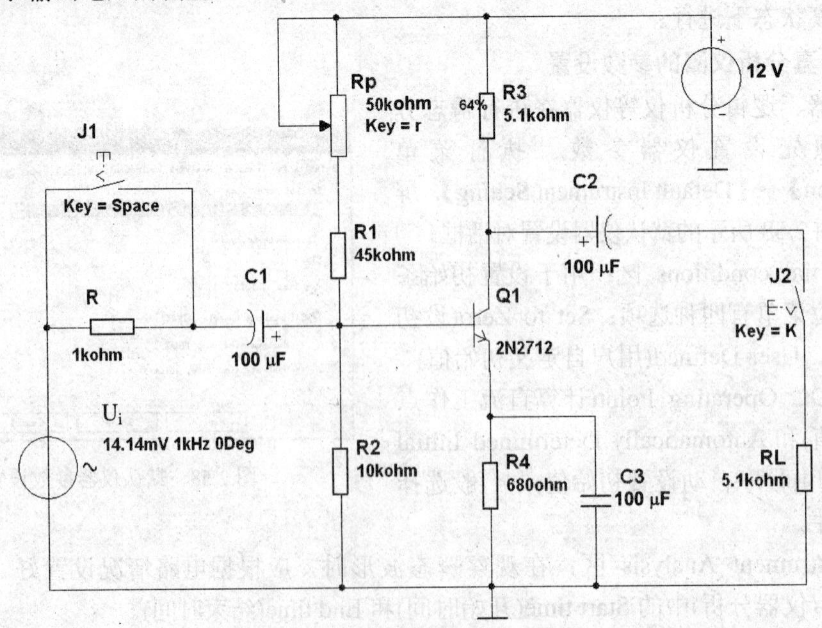

图 2.59　单管共发射极放大电路

接通电源，设置输入信号 Ui 为 0，调节电位器 Rp 的阻值，使三极管的静态工作点电流 Ic=1 mA。

2．放大电路增益的测量

(1) 在输入端加入频率为 1 kHz、幅度为 14.1421 mV(有效值为 10 mV)的正弦信号，闭合开关 J1 来短路电阻 R，闭合开关 J2 来接入负载电阻 RL，用交流电压表测量放大电路的输出电压 U_o，计算电路增益。即输入电压 U_i=__________；输出电压 U_o=__________；放大电路增益=__________。

(2) 用示波器观察放大电路的波形，调节仪器面板的参数设置，观察最佳波形，画出输入、输出波形。记录输入信号和输出信号的峰值，计算电路增益。

3．输入电阻和输出电阻的测量

1) 测量输入电阻

测量输入电阻时，要使用辅助电阻 R 断开开关 J1，用交流电压表测量信号源的电压值 U_s，再测量放大电路的净输入电压 U_i，则输入电阻 $R_i=\frac{U_i}{U_s-U_i}R$，即信号源电压 U_s=______；输入电压 U_i=__________；则 R_i=__________。

2) 测量输出电阻

根据输出电阻计算方法，信号源短路，将负载开路，即闭合开关 J1，断开开关 J2，用交流电压表测量此时的输出电压 U_{o1}，然后将开关 J2 闭合，接入负载，测量此时的输出电压 U_{o2}，则输出电阻 $R_o=\left(\frac{U_{o1}}{U_{o2}}-1\right)RL$，即不接负载时的输出电压 U_{o1}=__________；接入负载时的输出电压 U_{o2}=__________；则输出电阻 R_o=__________。

操作 2　译码显示电路的测试

一、实验目的

(1) 熟练掌握字信号发生器、逻辑分析仪和数码管的使用方法。

(2) 熟悉译码显示电路的工作原理。

二、实验内容

搭接如图 2.60 所示的译码显示电路，根据显示的要求不同，通常有 BCD 显示译码器和十六进制的显示译码器。常用的显示译码器有 7488、4511 等，本例用的显示译码器为 4511。

4511 是一种 BCD 译码驱动器，DA～DD 为十六进制输入端，OA～OG 为七段译码输出。

(1) 设置字信号发生器输出的递增编码，产生 0001～000F 的字信号，输出频率为 100 Hz，运行电路，观察数码管 U2、U3 的变化。

(2) 以单步(Step)输出方式运行电路，观察电路运行结果和逻辑分析仪的波形，并记录。

(3) 根据字段信息和以上两个步骤的测试，将结果填入表 2.2 中。

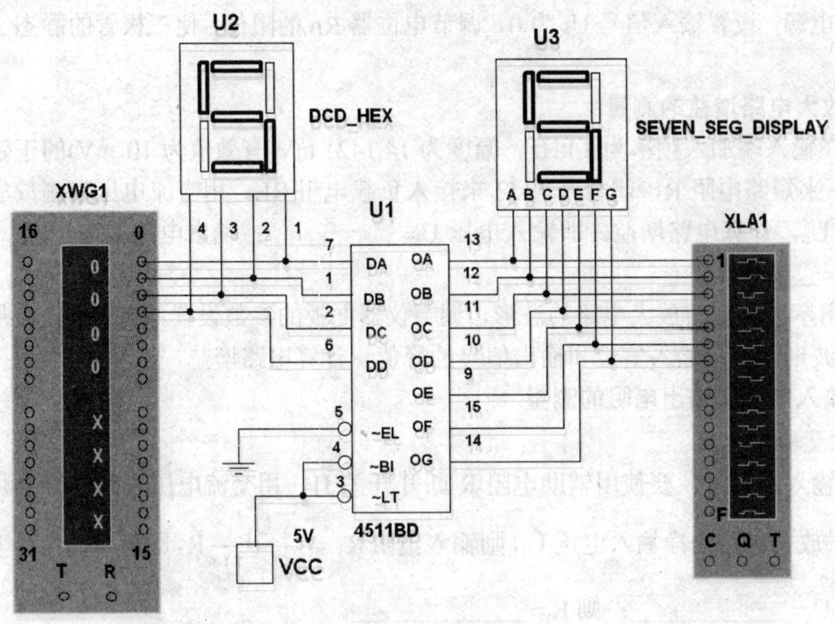

图 2.60 译码显示电路

表 2.2 测 试 结 果

序号	DD DC DB DA	OA OB OC OD OE OF OG	U2 字形	U3 字形
1				
2				
3				
4				
5				
6				
7				
8				
9				
10				
11				
12				
13				
14				
15				
16				

操作 3 四人表决电路的测试

一、实验目的

(1) 熟练掌握逻辑分析仪的使用方法。

(2) 初步学会使用逻辑分析仪进行数字电路设计。

二、实验内容

(1) 依据“四人表决电路”的设计原理，在逻辑分析仪中设置真值表。即由 A、B、C、D 四人组成投票表决电路，当总票数达到 3 票或 3 票以上时，结果为通过，否则为未通过。

在电路工作区调入逻辑转换仪，双击图标打开面板，选择 A、B、C、D 4 个输入端。依据设计原理输入真值表，如图 2.61 所示。

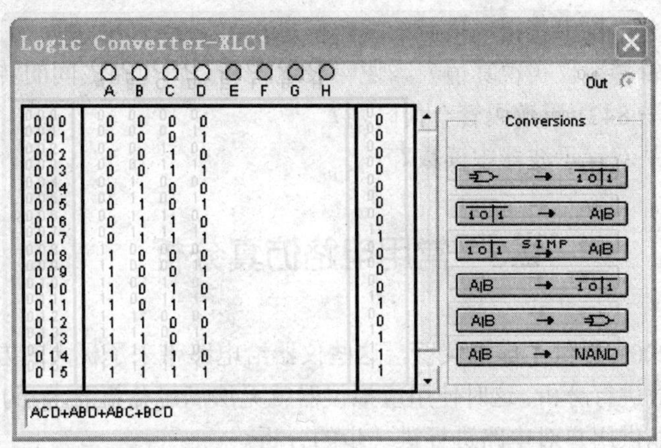

图 2.61　设置真值表

(2) 单击[10|1 SIMP→ A|B]按钮，生成简化的电路表达式为：Y=ACD+ABD+ABC+BCD。

(3) 单击[A|B →]按钮，根据表达式 Y=ACD+ABD+ABC+BCD 生成门电路。

(4) 在生成的门电路中添加投票按键 A、B、C、D 和结果指示灯 Y。如图 2.62 所示为设计好的参考电路。

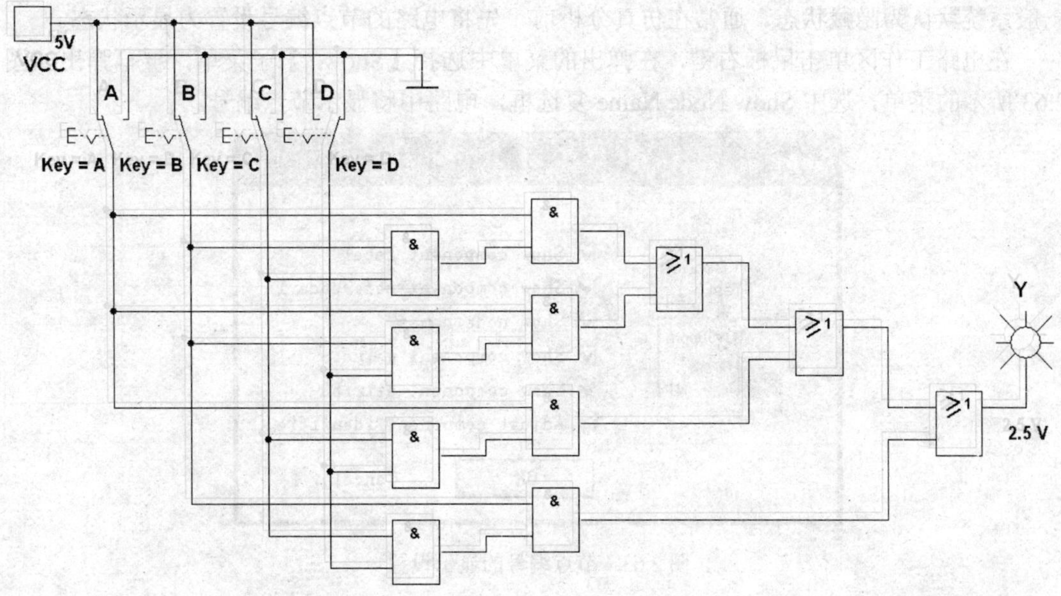

图 2.62　参考电路

(5) 启动电路，根据真值表输入按键组合，观察输出结果是否符合设计要求。

课后练习

1. 用交流电压表测出的电压值与示波器测出的电压值有何区别？为什么？
2. 在字信号发生器中，字信号编码的设置有几种方式？如何操作？
3. 如何从逻辑分析仪中获得字信号的编码信息？
4. 如何通过逻辑转换仪实现真值表、逻辑表达式和逻辑电路之间的转换？
5. 七段数码管与8421码数码管有何区别？
6. 如何准确地从双踪示波器中读数？

2.3 常用电路仿真分析

虽然Multisim2001提供了虚拟仪器，这些仪器给电路带来了极大的方便，但有时在电路中要针对多种参数进行分析，这时使用虚拟仪器就无法满足分析要求，为此，Multisim2001提供了电路分析功能供用户对电路进行进一步的分析。

2.3.1 仿真分析的基本操作

1．设置显示节点编号

在电路仿真分析中，分析电路的输出变量通常以节点编号的形式出现，电路的节点编号是由系统自动产生的，放置元件和连接线路的顺序不同，产生的节点编号也是不同的，一般系统默认为隐藏状态。通常在仿真分析前，先将电路的节点编号设置为显示状态。

在电路工作区单击鼠标右键，在弹出的菜单中选择【Show...】子菜单，屏幕弹出如图2.63所示的菜单，选中Show Node Name复选框，电路中将显示节点编号。

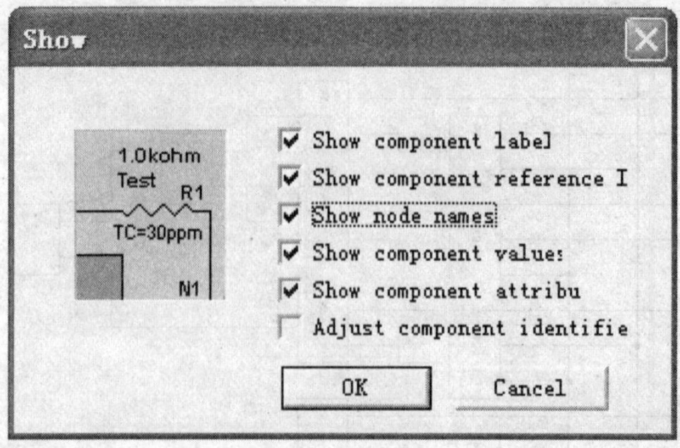

图2.63 节点编号的显示设置

图2.64所示为设置显示节点编号后的单管放大电路，输出节点为4。

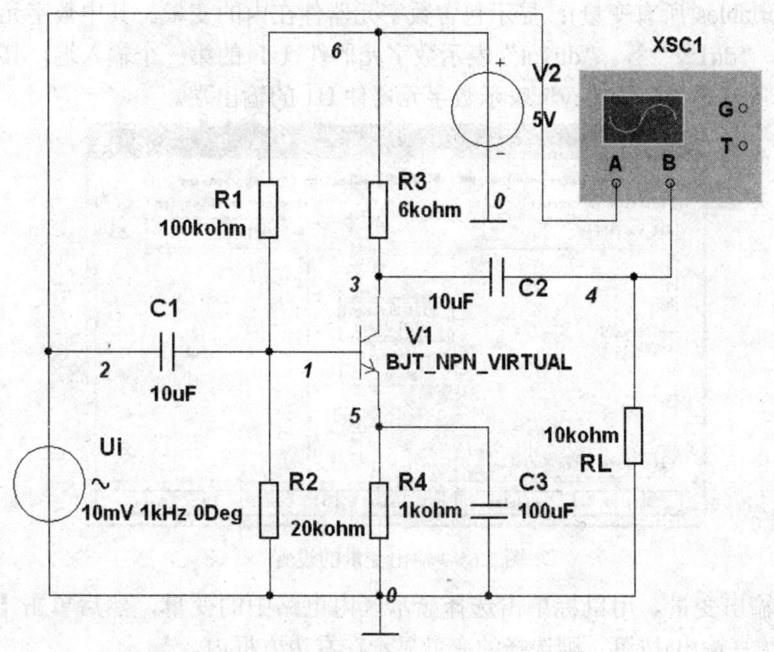

图 2.64　显示节点编号的单管放大电路

双击节点上的连线，屏幕弹出对话框，可以修改节点编号，但同一电路上的节点编号是不允许重复的。将系统自动地线的节点编号设置为 0。

2. 仿真分析的参数设置

1) 常用分析选项

执行菜单【Simulation】→【Analyses】(仿真分析)，屏幕弹出分析方法以供选择，移动光标选中所需的分析方法，弹出设置对话框。不同分析方法的对话框内容不同，但选项卡的主要内容基本相同，主要如下：

- Analysis Parameters：用于设置特定分析方法参数。直流工作点分析没有此项选择。
- Output Variables：用于设置电路分析的输出变量，各种分析方法的输出变量设置方法基本相同。
- Miscellaneous Options：用于设置分析参数。
- Summary：显示电路仿真过程中的所有分析方法，一般选默认。

2) 输出变量设置

在电路分析前，先选择好电路的输出变量。执行菜单【Simulation】→【Analyses】选中某种分析方法后，屏幕弹出参数设置对话框，图 2.65 所示为 AC Analysis(交流分析)的对话框，选择 Output Variable 选项卡设置输出变量，并设置输出节点为 4。

(1) 输出变量类型。在对话框 Variables in circuit 的下拉列表框中有 4 个选项：

- Voltage(节点电压)：在显示区中显示为节点编号。
- Current(支路电流)：在显示区中显示方式如“vv1#branch”，它表示元器件参考编号为 V1 所在支路。
- Voltage and Current(电压和电流)：在显示区中显示节点编号和支路电流。

• All Variables(所有变量)：显示包含数字元器件在内的变量。其中数字元器件变量显示如“du1:a”、“du1:y”等。“du1:a”表示数字元器件 U1 的第一个输入端，其他输入端依次按英语字母顺序设置，“du1:y”表示数字元器件 U1 的输出端。

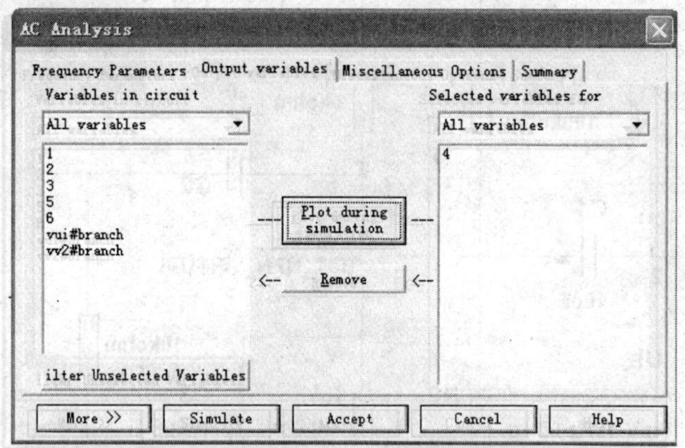

图 2.65　输出变量的设置

(2) 选择输出变量。用鼠标单击选择显示区内电路中的变量，然后单击【Plot during simulation】(仿真输出)按钮，则选择的变量显示在右边方框内。

(3) 移去输出变量。在右边方框中选中要移走的输出变量，单击【Remove】按钮移去变量。

上述设置完毕后，单击【Simulate】(仿真)按钮，仿真分析结果显示在分析显示图中。

3．分析结果的显示

1) 分析显示图的窗口界面

分析显示图用于显示仿真分析结果和一些仪器的波形。执行仿真分析，系统自动弹出分析图，显示分析结果；启动电路后，仪器中的波形也将显示在分析图中。图 2.66 所示为单管放大电路的分析结果，其中 Transient Analysis #1 为瞬态分析的分析结果，Oscilloscope–XSC1 为示波器中的分析结果。图 2.66 中还有显示图工具按钮，单击这些按钮可以对显示图进行操作。

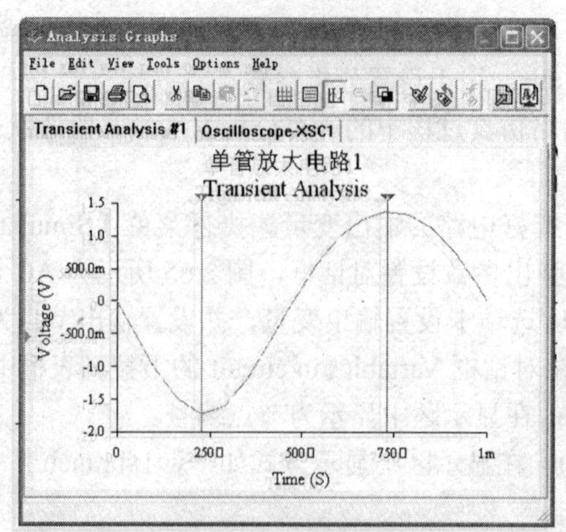

图 2.66　显示图窗口界面

2) 显示图图形工具

用鼠标单击图形显示区中的任意位置，可以激活显示图图形工具。

(1) 单击 可以触发显示栅格，便于读数；单击 可以显示当前波形对应的图例颜色，以便区别不同的波形，如图 2.66 所示。

(2) 单击 屏幕会弹出一个设置显示图特性的对话框，在该对话框内可以进行标题设置，栅格、坐标及波形曲线的颜色、粗细设置，多路数据显示设置等。

(3) 单击 触发读数轴，屏幕出现波形的读数，此时拖动读数轴可以读出所需的数值，如图 2.67 所示。在数据区中，X 为横坐标，Y 为纵坐标，dx=x2−x1，dy=y2−y1。

Transient Analysis

	4
x1	227.4000□
y1	-1.7226
x2	730.3762□
y2	1.3681
dx	502.9762□
dy	3.0907
1/dx	1.9882k
1/dy	323.5555m
min x	0.0000
max x	1.0000m
min y	-1.7226
max y	1.3704

图 2.67 波形读数

2.3.2 常用分析方法

1. 直流工作点分析(DC Operation Point Analysis)

直流工作点分析是电路分析的基本步骤之一，在进行直流工作点分析时，电路中的交流信号源将被视为短路，电容视为开路，电感视为短路。

本例以单管放大电路为例来说明直流工作点分析的步骤。

(1) 创建电路。创建单管放大电路，并显示节点编号，如图 2.64 所示。

(2) 执行菜单【Simulation】→【Analyses】→【DC Operation Point】，屏幕弹出分析设置对话框，在其中选择输出变量，节点 1、3、5 分别对应三极管的三个极 b、c、e，分析时将这三个节点设置为输出变量，同时将两个支路电流也作为输出变量，如图 2.68 所示。在直流工作点分析中无需将输入的交流电压置零。

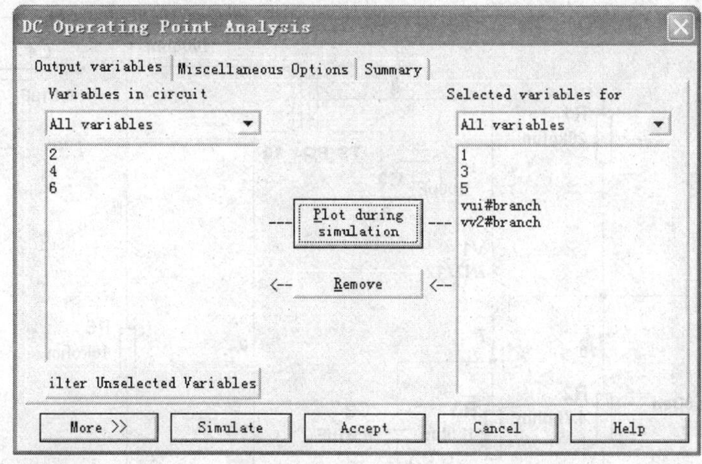

图 2.68 设置直流工作点分析的输出变量

(3) 单击【Simulate】按钮，开始进行电路仿真。

执行仿真后，系统自动将电路中所选择的节点和支路电流数值显示在分析显示图中，如图 2.69 所示。根据分析结果可得出三极管 b、c、e 3 个极的电压分别为 811.68946 mV、

131.16215 mV 和 4.22082 V。

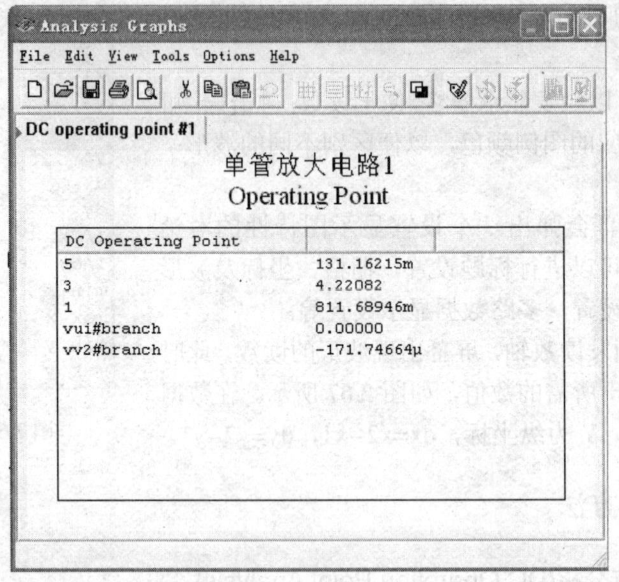

DC Operating Point	
5	131.16215m
3	4.22082
1	811.68946m
vui#branch	0.00000
vv2#branch	-171.74664μ

图 2.69　仿真分析结果

2．交流分析(AC Analysis)

交流分析是分析在交流小信号下电路中任意节点处的频率特性曲线，包括幅频和相频特性曲线。在进行频率特性分析时，电路中的直流电压源视为短路，直流电流源视为开路，非线性元器件用线性交流小信号模型等效电路代替，交流信号源、电容、电感工作在交流模式，输入信号设置为正弦波形式。

本例以单调谐放大电路为例来说明交流分析的步骤。

(1) 创建分析电路，如图 2.70 所示。

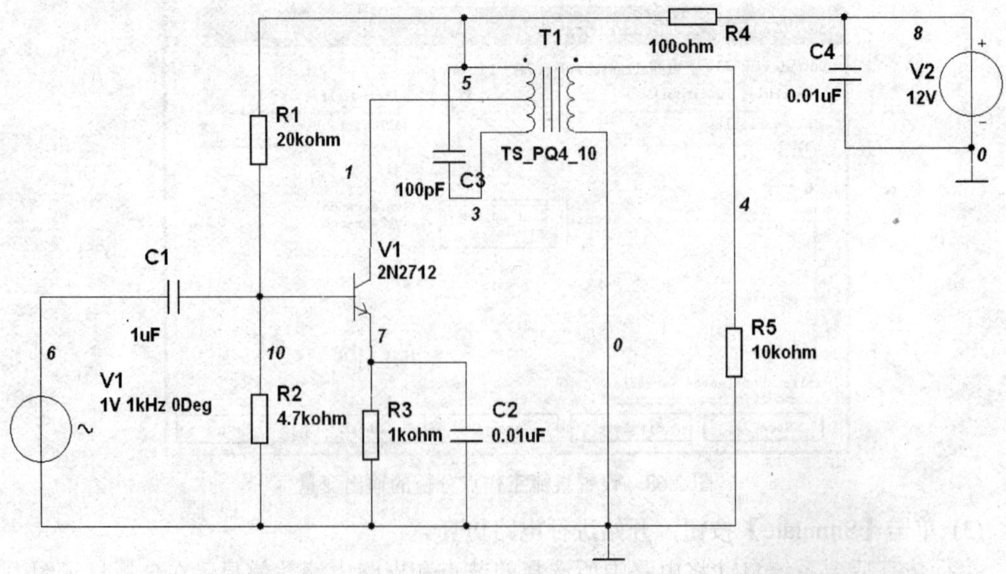

图 2.70　单调谐放大电路

(2) 设置节点编号为显示状态。

(3) 执行菜单【Simulation】→【Analyses】→【AC Analysis】，弹出如图 2.71 所示的对话框，单击 Analysis Parameter 选项卡设置分析参数，对话框的具体内容如表 2.3 所示。图中设置的频率范围为 150～250 kHz，扫描方式为 Linear，扫描点数为 200，垂直标尺采用 Linear。

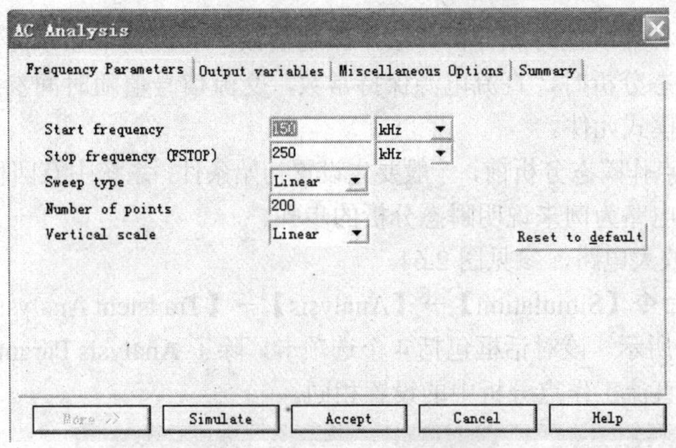

图 2.71　交流分析参数设置

表 2.3　AC 分析参数设置对话框

AC 分析参数	含义和设置要求
Start frequency	扫描起始频率，默认为：1 Hz
Stop frequency(FSTOP)	扫描截止频率，默认为：10 GHz
Sweep type	扫描形式(X 刻度)：Decade(十倍频)/Linear（线性）/Octave(二倍频程)。默认为：十进制
Number of points per decade	显示点数，默认为：10
Vertical scale	垂直尺度形式(幅度刻度)：Linear（线性)/Logarithm(对数)/Decimal(分贝)/Octave(二倍频程)。默认为：对数

(4) 单击 Output variable(输出变量)选项卡，设置电路的分析节点，本例中分析节点设置为 4。

(5) 单击【Simulate】，对话框中显示节点的频率特性曲线如图 2.72 所示，图中有幅频特性和相频特性两种频率特性曲线。

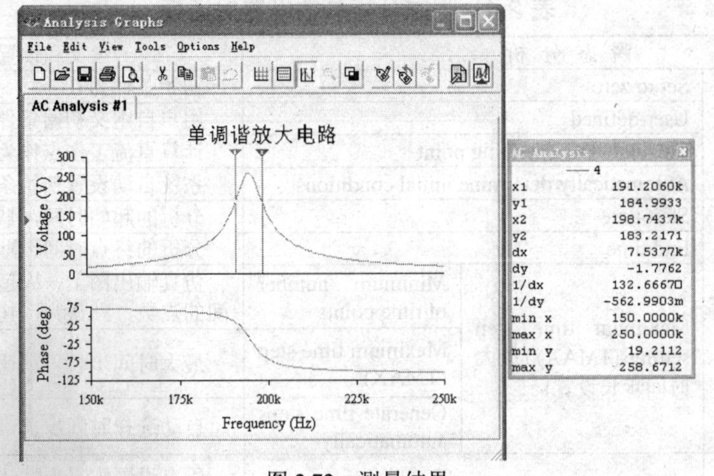

图 2.72　测量结果

(6) 读取测量数据。图 2.72 所示的频率特性曲线中，拖动读数轴可读出所需数值，从图中可知数轴 1、2 均位于峰值电压的 0.707 倍的位置，故 x1 与 x2 的差值 dx 即为该电路的带宽，从图中可以读出该电路的带宽为 7.5377 kHz。

3. 瞬态分析(Transient Analysis)

瞬态分析是一种非线性时域分析方法，即观察该节点在整个显示周期中某一时刻的电压波形。在进行瞬态分析时，直流电源保持常数，交流信号值随时间参数而改变，电容、电感都是能量储存模式元件。

在对选定的节点作瞬态分析前，一般要先设置初始条件，系统中有四种初始条件供选择。仍以单管放大电路为例来说明瞬态分析的步骤。

(1) 创建单管放大电路，参见图 2.64。

(2) 执行菜单命令【Simulation】→【Analysis】→【Transient Analysis】，屏幕弹出一个对话框，如图 2.73 所示。该对话框包括 4 个选项卡，除了 Analysis Parameters 以外，其他 3 个选项卡的设置与直流工作点分析中的设置相同。

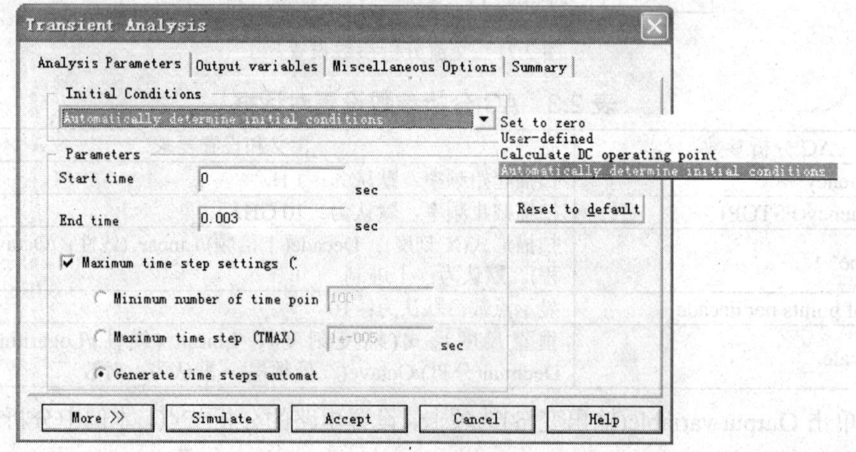

图 2.73 瞬态分析的参数设置

点击 Analysis Parameters 项，对话框的具体内容如表 2.4 所示。

表 2.4 瞬态分析参数设置对话框

瞬 态 分 析			含义和设置要求
Initial Conditions (设置初始条件)	Set to zero		初始条件为 0
	User-defined		用户自定义初始条件
	Calculate DC operating point		计算直流工作点作为初始条件
	Automatically determine initial conditions		系统自动设置初始条件
Parameters (参数设置)	Start time		分析的起始时间，默认为：0 s
	End time		分析的终点时间，默认为：0.001 s
	Maximum time step settings(TMAX) (最大时间步长设置)	Minimum number of time points	仿真输出图上，从起始时间到终点时间的点数，默认为：100
		Maximum time step (TMAX)	最大时间步长，默认为：1e-05 s
		Generate time steps automatically	自动选择时间步长，默认为：选用
Reset to default			所有设置恢复为默认值

(3) 根据需要设置好分析参数。图中分析参数的主要设置为：初始条件由系统自动设置；起始时间为 0 s；终点时间为 0.003 s；最大时间步长设置为自动产生时间步长。

(4) 设置 Output variable 为节点 4。

(5) 单击【Simulate】按钮，屏幕弹出分析显示图，显示被分析节点的瞬态波形。图 2.74 所示为节点 4 的瞬态分析图。可以从触发读数轴中读出信号的周期和幅度，波形与示波器上的波形一致。

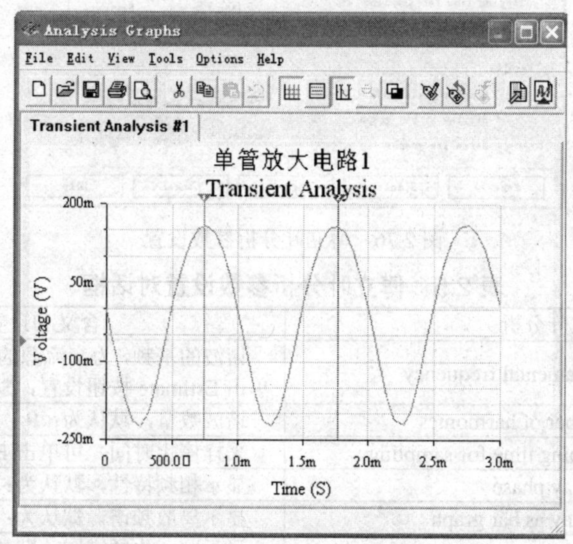

图 2.74 瞬态分析结果

4．傅立叶分析(Fourier Analysis)

傅立叶分析用于分析一个时域信号的直流分量、基频分量和谐波分量，即把被测节点的时域变化信号作离散傅立叶变换，求出它的频域变化规律。

在进行傅立叶分析时，必须首先选择被分析的节点，一般将电路中的交流激励源的频率设定为基频，若在电路中有几个交流激励源时，可以将基频设定在这些频率的最小公倍数上。如有一个 5.5 kHz 和一个 2 kHz 的交流激励源信号，则基频选择为 0.5 kHz。

以二极管混频电路为例来说明傅立叶分析的步骤。

(1) 创建电路。二极管混频电路如图 2.75 所示，两输入的交流信号频率分别为 1 kHz 和 5 kHz，根据混频原理，二极管的输出主要有 4 个频率信号，即原信号(1 kHz 和 5 kHz)、差频分量(4 kHz)及和频分量(6 kHz)，由于二极管混频曲线的非线性，其混频输出还有其他谐波分量，但幅度很小。在混频输出端加入选频网络，可以获得所需频率的信号。

(2) 执行菜单【Simulation】→【Analyses】→【Fourier Analysis】，屏幕弹出对话框，选中 Analysis Parameter 选项卡(如图 2.76 所示)，对话

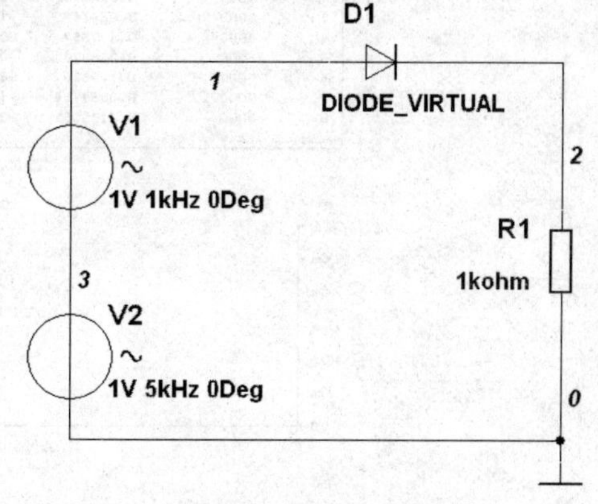

图 2.75 二极管混频电路

框的具体内容如表 2.5 所示。基频设置为 1000 Hz，谐波数设置为 8，采样停止时间通过单击【Estimate】(估计)按钮自动产生。

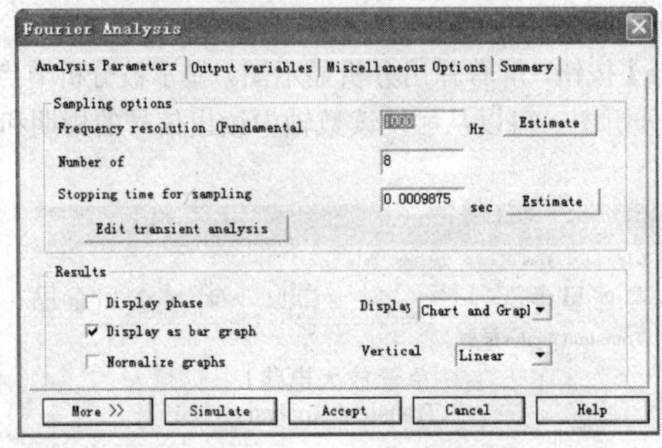

图 2.76　傅立叶分析参数设置

表 2.5　傅立叶分析参数设置对话框

傅立叶分析		含义和设置要求
Sampling options (采样选择)	Fundamental frequency	谐波的基频，为交流源的频率或最小公倍数，可单击 Estimate 按钮设置，默认为：1 kHz
	Number of harmonics	谐波数量，默认为：9
	Stopping time for sampling	采样停止时间，可单击 Estimate 按钮设置
Results (结果)	Display phase	显示相频特性，默认为：无
	Display as bar graph	显示离散频谱，默认为：选中
	Normalize graphs	显示归一化频谱图，默认为：无
	Display	显示类型，图表/图形/图表和图形
	Vertical	垂直尺度，线性/对数/分贝，缺省设置为：线性

(3) 选择要分析的输出变量为节点 2。

(4) 单击【Simulate】获得被分析节点的傅立叶变换图，如图 2.77 所示。从图中可以看出原信号的频谱幅度较大，和频信号和差频信号幅度稍小，其他谐波分量幅度很小。

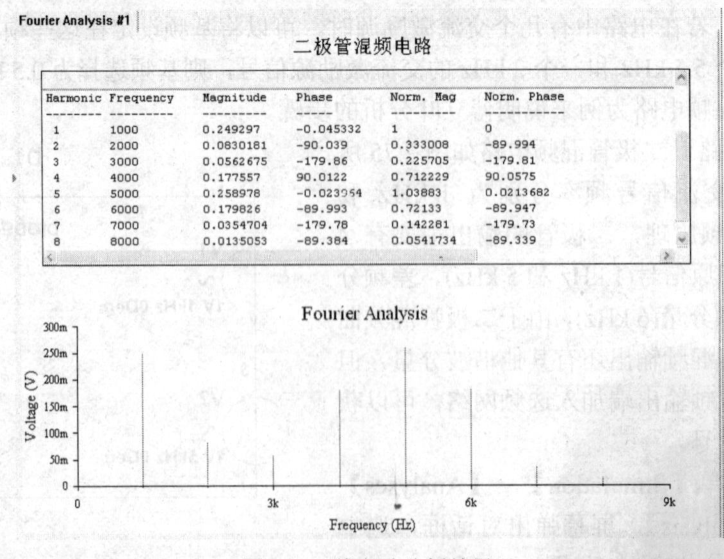

Fourier Analysis #1

二极管混频电路

Harmonic	Frequency	Magnitude	Phase	Norm. Mag	Norm. Phase
1	1000	0.249297	-0.045332	1	0
2	2000	0.0830181	-90.039	0.333008	-89.994
3	3000	0.0562675	-179.86	0.225705	-179.81
4	4000	0.177557	90.0122	0.712229	90.0575
5	5000	0.258978	-0.023054	1.03883	0.0213682
6	6000	0.179826	-89.993	0.72133	-89.947
7	7000	0.0354704	-179.78	0.142281	-179.73
8	8000	0.0135053	-89.384	0.0541734	-89.339

图 2.77　傅立叶分析结果

5. 参数扫描分析(Parameter Sweep Analysis)

参数扫描方法是当电路中某些元器件的参数在一定取值范围内变化时，对电路瞬态特性、直流工作点和交流频率特性的影响进行分析，以便对电路的某些指标进行优化。它允许选择任何元器件、任何期望的参数值以及所要扫描的取值范围，从而全面了解参数对电路设计的影响。

仍以单管放大电路为例来说明瞬态分析的步骤。

(1) 创建电路。创建单管放大电路，参见图 2.64。

(2) 执行菜单【Simulation】→【Analysis】→【Parameter Sweep】，屏幕弹出对话框，选中 Analysis Parameters 选项卡，如图 2.78 所示，单击【More】弹出分析类型设置对话框，具体内容见表 2.6。

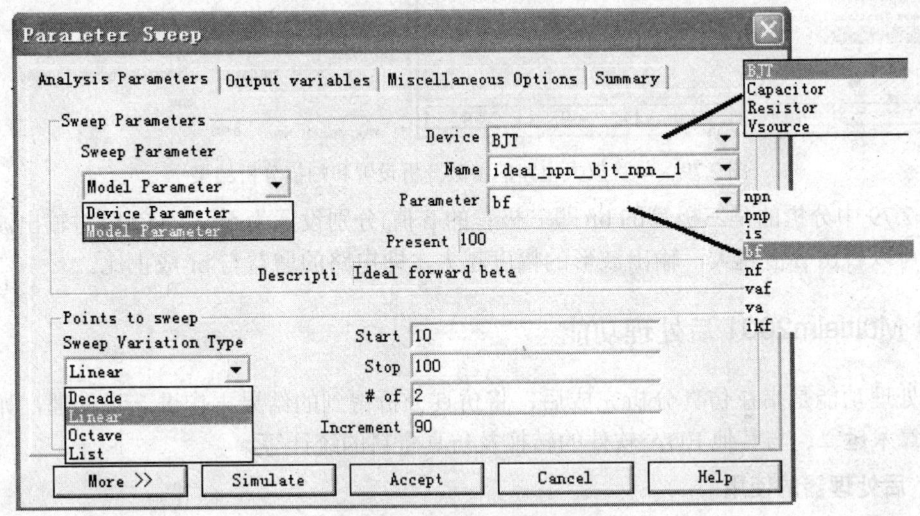

图 2.78 模型参数分析设置

表 2.6 参数扫描分析设置对话框

参数扫描分析		含义和设置要求
Sweep Parameters (扫描参数)	Sweep Parameter	扫描参数选择项。有模型/器件参数可供选择
	Device	器件种类选择项
	Name	被扫描元器件参考编号选择项
	Parameter	参数选择
Points to sweep (扫描方式)	Sweep Variation Type	选择变量扫描方式。有 Decade(十倍频)/Linear(线性)/Octave(八倍频)/List(列表)可供选择
	Start	扫描初始值
	Stop	扫描终值
	# of	扫描线数
	Increment	扫描时间间隔
More Options (其他选项)	Analysis to sweep	扫描分析类型。有直流工作点/瞬态/频率特性分析等选项

选择不同的 Sweep Parameters(扫描参数)，则被扫描器件的参考编号(Name)的定义形式不同。Device Parameter(器件参数)由元器件参考编号的第一个字母和元器件参考编号组成；Model Parameter(模型参数)由元器件参考编号的第一个字母、元器件型号、元器件所在部件

箱和元器件的序号组成。

(3) 观察三极管的β值发生变化时对输出波形的影响；对单管放大电路进行参数扫描分析；确定扫描参数为Model Parameter(模型参数)；选择分析元件为三极管。参数设置和分析结果如图2.79所示。

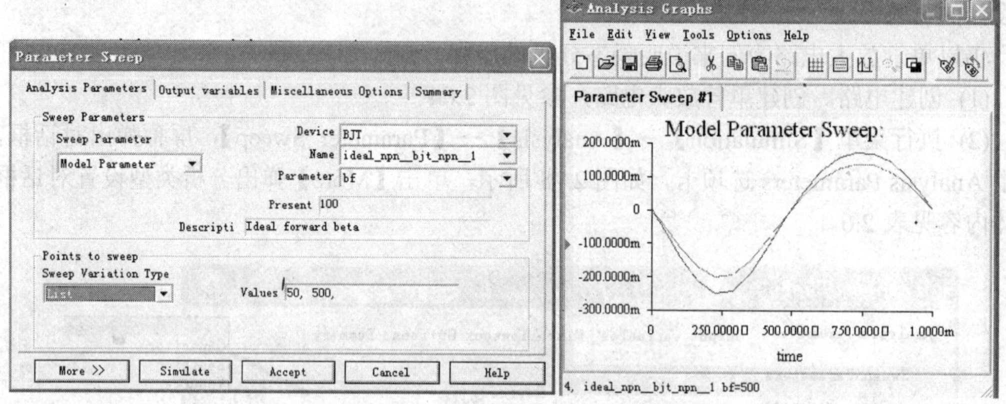

图2.79　单管放大电路的参数分析设置和扫描分析结果

图2.79中分析的是三极管的bf(即三极管的β值)分别设置为50和350时对输出波形的影响，可以看出β值越大，输出波形的幅度越大，即电路的增益与bf成正比。

2.3.3　Multisim2001后处理功能

后处理功能是指在仿真分析完成后，将仿真分析得到的结果再作进一步处理，如分析结果的算术运算、与其他EDA软件的转换及仿真资料的统计等。

1．后处理器的使用

Multisim2001 提供的后处理器(Postprocesser)是专门用来对仿真结果进行进一步数学处理的工具，它不仅能对仿真所得的曲线和数据进行单独处理(如平方、开方、取绝对值等)，还能够对多个曲线和数据彼此之间进行运算处理，处理的结果仍以曲线或数据表形式显示出来。

以简单的RC电路为例介绍后处理器的使用方法。

(1) 创建如图2.80所示的RC电路。

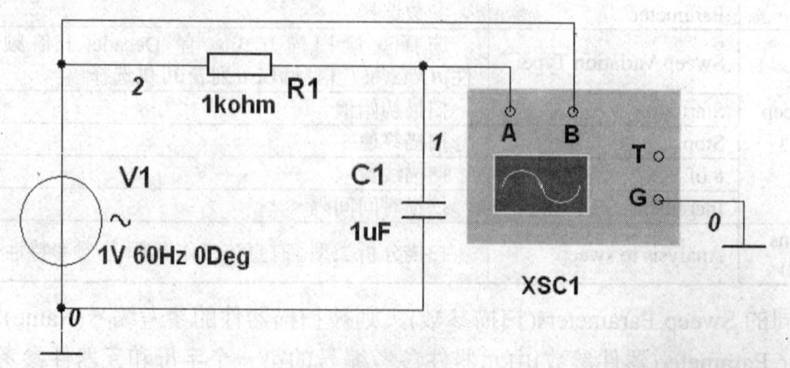

图2.80　简单RC电路

若用示波器或瞬态分析很容易测出节点 1、2 的电压波形，但由于电阻两端的电压是节点 1、2 的电压之差，因此无法直接测出，但使用后处理器则很容易实现。

(2) 启动仿真分析中的“瞬态分析”功能对电路进行瞬态分析。输出变量为节点 1、2；初始条件设置为系统自动设置；起始时间为 0 s，终点时间为 0.04 s；最大时间步长设置为自动产生时间步长。

从图 2.81 中可以看出，超前的曲线为节点 2 的电压 V1(即信号源)，滞后的曲线为节点 1 的电压(即电容两端的电压)，显然电阻两端的电压从图中无法直接获得。

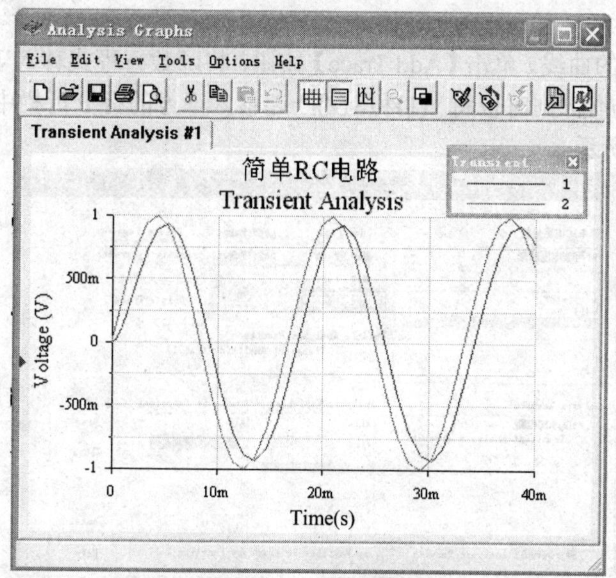

图 2.81　瞬态分析曲线

(3) 执行菜单【Simulate】→【Postprocesser】，或单击设计工具栏上的后处理器图标，启动后处理器，在 Analysis Results 区中已经存在前面瞬态分析的结果，单击【Transient Analysis(Tran01)】，将其分析变量送到 Analysis Variables 区中，如图 2.82 所示。

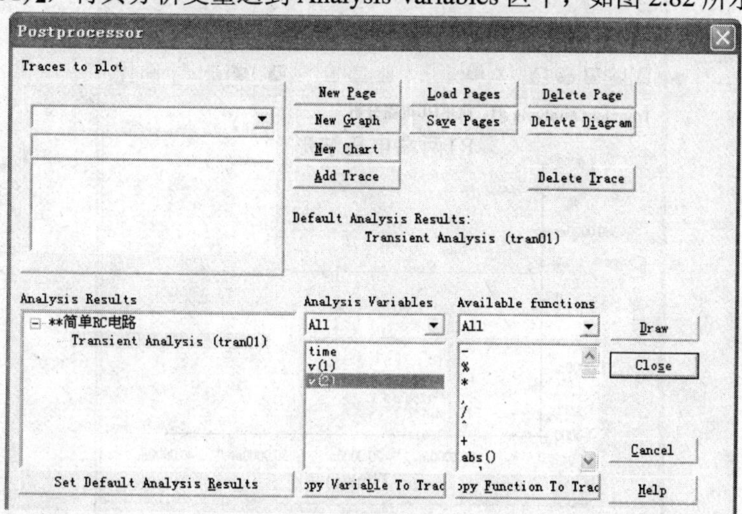

图 2.82　后处理器对话框

(4) 在 Trace to plot 区中进行以下操作：

① 建立新的后处理分析页和曲线页。单击【New Page】按钮，弹出 Page Name 对话框，输入"简单 RC 电路分析"，单击【OK】建立新的分析页。单击【New Graph】按钮，弹出 Graph Name 对话框，输入"R1 两端电压波形"，单击【OK】建立新的曲线页。

② 建立后处理的输出方式 v(1)–v(2)。在 Analysis Variables 区中双击变量 v(1)，将其放到 Trace to plot 区中的函数方程式栏中；然后在 Available functions 区中双击运算符号"–"，将其放置在变量 v(1)后面；最后采用同样的方法将变量 v(2)放置在减号后面，完成方程式 v(1)–v(2)。

③ 设定待分析的曲线。单击【Add Trace】按钮，将函数方程式移入下方的待分析栏中。

为了曲线分析方便，同时也将 v(1)和 v(2)一起移入下方的待分析栏中，方法同上，设置后的结果如图 2.83 所示。

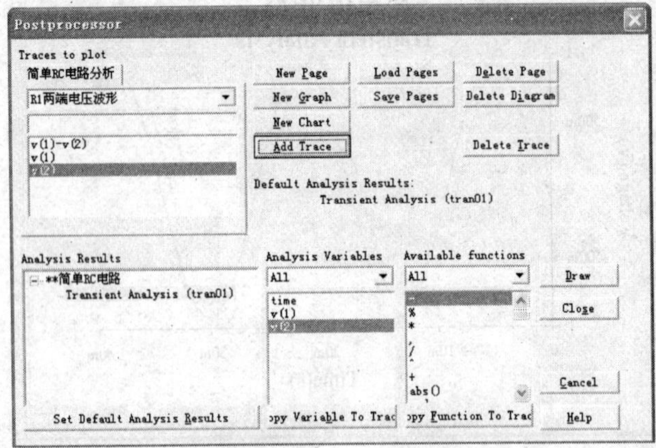

图 2.83　分析变量的设定

(5) 观察后处理波形。单击【Draw】按钮可获得如图 2.84 所示的曲线，从图中可以看出电阻上电压波形的特点。

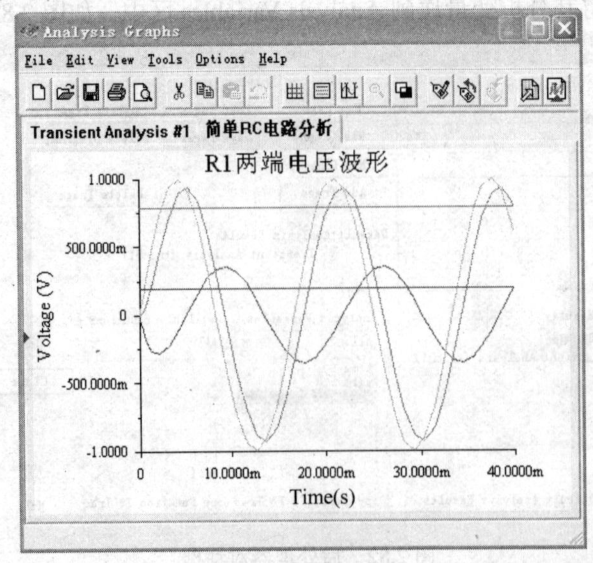

图 2.84　后处理波形输出

通过以上分析可以看出，后处理器可以很方便地对仿真数据进行处理。

2．与其他 EDA 软件的转换

Multisim2001 的网络表文件可以与 Spice 的网络表文件相互转换，还可以将电路图转换成常用印制版设计软件能接受的网络表文件，用于制作印制板。

1) 转换成 PCB 网络表

Multisim2001 软件可以将电路图转换成下列几种 PCB 排版软件的网络表文件。

Ultimate PCB(*.PLC；*.NET)、Layol(*.CMP；*.NET)、Multisim PCB(*.PLC；*.NET)、ORCAD PCB(*.NET)、Tango PCB(*.NET)、Eagle PCB(*.SCR)、Protel PCB(*.NET)、Pads PCB(*.NET)、P-CAD PCB(*.NET)。

执行菜单【Transfer】→【Transfer to other PCB Layout】可以将电路图转换成 PCB 网络表文件，弹出如图 2.85 所示的对话框。在保存类型中选择网络表格式，本书的印制板设计采用 Protel 99 SE 软件，故选择“Protel PCB(*.NET)”，输入文件名后回车，即可将文件保存为 PCB 网络表文件。

图 2.85 生成 PCB 网络表对话框

注意：Multisim2001 软件中元件封装形式的定义格式与 Protel 99 SE 软件中的格式有所区别，在印制板设计中调用网络表文件前必须先修改网络表文件。

2) 转换成 Spice 网络表

执行菜单【Transfer】→【Export Netlist】可以将电路图转换成 Spice 网络表文件，输入文件名后回车，即可将电路保存成 Spice 文件。

上 机 操 作

操作 1 功率放大电路的测试

一、实验目的

(1) 掌握 OTL 功率放大电路的静态工作点的调整方法。

(2) 初步掌握功率放大电路的参数测试。

(3) 观察自举电容的作用。

二、实验内容及步骤

搭接如图 2.86 所示的 OTL 功率放大电路。

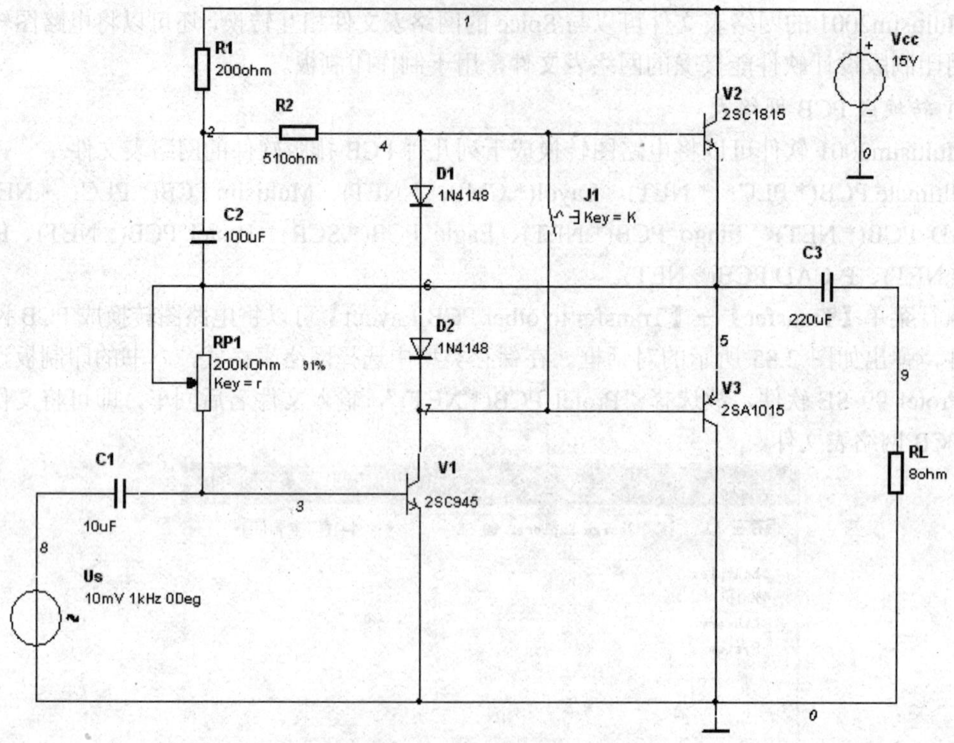

图 2.86　OTL 功率放大电路

1．静态工作点的测试

(1) 将信号源 Us 调整为 0 mV，调节 RP1 使中点电位为电源电压的一半(7.5 V)，即节点 5 的电压。

(2) 输入频率为 1 kHz、幅度为 15 mV(有效值)的正弦波交流信号，断开开关 J1，观察示波器波形，再闭合开关 J1，用示波器观察该输出波形，发现有何现象？画出断开开关 J1 和闭合开关 J1 时的波形，并进行比较。

(3) 断开开关 J1，执行菜单【Simulation】→【Analyses】→【DC Operation Point】，用直流工作点分析法测量三极管各极电压，并填入表 2.7 中，判断晶体管的工作状态。

表 2.7　三极管的各极电压

	U_E	U_B	U_C	工作状态
V1				
V2				
V3				

2．功率放大电路上、下限频率的测量

在接入 C2 和 C2 短路状态下，执行菜单【Simulation】→【Analyses】→【AC Analysis】，用交流分析法测量功放的上、下限频率 f_H 和 f_L 及频带宽度，其中参数设置为：频率范围为 1 kHz～10 GHz，扫描方式为 Octave，扫描点数为 200，垂直标尺采用 Linear。将测量结果填入表 2.8 中。

表 2.8　上、下限频率的测量

	f_H	f_L	BW
接入 C2			
短路 C2			

3．功率放大电路效率η的测量

逐渐增大输入信号，在接入 C2 和 C2 短路状态下，分别测量负载两端的最大不失真输出电压 U_{om} 的大小，同时测量此时的电源电流 I_S，并计算输出功率 P_O、电源消耗的功率 P_S 及功放的效率$\eta\left(P_O=\frac{1}{2}\frac{U_{om}^2}{R_L}，P_S=I_S*U_{CC}，\eta=\frac{P_O}{P_S}\times100\%\right)$，将结果填入表 2.9 中。

表 2.9　功放的效率 η 测量

	U_{om}	I_S	P_O	P_S	η
接入 C2					
短路 C2					

操作 2　计数器电路的测试

计数器是一种对时钟脉冲进行计数的时序逻辑电路，通常使用较多的计数器有四位二进制计数器和十进制计数器。改变通用计数器的清零端或置数端可以构成任意进制的计数器。

一、 实验目的

(1) 掌握计数器电路的基本原理和测量方法。

(2) 初步学会计数器电路的设计。

(3) 进一步掌握逻辑分析仪的使用。

二、实验内容及步骤

(1) 搭接如图 2.87 所示的计数器电路。

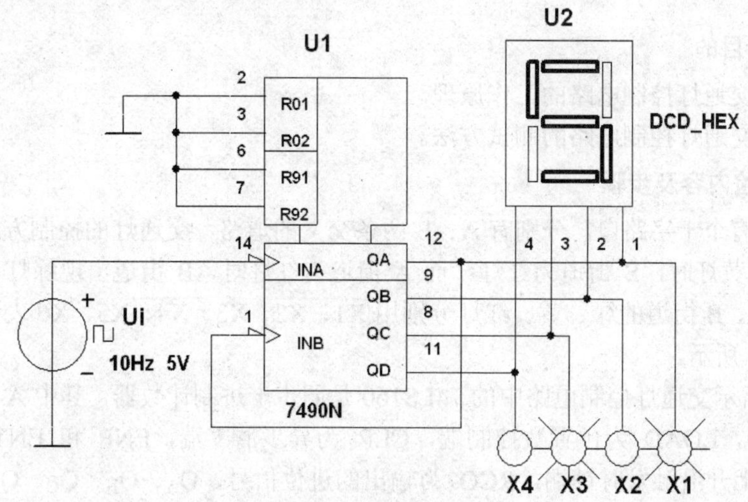

图 2.87　计数器电路

(2) 选择电路图中的元件 7490N，按功能键 F1 查看并记录该元件的真值表，并分析该电路是几进制计数器。

(3) 启动电路，观察指示灯的变化规律，判断电路是几进制计数器。

(4) 在电路的输出端连接数码管并启动电路，观察数码管的显示变化情况，判断该电路是几进制，并将观察的结果填入表 2.10 中。

表 2.10　数码显示情况

CP	Q_D　Q_C　Q_B　Q_A	显示数字
0	0　0　0　0	
1		
2		
3		
4		
5		
6		
7		
8		
9		

(5) 停止电路运行，执行菜单【Simulation】→【Default Instrument Settings】，在弹出的对话框中设置 Maximum time step(最大时间步长 T_{max})为 0.05 s，再次启动电路，观察数码管的变化情况，两次运行有何不同？说明原因。

(6) 如果要将该电路改为六进制计数器，应如何连接电路？并用逻辑分析仪测试电路的输出波形，验证分析结果。

操作 3　交通灯控制器的测试

一、实验目的

(1) 了解交通灯控制电路的工作原理。

(2) 掌握交通灯控制电路的测试方法。

二、 实验内容及步骤

(1) 假设有个十字路口，分别有 A、B 两条交叉的道路，交通灯的控制方式为：A 街道先出现绿灯、黄灯时，B 街道为红灯；而 A 街道为红灯时，B 街道出现绿灯、黄灯；如此循环。假设 A、B 街道的绿、黄、红灯分别用 X1、X2、X3、X4、X5、X6 表示，其连接电路图如图 2.88 所示。

图 2.88 所示交通灯控制电路中的 74LS160 是同步十进制计数器，其中 A、B、C、D 为预置数输入端，LOAD 为预置数控制端，CLR 为异步清零端，ENP 和 ENT 为计数允许端，CLK 为上升沿触发时钟端，RCO 为输出的进位信号，Q_A、Q_B、Q_C、Q_D 为十进制输出端。

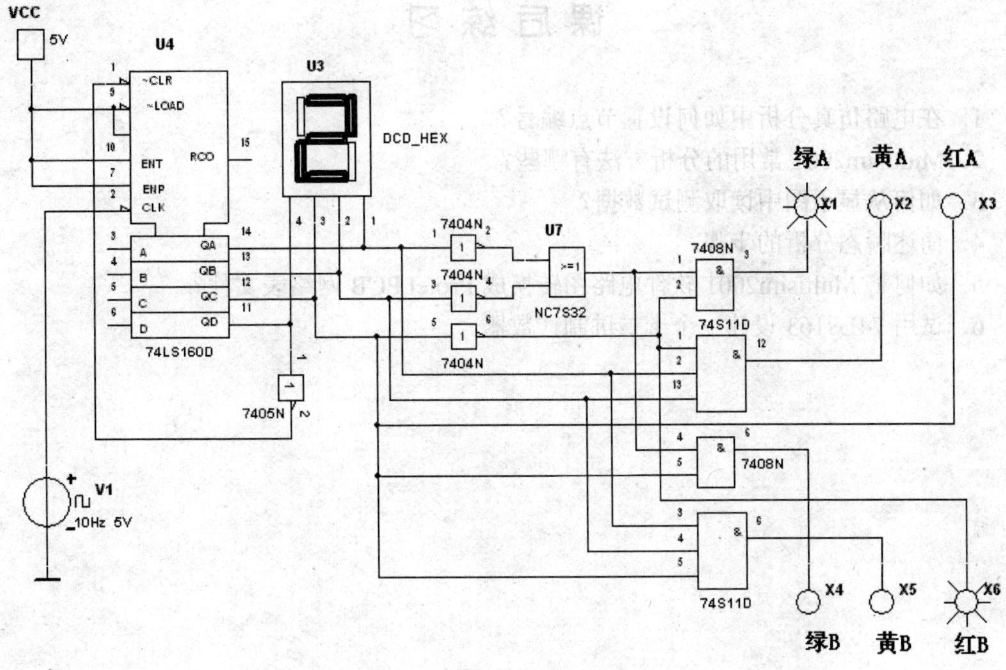

图 2.88 交通灯控制电路

(2) 连接好电路，检查无误后测试电路并将结果填入表 2.11 中。

表 2.11 交通控制等电路真值表

CP	Q_D Q_C Q_B Q_A	X1 X2 X3 X4 X5 X6	显示数字
0			
1			
2			
3			
4			
5			
6			
7			

(3) 为了更直观地观察各灯之间的时间关系，可以将该电路的指示输出接到逻辑分析仪中，即将 X1、X2、X3、X4、X5、X6 共 6 个端口依次接入逻辑分析仪进行仿真，画出输出波形，并与真值表描述的结果进行比较。

课后练习

1．在电路仿真分析中如何设置节点编号？
2．Multisim2001 常用的分析方法有哪些？
3．如何从显示图中读取测试数据？
4．简述瞬态分析的步骤。
5．如何将 Multisim2001 软件电路图转换成 Protel PCB 网络表文件？
6．试用 74LS163 设计一个十二进制计数器。

第 3 章　Protel 99 SE 原理图编辑

本章要点

- 系统参数设置
- 绘制原理图(即 ERC 检查)
- 总线与网络标号的使用
- 层次电路的使用
- 原理图输出
- 原理图元件设计

本章采用 Protel 99 SE 软件，通过一些简单的例子介绍印制电路板设计的前期工作——原理图编辑是如何完成的。

3.1　Protel 99 SE 原理图编辑器

3.1.1　启动 Protel 99 SE

1．Protel 99 SE 的启动

启动 Protel 99 SE 有以下几种方法：

方法 1：用鼠标双击 Windows 桌面的快捷方式图标 Protel 99 SE 进入 Protel 99 SE。

方法 2：从程序组中启动，执行菜单【开始】→【程序】→【Protel 99 SE】进入 Protel 99 SE。

方法 3：通过开始菜单启动，执行菜单【开始】→【Protel 99 SE】进入 Protel 99 SE。

2．Protel 99 SE 主界面

Protel 99 SE 启动后，屏幕出现启动画面，系统进入 Protel 99 SE 主窗口，如图 3.1 所示。

执行菜单【File】→【New】建立一个新的数据库，屏幕弹出如图 3.2 所示的对话框。单击其中的 Location 选项卡即可指定新数据库文件(.ddb)的存放路径和文件名，可以通过【Browse】按钮选择其他的目录路径，并在 Database File Name 文本框中输入新的数据库文件名，系统默认为“MyDesign.ddb”。

必要时单击 Password，输入访问该数据库(.ddb)文件的密码。输入密码后，再编辑、浏览数据库文件，这样可有效阻止他人非法浏览、修改该项目内的设计文件。

所有内容设置完毕，单击【OK】按钮进入设计主窗口，如图 3.3 所示。

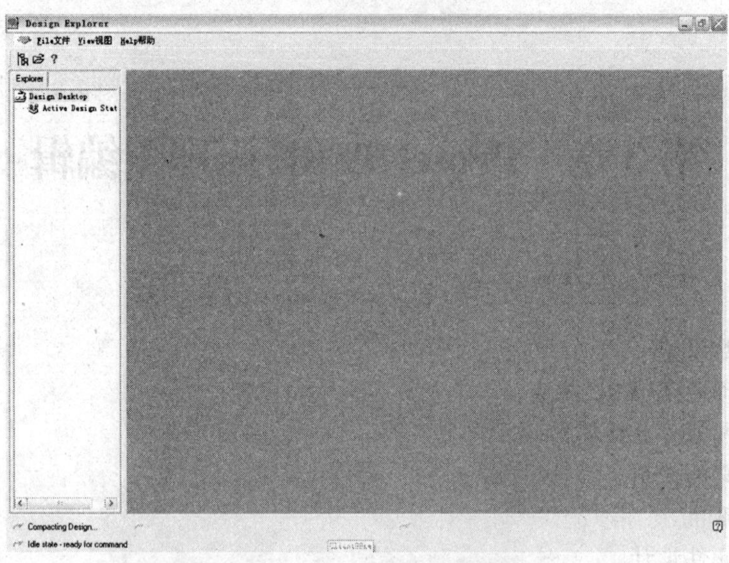

图 3.1　Protel 99 SE 主窗口

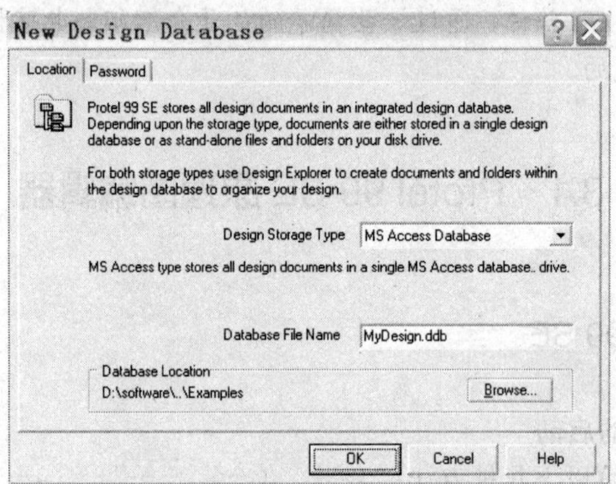

图 3.2　创建新的数据库文件

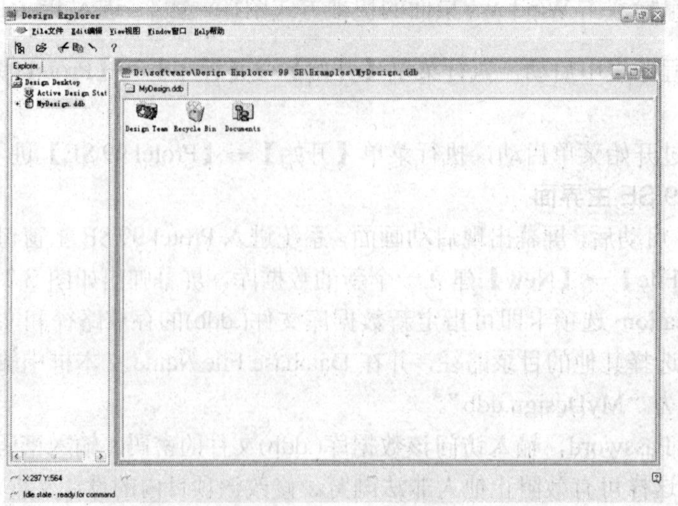

图 3.3　设计主窗口

对于新建的数据库，系统会自动装入 3 个文件夹：

- Design Team：用于存放设计队伍(存放在 Members 文件夹内)、文件访问权限(不同人员对设计文件的访问权限存放在 Permissions 文件夹内)以及会议记录等日常设计管理信息。
- Recycle Bin：用于存放或恢复被删除的文档或文件夹，其作用类似于 Windows 桌面上的回收站，必要时可以从中恢复。
- Documents：用于存放设计数据文档或文件夹，如原理图文件、元件清单、模拟仿真波形文件、印制板文件以及各种各样的报表文件等。

3.1.2 启动原理图编辑器

进入 Protel 99 主窗口后，双击 Documents 图标，确定文件存放在 Documents 文件夹中(用户也可以自定义文件夹)，然后执行菜单【File】→【New】，屏幕弹出如图 3.4 所示的 New Document 对话框，此时可以建立新的文档，在图中选中新建原理图文件，即双击 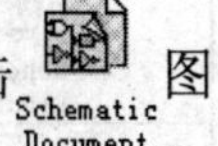 图标，新建一个原理图文件，如图 3.5 所示，系统默认的原理图文件名为 Sheet1.Sch，也可以修改文件名。

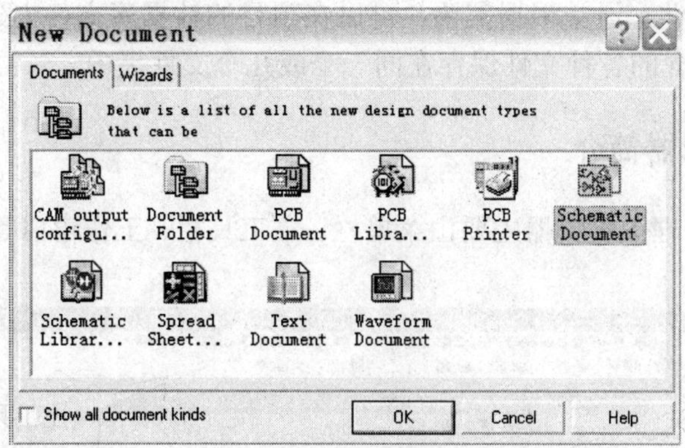

图 3.4 新建文件对话框

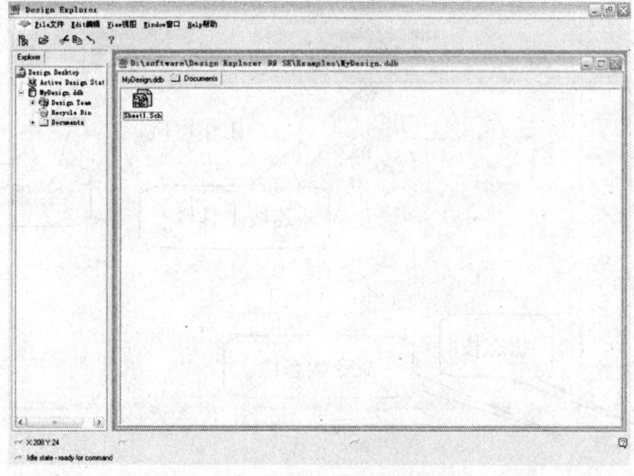

图 3.5 新建原理图文件

Protel 99 SE 可以建立 10 种文件类型，各类型的图标及说明如表 3.1 所示。

表 3.1　新建文件类型

图　标	作　用	图　标	作　用
CAM output configur...	CAM 输出配置文件	Document Folder	创建新文件夹
PCB Document	创建新印制板文件	PCB Library Document	创建新印制板库文件
PCB Printer	创建印制板打印文件	Schematic Document	创建新原理图文件
Schematic Librar...	创建新原理图库文件	Spread Sheet...	创建表格文件
Text Document	创建文本文件	Waveform Document	创建波形文件

为了便于管理文件，通常根据需要，可以在项目的数据库文件中建立新的文件夹，并将一个设计项目所包含的各种文件保存在同一个或几个文件夹中。

3.1.3　原理图编辑器简介

Protel 99 SE 的原理图编辑器主要由菜单栏、主工具栏、工作窗口等部分组成，如图 3.6 所示。

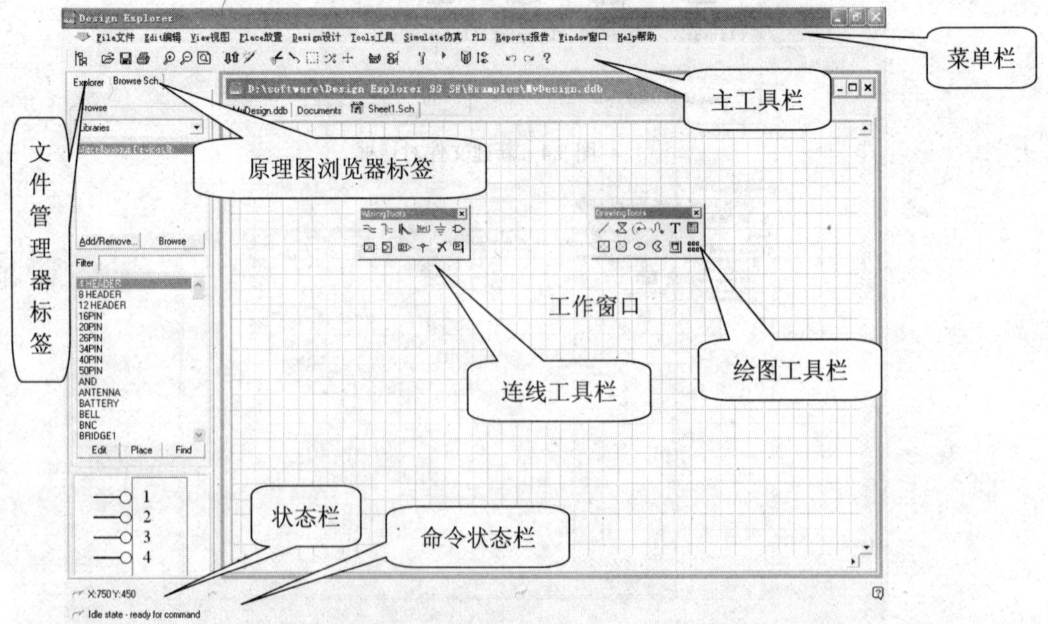

图 3.6　原理图编辑器

菜单栏内包含了“File”(文件)、“Edit”(编辑)、“View”(视图)、“Place”(放置)、“Design”(设计)、“Tools”(工具)和“Simulate”(仿真)等菜单项，这些菜单命令的用途将在后续操作中逐一介绍。

除了主工具栏外，系统还提供其他常用工具栏，如图 3.6 中的连线工具栏、绘图工具栏、数字实体、电源实体等。

单击图 3.6 中原理图编辑器左侧的 Explorer，弹出文件管理器选项卡，如图 3.7 所示。屏幕显示设计导航树，其中显示了当前数据库中的所有文件，用户可以直接在其中选择文件，进入编辑状态。

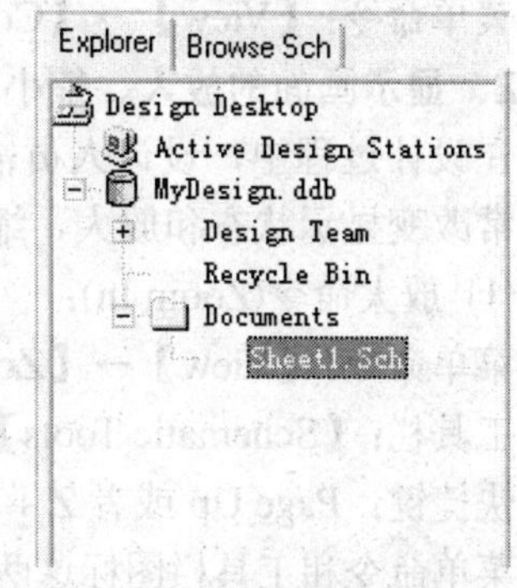

图 3.7　文件管理器选项卡

3.1.4　原理图编辑器的管理

1. 工具栏的打开与关闭

在原理图编辑器中工作，需要用到 Protel 99 SE 提供的各种工具及管理器，充分有效地利用这些工具及管理器可以使操作简捷、设计方便。这里主要介绍工具栏及管理器的打开与关闭，其具体应用将在以后有关章节中介绍。

(1) 主工具栏(Schematic Tools)的打开与关闭：

菜单命令：【View】→【Toolbars】→【Main Tools】

该命令执行一次，主工具栏的打开或关闭状态切换一次，其他工具栏与此类似。

(2) 连线工具栏(Wiring Tools)的打开与关闭：

菜单命令：【View】→【Toolbars】→【Wiring Tools】

工具栏：【Schematic Tools】

(3) 绘图工具栏(Drawing Tools)的打开与关闭：

菜单命令：【View】→【Toolbars】→【Drawing Tools】

工具栏：[Schematic Tools]

(4) 电源实体(Power Objects)的打开与关闭：

菜单命令：【View】→【Toolbars】→【Power Objects】

(5) 数字实体(Digital Objects)的打开与关闭：

菜单命令：【View】→【Toolbars】→【Digital Objects】

以上打开的所有工具栏均可以通过单击鼠标左键并拖动到满意的地方。

(6) 文件管理器的打开与关闭：

菜单命令：【View】→【Design manager】

工具栏：[Schematic Tools]

该命令执行一次，文件管理器的打开或关闭状态切换一次。

(7) 状态栏的打开与关闭：

菜单命令：【View】→【Status Bar】

(8) 命令状态栏的打开与关闭：

菜单命令：【View】→【Command Status】

2．显示画面的放大、缩小及移动

在设计过程中，设计人员需要经常查看整张原理图或原理图的某一个局部区域，因此要经常改变显示状态和放大、缩小或移动绘图区，以满足工作的需要。

(1) 放大命令(Zoom In)：

菜单命令：【View】→【Zoom In】

工具栏：【Schematic Tools】

快捷键：Page Up 或者 Z + I

菜单命令和工具栏图标这两种方法一般在光标处于空闲状态时采用，快捷键方法在任何时候均可使用，特别是当光标处于非空闲状态时使用极为方便。以下命令也具有同样的特点。

(2) 缩小命令(Zoom Out)：

菜单命令：【View】→【Zoom Out】

工具栏：【Schematic Tools】

快捷键：Page Down 或者 Z + O

(3) 用不同比例显示命令：

显示画面的比例还可以在50%～400%之间分档设置。

• 50%比例显示：

菜单命令：【View】→【50%】

快捷键：Ctrl + 5 或者 Z + 5

• 100%比例显示：

菜单命令：【View】→【100%】

快捷键：Ctrl + 1 或者 Z + 1

• 200%比例显示：

菜单命令：【View】→【200%】

快捷键：Ctrl + 2 或者 Z + 2

• 400%比例显示：

菜单命令：【View】→【400%】

快捷键：Ctrl + 4 或者 Z + 4

(4) 全部显示绘图区命令：

菜单命令：【View】→【Fit Document】

工具栏：[Schematic Tools]

快捷键：Z + S

使用该命令可以查看整张原理图。

• 显示所有对象命令：

菜单命令：【View】→【Fit All Objects】

快捷键：Ctrl+Page Down 或者 Z + A

使用该命令可以以尽可能大的比例显示原理图中的所有对象。

• 范围显示命令一：

菜单命令：【View】→【Area】

快捷键：Z + W

执行该命令后光标变为十字，然后移动十字光标至目标区的一角并单击鼠标左键，再移动十字光标至目标区的另一对角并单击鼠标左键，即可放大所框选的范围。

- 范围显示命令二：

菜单命令：【View】→【Around Point】

快捷键：Z + P

执行该命令后光标变为十字，然后移动十字光标至目标区的中央并单击鼠标左键，再移动十字光标使目标区处于虚框内并单击鼠标左键，即可放大所框选的范围。

3．移动、更新画面

在设计过程中，需要经常查看各处的电路，为此需要移动显示画面。在进行画面或元件移动的操作时，有时会造成画面出现斑点或图形变形的问题，因此需要对画面进行更新。

(1) 移动画面：

快捷键：Home 或者 Z + N

首先将处于空闲状态下的光标移动到需要查看区域的中心，再执行这一命令，原光标所指位置就会移到屏幕显示区的中心位置。但是，光标本身仍处于原位置。

另外最常用的画面移动方法是使用上下滚动条和左右滚动条，这是 Windows 标准应用软件的基本操作，这里不再赘述。

(2) 更新画面：

菜单命令：【View】→【Refresh】

快捷键：End 或者 Z + R

执行该命令后，原画面上的残留斑点或图形变形问题即可得到消除。

上 机 操 作

操作　启动 Protel 99 SE 和原理图编辑器练习

一、实验目的

(1) 熟练掌握启动 Protel 99 SE 的常用方法。

(2) 熟悉 Protel 99 SE 的主界面。

(3) 熟练掌握原理图编辑器的启动。

二、实验内容及步骤

(1) 启动 Protel 99 SE 的常用方法。

方法 1：用鼠标双击 Windows 桌面的快捷方式图标 Protel 99 SE 进入 Protel 99 SE。

方法 2：从程序组中启动：执行【开始】→【程序】→【Protel 99 SE】进入 Protel 99 SE。

方法 3：通过开始菜单启动：执行【开始】→【Protel 99 SE】进入 Protel 99 SE。

(2) Protel 99 SE 主界面的熟悉。

(3) 启动原理图编辑器练习。

课后练习

1. 启动 Protel 99 SE 的常用方法有哪些？
2. Protel 99 SE 原理图编辑器主要由哪几部分组成？
3. 原理图编辑器菜单栏内包含了哪几项？

3.2 绘制原理图

原理图绘制大致按照如下步骤进行(实际操作时可以根据具体情况进行适当调整)：

(1) 新建原理图文件。

(2) 设置图纸大小和工作环境。

(3) 装入元件库。

(4) 放置所需的元件、电源符号等。

(5) 元件布局和连线。

(6) 放置说明文字、网络标号等进行电路标注说明。

(7) 电气规则检测，线路、标识的调整与修改。

(8) 报表输出。

(9) 电路输出。

下面以图 3.8 所示的演示电路为例介绍绘制原理图的方法，该图主要由元件、连线、电源及电路波形等组成。

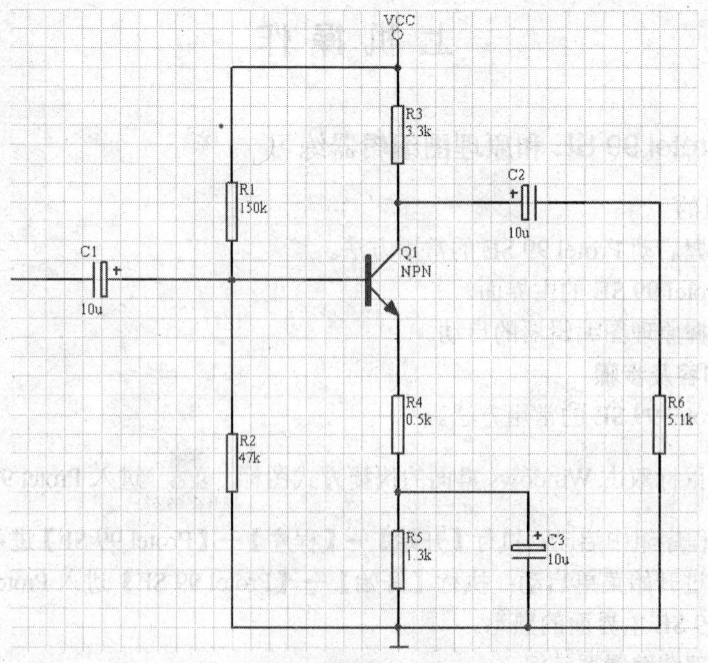

图 3.8 演示电路

3.2.1 新建原理图

新建原理图文件可以采用默认文件名，也可以在新建的原理图文件的图标上单击鼠标右键，在弹出的菜单中选择【Rename】对文件进行重新命名，本例中改为“演示电路-Sch”。

双击原理图文件图标，进入原理图编辑器。

3.2.2 图纸格式设置和工作环境

进入原理图编辑器后，一般要先设置图纸参数。

执行菜单【Design】→【Options】弹出如图 3.9 所示的对话框。

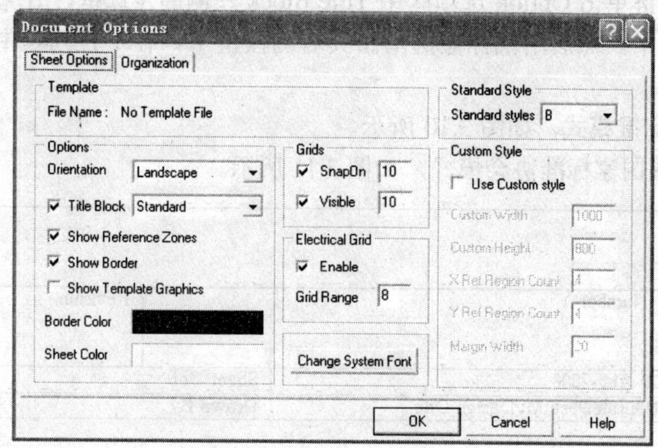

图 3.9 文档选项对话框

1. Sheet Options 选项卡

1) 设置图纸大小(Standard Style)

用鼠标左键单击 Standard Style 选项区右侧的按钮▼，在下拉列表中选择所需要的图纸类型，如 A4 等。Protel 99 SE 原理图编辑器提供了如表 3.2 所示的标准尺寸图纸。

表 3.2 标准图纸格式

公　　制	A0、A1、A2、A3、A4 (最小)
英　　制	A、B、C、D、E (图纸幅面最大)
OrCAD 图纸	OrCAD A、OrCAD B、OrCAD C、OrCAD D、OrCAD E
其　　他	Letter、Legal、Tabloid

2) 自定义图纸格式(Custom Style)

如果标准图纸尺寸不能满足需要，用户还可以自定义图纸格式。单击 Use Custom Style 左侧的复选框，出现“√”标志表示选中该项，否则未选中。图纸格式由 Custom Style 选项区中的有关参数确定，其中：

- Custom Width：自定义图纸宽度。
- Custom Height：自定义图纸高度。

- X Ref Region Count：水平边框等分为 x 段。
- Y Ref Region Count：垂直边框等分为 y 段。
- Margin Width：边框宽度。

3) 设定图纸方向(Orientation)

用鼠标左键单击 Option 选项区中 Orientation 右侧的按钮▼，在下拉列表中选择所需要的图纸方向，其中：

- Landscape：水平方向。
- Portrait：垂直方向。

4) 设置标题栏类型(Title Block)

首先用鼠标左键单击 Option 选项区中 Title Block 左侧的复选框，出现“√”标志表示选中该项，否则未选中。然后用鼠标左键单击其右侧按钮▼，在下拉列表中选择标题栏的类型，其中：

- Standard：标准模式，如图 3.10 所示。
- ANSI：美国国家标准协会模式，如图 3.11 所示。

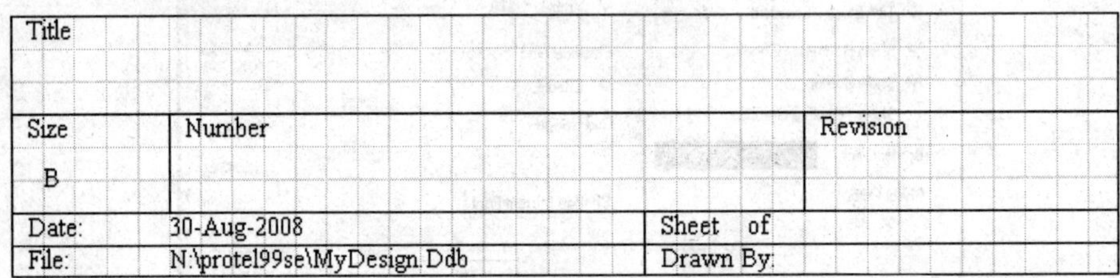

图 3.10　标准模式的标题栏

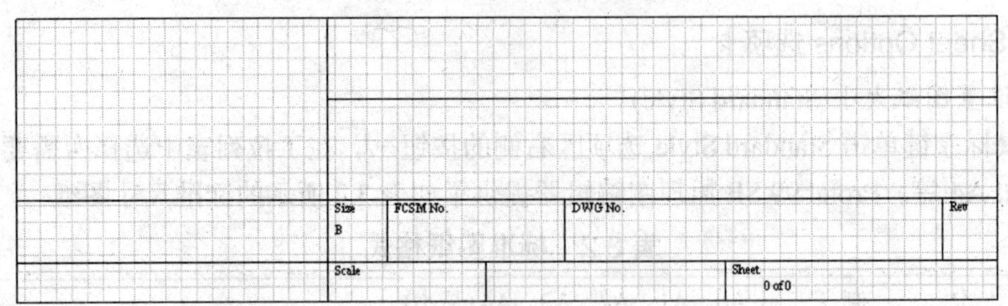

图 3.11　ANSI 模式的标题栏

5) 设置显示参考边框(Show Reference Zones)

用鼠标左键单击 Options 选项区中 Show Reference Zones 左侧的复选框，出现“√”标志表示选中该项，否则未选中。

6) 设置显示图纸边框(Show Border)

用鼠标左键单击 Options 选项区中 Show Border 左侧的复选框，出现“√”标志表示选中该项，否则未选中。

7) 设置显示图纸模板图形(Show Template Graphics)

用鼠标左键单击 Options 选项区中 Show Template Graphics 左侧的复选框，出现“√”标志表示选中该项，否则未选中。

8) 设置图纸边框颜色(Border Color)

用鼠标左键单击 Options 选项区中 Border Color 右侧的色块，弹出 Choose Color 对话框，如图 3.12 所示。在该窗口中选择所需要的颜色，然后单击【OK】按钮，即可完成图纸边框的颜色设置。

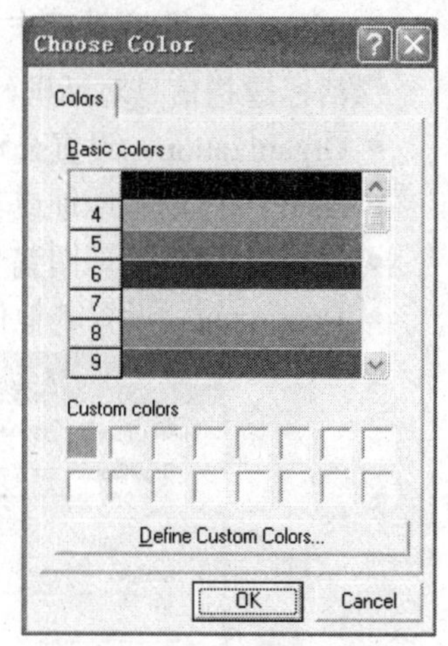

图 3.12 颜色设置对话框

9) 设置工作区颜色(Sheet Color)

用鼠标左键单击 Options 选项区中 Sheet Color 右侧的色块，弹出 Choose Color 对话框(如图 3.12 所示)。在该窗口中选择所需要的颜色，然后单击【OK】按钮，即可完成工作区的颜色设置。

10) 设置图纸栅格

Protel 99 SE 中栅格类型主要有 3 种，即捕获栅格、可视栅格和电气栅格。捕获栅格是指光标移动一次的步长；可视栅格指的是图纸上实际显示的栅格之间的距离；电气栅格指的是自动寻找电气节点的半径范围。

- 捕获栅格(SnapOn)。选中该项可以使光标以该项右侧窗口中显示的数值为基本单位移动。单击左侧复选框使其选中，再单击右侧窗口并按需要通过键盘修改数值，即可修改锁定栅格间距。
- 可视栅格(Visible)。选中该项可以使图纸界面上显示可见的栅格。单击左侧复选框使其选中，再单击右侧窗口并按需要通过键盘修改数值，即可修改可视栅格间距。
- 电气栅格(Electrical Grid)。Electrical Grid 选项区用于设定电气栅格。选中该项后，在绘制导线时，系统会以 Grid Range 中设置的值为半径，以光标所在的点为中心，向四周搜索电气节点，如果在搜索半径内有节点，系统会将光标自动移到该节点上，并在该点上显示一个圆点。

11) 更改系统字形

在图 3.9 中单击【Change System Font】按钮将会弹出字体对话框，如图 3.13 所示。利用与前面类似的方法可以对字体、字形、大小、效果、颜色等进行设置，最后单击【确定】按钮即可。

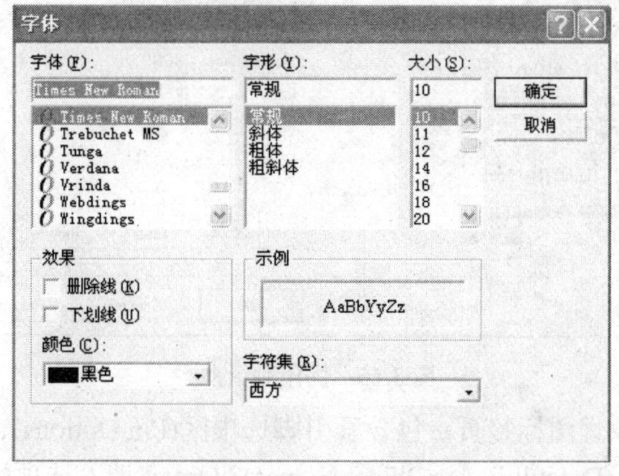

图 3.13 设置字体对话框

2．Organization 选项卡

激活标题栏信息对话框，如图 3.14 所示。其中各部分定义的内容如下：

- Organization：设置公司或单位名称。
- Address：设置地址或其他信息，如：人名、电话号码等。
- Sheet：设置原理图编号，包括本项目图纸总数(Total)和本图编号(No.)。
- Document：设置其他信息，包括图标题(Title)、项目编号(No.)和版本(Revision)。

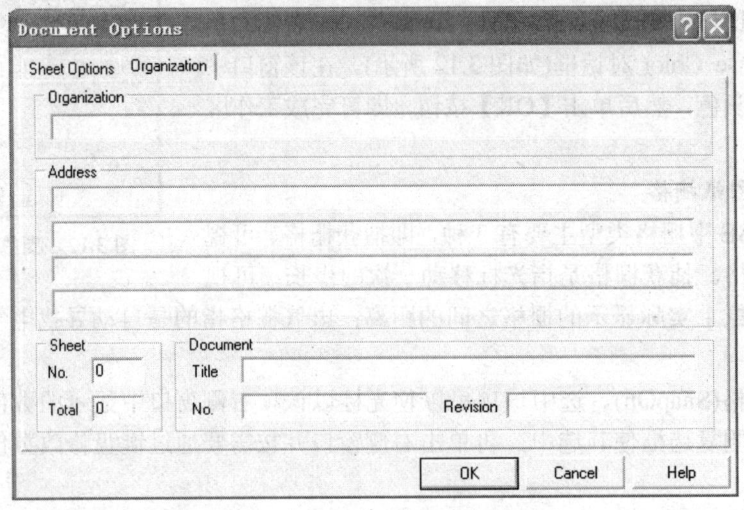

图 3.14　设置标题栏信息对话框

3．工作环境设置(优化)

设置好图纸参数之后，我们还可以根据个人习惯优化原理图的工作环境。

执行菜单【Tools】→【Preferences】弹出如图 3.15 所示的优化对话框。该对话框包括 3 个选项卡。

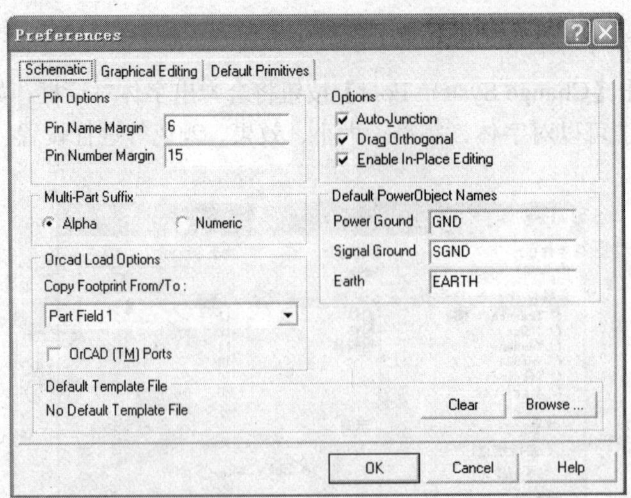

图 3.15　优化对话框

- Schematic：即原理图标签页，包含了引脚选项区(Pin Options)、选项区(Options)、缺省电源实体名称设置区(Default PowerObject Names)、Orcad 调入选项区(Orcad Load Options)

和缺省模板文件设置区(Default Template File)等。

• Graphical Editing：即图形编辑标签页，包含了选项区(Options)、颜色选项区(Color Options)、自动摇景选项区(Autopan Options)、鼠标/栅格选项区(Cursor/Grid Options)和撤销/恢复选项区(Undo/Redo)等。

• Default Primitives：即缺省对象标签页，所有可以在原理图编辑器中放置的对象，其缺省初值都可以在此处定义。如元件标号、部件类型、对象的颜色等。

3.2.3 加载元件库

原理图中的元件存放在不同的元件库文件中，初学者往往不知道正在编辑的原理图中的元件(例如图 3.8 中的核心元件——NPN 三极管)存放在哪一个元件库中，因此在放置元件之前，首先要知道元件所在的元件库及如何将元件库加载到当前的元件库管理器中。在 Protel 99 SE 中，进行原理图编辑所需的元件图形符号均存放在 Design Explorer 99\Library\Sch 子目录下的不同数据库文件(.ddb)内。DDB(即 Design Data Book 的简称)文件实际上是元件库文件包，在 DDB 数据库文件内可能包含一个或多个 .lib 库文件。

1. 元件库管理器

元件库管理器位于文件管理器中，图 3.16 所示即为元件库管理器，标签为 Browse Sch (原理图浏览器)。管理器的上半部分为元件库浏览部分，下半部分为元件浏览部分。

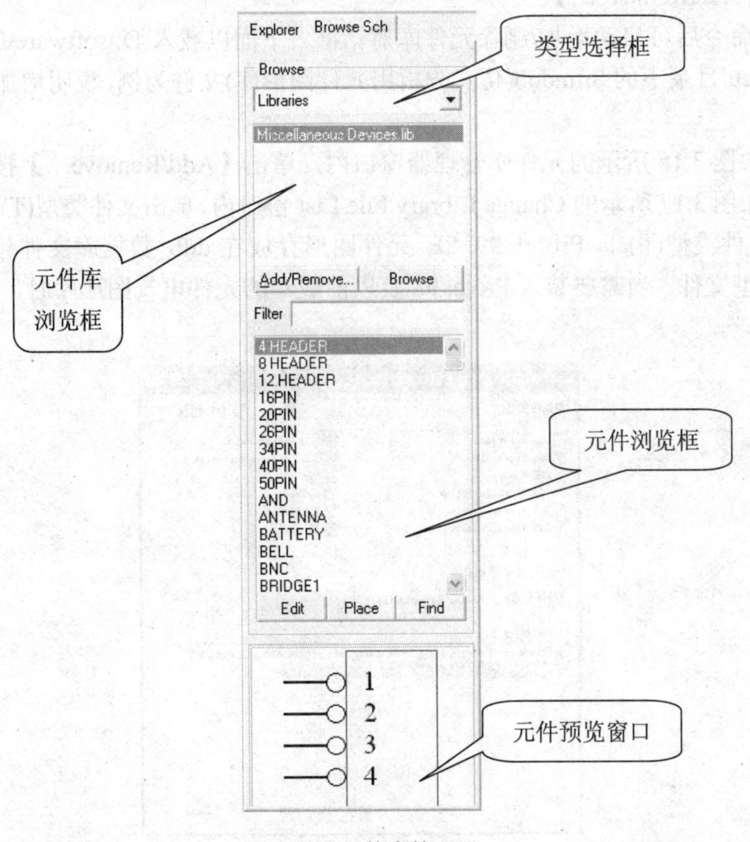

图 3.16 元件库管理器

1) 元件库浏览部分

元件库浏览部分包括类型选择框、元件库浏览框和【Add/Remove…】、【Browse】按钮。

在类型选择框的下拉列表中选择“Libraries”，则元件库浏览框中显示当前已装入的所有元件库名。用户可用鼠标在元件库浏览框中激活当前要使用的一个元件库(不能同时激活多个)。

若在选择框的下拉列表中选择“primitives”，则元件库管理器变成原理图图件管理器，这样便于浏览原理图中的图件。

【Add/Remove…】按钮用于添加/删除元件库。

2) 元件浏览部分

元件浏览部分包括元件过滤器(Filter)、元件浏览框和【Edit】、【Place】及【Find】按钮。

在元件过滤器中输入所要选择的元件名部分特征字符串(字符不详的可用*或？代替)，可使元件浏览框中只显示当前库中带该特征字符串的元件名。若元件过滤器中只输入*，则元件浏览框中显示当前库中的所有元件名。

【Edit】按钮用于启动元件库编辑器，对在元件浏览框中选中的元件进行编辑。

【Place】按钮用于将在元件浏览框中选中的元件放到工作平面上。

【Find】按钮用于启动元件查找对话框，对库名未知的元件进行查找。

2．增加/删除元件库

菜单命令：【Design】→[Add/Remove Library…】

按钮：【Add/Remove…】

执行该命令后可启动增加/删除元件库对话框。下面以载入 D:\software\Design Explorer 99\Library\Sch 目录下的 Sim.ddb(仿真分析用元件图形库)文件为例，说明增加/删除元件库的操作过程：

(1) 在如图 3.16 所示的元件库管理器窗口内，单击【Add/Remove…】按钮。

(2) 在如图 3.17 所示的 Change Library File List 窗口内，单击文件类型(T)列表下拉按钮，选择.ddb 文件类型(由于 Protel 99 SE 元件图形存放在.ddb 数据库文件包内，因此一般选择.ddb 类型文件。当需要装入 Protel 98 及以前版本的元件电气图形库时，可选择.lib 文件类型)。

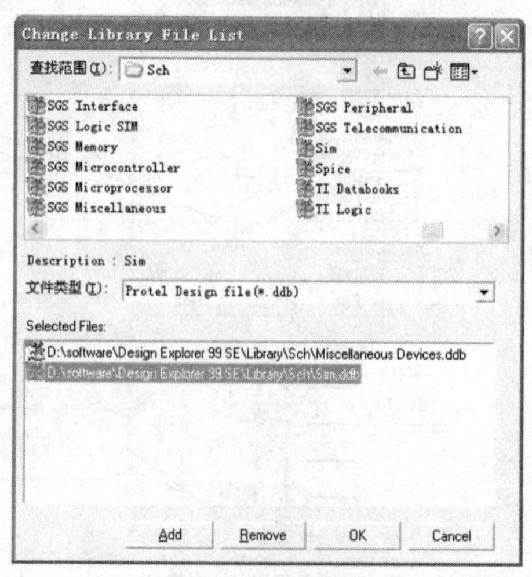

图 3.17　增加/删除元件库

(3) 不断单击查找范围(I)列表窗的下拉按钮，直到元件库文件所在目录 D:\software\Design Explorer 99\Library\Sch 成为当前目录为止。

(4) 在文件列表窗口内找出目标元件电气图形库文件 Sim.ddb，然后双击该文件(或单击库文件名后，再单击【Add】按钮)，所选择的元件库文件即出现在 Selected Files(选定库文件)列表窗口内，如图 3.17 所示。

(5) 单击 Selected Files 列表窗下的【OK】按钮退出，即完成元件库文件的载入。

(6) 如果要删除元件库，可在图 3.17 中的 Selected Files 框中选中元件库，然后单击【Remove】可移去元件库。

3. 确定元件所在库

当操作者无法确定待放置元件的图形符号位于哪一元件图形库文件时，可单击元件库管理器(如图 3.16 所示)内元件列表窗口下的【Find】按钮，在如图 3.18 所示的 Find Schematic Component(查找原理图用元件电气图形符号)窗口内的 Find Component 区输入待查找的元件名(可以是元件的全名或其中的一部分)；设置查找范围后，单击【Find Now】按钮，启动元件查询操作。

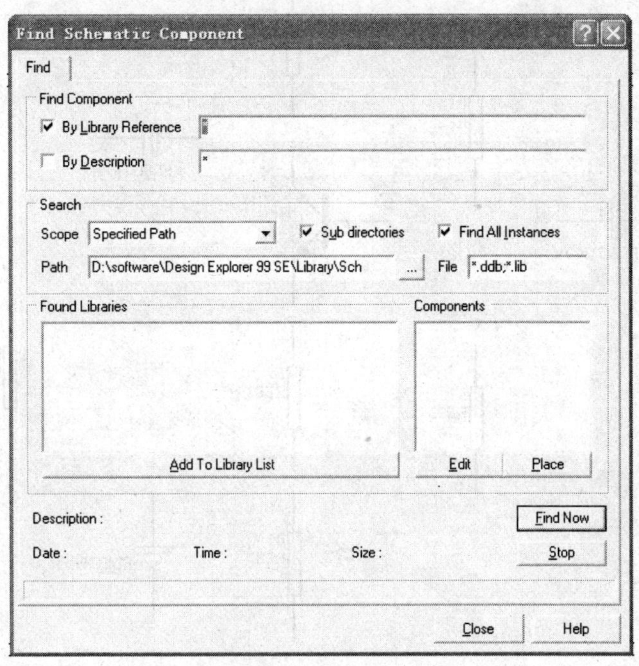

图 3.18　元件查找对话框

3.2.4 放置元件

1. 放置元件的步骤

以图 3.8 所示的演示电路为例，介绍元件放置的操作步骤。

第一步：选择需要放置元件所在的元件库作为当前使用的元件库。

图 3.8 中包含了三极管、电阻、电容等分立元件，一般分立元件存放在 Miscellaneous Devices.ddb 数据库文件内。因此，首先添加 Miscellaneous Devices.ddb 数据库文件(操作过

程参考“加载元件库”中的部分内容)。

第二步：在元件列表内找出并单击所需的元件。

在放置元件的过程中，一般优先安排核心元件。演示电路中核心元件是三极管，因此在元件浏览框中找到“NPN”三极管元件。

第三步：放置元件。

单击元件浏览框下的【Place】按钮，将元件符号拖到原理图编辑区内。从元件库中拖出来的元件，在单击鼠标左键前，一直处于激活状态，元件位置会随着鼠标的移动而移动。移动鼠标，将元件移到编辑区内指定位置后，单击鼠标左键固定，然后再单击鼠标右键或【Esc】键退出放置状态，这样就完成了元件放置操作。

执行菜单【Place】→【Part...】，同样可以放置元件。

由于 Protel 99 SE 编辑器具有连续操作功能，因此完成放置操作后必须单击鼠标右键或【Esc】键以结束操作，返回空闲状态。

用同样的方法将演示电路中的剩余元件放置在编辑区内，如图 3.19 所示。

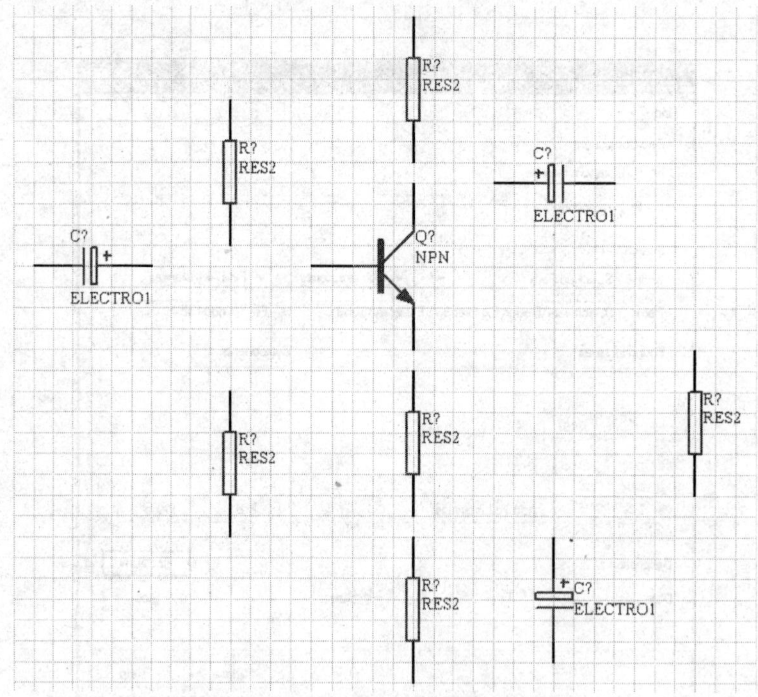

图 3.19　放置了元件后的编辑区

2．调整元件的位置和方向

在放置过程中，有些元件的位置和方向不合适，可以选择下列方式进行调整：

方法一：将鼠标移到需要调整的元件上，单击鼠标左键，选中目标元件，被选中的元件四周将出现一个虚线框，再单击鼠标左键，被选定的元件处于激活状态，这时可以通过移动鼠标来调整位置，或者通过下列按键调整方向：

- 空格键：使选定的对象沿逆时针方向旋转 90°；
- X：使选定的对象沿水平方向翻转；

● Y：使选定的对象沿垂直方向翻转。

当元件调整好后，单击鼠标左键固定即可。

方法二：将鼠标移到目标元件上，按下鼠标左键不放，然后直接移动鼠标(或通过相应的按键调整元件方向)，当元件调整好后，松开鼠标左键即可。

3．设置元件属性

元件属性是指元件的序号、封装形式、型号等。当元件放置好后，元件序号在缺省状态下是以“*？”的形式出现，如“R？”、“C？”、“Q？”等，而元件属性的不明确会给用户在阅读原理图时带来不便。更重要的是，会给将来网络表的产生带来障碍，并因此影响到印刷电路板的绘制。为此，用户必须对元件的属性进行编辑。

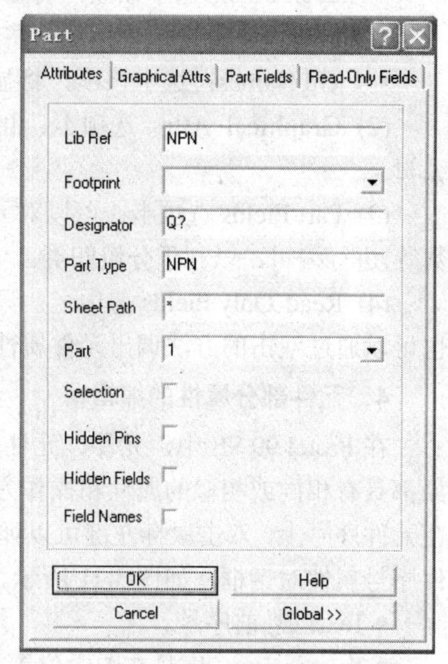

图 3.20　元件属性对话框

在元件处于激活状态时，按下键盘上的【Tab】键，即可弹出元件属性对话框，如图 3.20 所示。

(1) Attributes 选项卡：主要编辑元件的属性。

● Lib Ref：库参考名。即元件在电气图形符号库中的名称，一般不需要修改。

● Footprint：元件封装形式。元件封装形式是印制板编辑过程中布局操作的依据，通常应该给每个元件设置封装，而且名字必须正确，否则在印制电路板自动布局时会丢失元件。常用元件的封装形式如表 3.3 所示。

表 3.3　常用元件的封装形式

元件封装型号	元件类型	元件封装型号	元件类型
AXIAL0.3～AXIAL 1.0	电阻或无极性双端元件	RAD0.1～RAD0.3	无极性电容、电感
RB.1/.2～RB.5/.1.0	电解电容	TO-3～TO-220	晶体管、FET、UJT
DIODE0.4～DIODE0.7	二极管	VR1～VR5	电位器
DIP6～DIP64	双列直插式集成块	SIP2～SIP20、FLY4	单列封装元件或连接头
0402～7252	贴片电阻、电容	SO-X、SOJ-X、SOL-X	贴片双排元件
XTAL1	石英晶体振荡器	POWER4、POWER6、SIPX	电源连接头

注意：电阻封装形式 AXIAL0.3～AXIAL0.7，其中 0.3～0.7 指电阻的长度；电解电容封装形式为 RB.1/.2～RB.5/.1.0，一般电容量小于 100 μF 用 RB.1/.2，电容量为 100 μF～470 μF 用 RB.2/.4，电容量大于 470 μF 用 RB.3/.6；二极管封装形式为 DIODE0.4～DIODE0.7，0.4～0.7 指二极管长短；大功率三极管封装形式为 TO-3，中功率三极管封装形式为 TO-220(扁平)、TO-66(金属壳)，小功率三极管封装形式为 TO-5、TO-46、TO-92(如 9013、9014 等)。

● Designator：元件序号。即元件在电路图中的顺序号，一般需要设计者给出。在放置元件时，可以直接修改，也可以采用缺省的“*？”表示，等到整个电路编辑结束后再修改。

• Part Type：元件型号。缺省时默认的是元件名称。对于电阻、电容等元件，可以在此输入元件的大小；对于二极管、三极管等元件，可以在此输入元件的型号。

• Part：零件序号。在许多集成电路芯片中，统一封装内包含有多套电路，这时就需要指定选用其中的第几套电路。

• Selection：选中该项，固定后的元件将处于选中状态。

• Hidden Pins：选中该项，将显示隐含的元件管脚。

• Hidden Fields：选中该项，将显示元件仿真参数 Part Field 的数值。

• Field Names：选中该项，将显示元件仿真参数 Part Field 的名称。

(2) Graphical Attrs 选项卡：可以对元件的方向、样式、颜色、边线和引脚颜色进行编辑。

(3) Part Fields 选项卡：可以对元件的文字说明(如厂商、批号、价格、个别重要性能参数等)进行编辑，以利于分组归类。

(4) Read-Only Fields 选项卡：只读库文件域。只能在库编辑器中编辑。当元件固定后，也可以通过双击的方法调出元件属性对话框。

4．元件部分属性的编辑

在 Protel 99 SE 中，元件、元件序号、型号等很多对象都具有相同或相似的属性和操作方法。因此，将鼠标放在元件序号上，双击鼠标左键可以弹出 Part Designator 元件序号属性对话框，如图 3.21 所示。

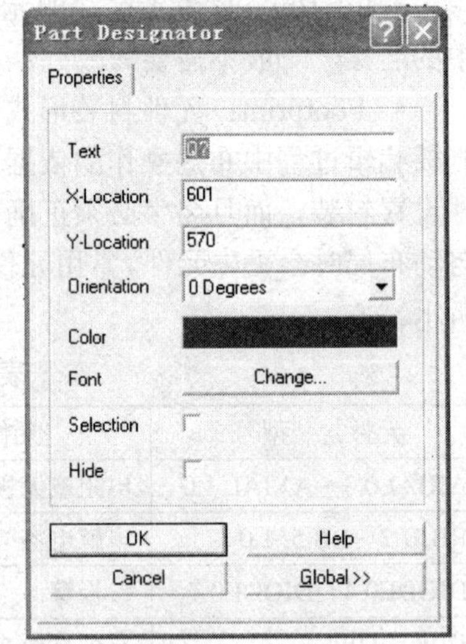

图 3.21　元件序号属性对话框

• Text：当前序号。

• X-Location：序号在图中位置的 X 轴坐标。

• Y-Location：序号在图中位置的 Y 轴坐标。

• Orientation：序号中的字符方向。

• Color：表示序号字体的颜色，默认为蓝色(颜色值是 223)，修改方法与修改图纸颜色的操作方法相同。

• Font：表示序号的字体。如果需要修改，单击【Change...】按钮，即可在弹出的字体对话框中进行修改。

• Selection：选中该项，表示序号被选中。

• Hidden：选中该项，表示序号被隐藏。

型号属性设置和序号属性设置的对话框相同，修改方法也相同。

由于元件属性具有继承性(即封装形式、型号、大小等不变，序号自动递增)，因此，当原理图中的元器件序号需要人工编号时，建议在放置元件过程中，按下【Tab】键调出元件属性对话框，将元件属性进行编辑，这样放置了同类元件的第一个元件后，即可通过“移动”、“单击鼠标左键”的方式放置剩余的同类型元件，从而提高效率。

3.2.5　放置电源和接地符号

完成元件放置及位置调整后，就可以放置电源和地线符号了。执行菜单命令【Place】

→【Power Port】，或单击⏚按钮，这时光标上带着一个电源符号，按下【Tab】键，出现如图 3.22 所示的属性设置对话框。

- Net：设置电源和接地符号的网络名，通常电源符号设为 VCC，接地符号设为 GND。
- Style：该下拉框中包含 7 个选项，即 Circle、Bar、Arrow、Wave、Earth、Signal Ground 和 Power Ground。前 4 种是电源符号，后 3 种是接地符号，如图 3.23 所示，在使用时根据实际情况选择一种符号接入电路。

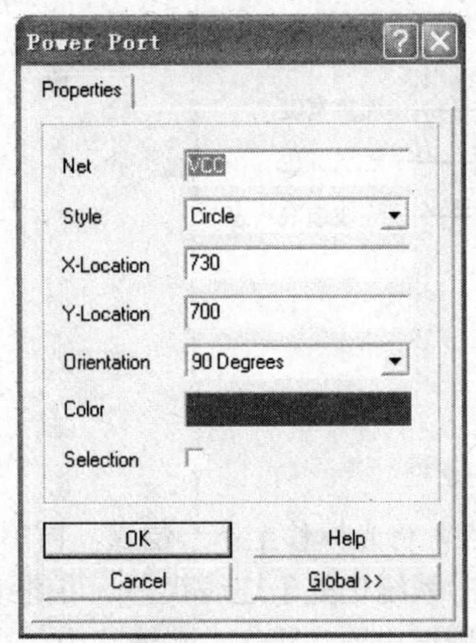

图 3.22　电源和接地符号属性对话框

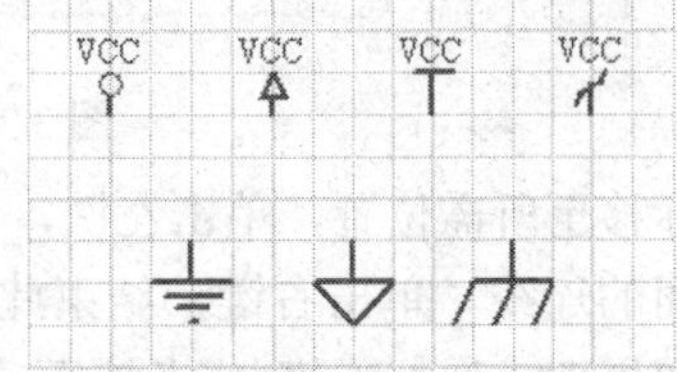

图 3.23　电源和接地符号

注意：由于在放置符号时，初始出现的是电源符号，若要改为接地符号，除了要修改符号图形外，还必须将网络名 Net 修改为 GND，否则在印制版布线时会出错。

3.2.6　电气连接

元件的位置调整好后，下一步是对各元件进行线路连线，该操作主要使用画原理图工具栏。打开画原理图工具栏，如图 3.24 所示，其中各个图标的功能详见表 3.4。

图 3.24　画原理图工具栏

表 3.4　画原理图工具栏中的图标功能

图标	功能	图标	功能
	画导线		放置层次电路图
	画总线		放置层次电路的输入/输出端口
	画总线电路分支	D1	放置电路的输入/输出端口
Net1	设置网络标号		放置电路节点
	放置电源及接地符号		设置忽视电路法则测试
	放置元件	P	放置 PCB 布线指示

1. 连接元件

单击连线工具栏中的连线工具按钮 ≈ (或者单击鼠标右键，在弹出的菜单中选择【Place Wire】，光标变为十字状，此时系统处在连线状态，此时，按下【Tab】键，出现如图 3.25 所示的导线属性对话框，可在其中修改连线的粗细和颜色。

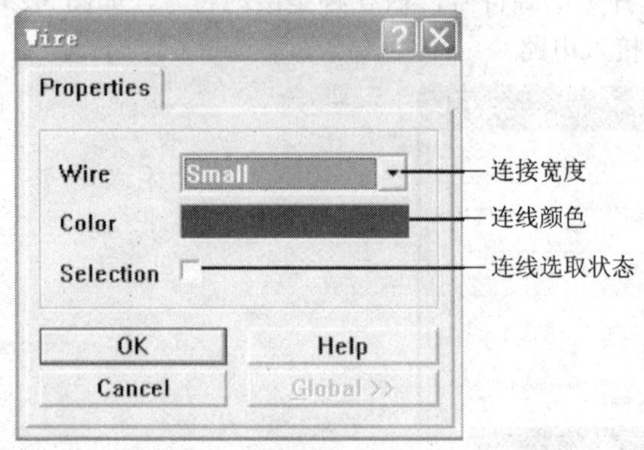

图 3.25　导线属性对话框

将光标移至所需位置，单击左键，定义导线起点，将光标移至下一位置，再单击左键，完成两点间的连线，单击右键，结束此条连线。这时系统仍处于连线状态，可继续进行线路连接。如果双击鼠标右键(或者按下【Esc】键)，则退出连线状态。在连线中，当光标接近元器件引脚时，引脚上出现一个圆点，这个圆点代表电气连接的意义。此时单击左键，这条导线就与该引脚建立了电气连接。

注意：Protel 99 SE 提供了 6 种连线方式，可以在光标处于画导线状态时按空格键来进行切换。分别是任意角度(Any Angle)、自动布线(Auto Wire)、90° 开始(90 Degree Start)、90° 结束(90 Degree End)、45° 开始(45 Degree Start)和 45° 结束(45 Degree End)，而对自动布线形式还可通过按【Tab】键来进行设置。

2. 放置节点

节点是用来表示两条相交导线在电气上连接的点。没有节点，就说明在电气上不连接；有节点，则表示在电气上是连接的。如果 Auto Junction 复选框被选中，则当两条导线呈“T”型相交时，系统自动放置节点，但对于十字交叉导线，必须采用手动放置。

执行菜单【Place】→【Junction】，或单击 ⫯ 按钮，进入放置节点状态。此时光标上带着一个悬浮的圆点，将光标移到导线交叉处，单击鼠标左键即可放下一个节点，单击鼠标右键可退出放置状态。当节点处于悬浮状态时，按下【Tab】键，弹出节点属性对话框，可设置节点大小。

值得注意的是，系统可能在不该有节点的地方出现节点，需要做相应的删除。删除节点的方法是单击需要删除的节点，出现虚线框后，按【Delete】键即可删除该节点。

完成电气连接后的电路参见 3.2 节的图 3.8。

3.2.7　原理图的编辑技巧

从前面介绍的一些基本操作，不难看出很多对象的属性、操作方法都是相同或者相似

的，下面介绍一些编辑的小技巧。

1．选中对象

(1) 点选。在需要选中的对象上面单击鼠标左键即可，被选中的对象周围会出现虚线框。因为一次只能选中一个对象，因此称为点选。

(2) 框选。框选可以逐次选中多个对象，也可以一次选中多个对象，被选中的对象周围会出现黄色的实线框。

● 逐次选中多个对象(切换选择)命令：通过菜单【Edit】→【Toggle Selection】实现。该命令实际上是一个开关命令，当图件处于未选取状态时，可选取图件；当图件处于选取状态时，可解除选取状态。

● 一次选中多个对象：通过菜单【Edit】→【Select】实现。有 Inside Area(框内)、Outside Area(框外)、All(所有)、Net(同一网络)和 Connection(引脚间实际连接)等选项，前两者可通过拉框选中，后两者通过单击选中。

(3) 利用工具栏按钮选取图件。单击主工具栏上的⬚按钮，用鼠标拉框选取框内图件。

2．解除选中对象

对象被选中后，其外边有一个黄色外框，执行完所需的操作后，必须解除选取状态，具体方法有以下 3 种：

(1) 通过菜单【Edit】→【Deselect】实现。此时有 3 个选项：Inside Area(框内)、Outside Area(框外)和 All(所有)，可根据需要选择。

(2) 通过菜单【Edit】→【Toggle Selection】实现，单击元件解除选中状态。

(3) 单击主工具栏上的⤫按钮，解除所有的选取状态。

3．删除对象

要删除某个对象件，可用鼠标左键单击要删除的对象，此时元件将被虚线框住，按【Delete】键即可删除该图件，也可执行菜单【Edit】→【Delete】删除对象。

4．移动对象

移动对象常用的方法是用鼠标左键点中要移动的图件，并按住鼠标左键不放，将图件拖到要放的位置即可。

在移动(或拖拉)多个对象之前，必须先框选需要移动的对象，再进行移动(或拖拉)。【Move】和【Drag】命令虽然都属于移动命令，但是其作用不完全相同。使用【Move】命令移动对象的时候，与元器件引脚或 I/O 端口相连接的导线不会移动，也就是说，移动之后将出现“断线”现象；而使用【Drag】命令，就会发现，与元器件引脚或 I/O 端口相连接的导线会跟随对象一起移动，即移动后的电气连接关系不变。所以在移动的时候，一定要根据实际情况选择移动命令。

5．旋转对象

用鼠标左键点中要旋转的对象，按【Space】键可以进行逆时针 90° 旋转，按【X】键可以进行水平方向翻转，按【Y】键可以进行垂直方向翻转。

6．显示全部对象

调整完元件布局后，执行菜单【View】→【Fit All Objects】，全局显示所有实体，此时

可以观察布局是否合理。

3.2.8 元件属性调整

从元件浏览器中放置到工作区的元器件都是尚未定义属性的，因此必须重新设置元件的参数。是否正确设置元件的属性不仅影响图纸的可读性，还影响到设计的正确性。

元件序号可以在元件属性中设置，也可以统一设置。执行菜单【Tools】→【Annotate】，系统将弹出如图 3.26 所示的对话框。下面分别介绍其中的 3 个选项区。

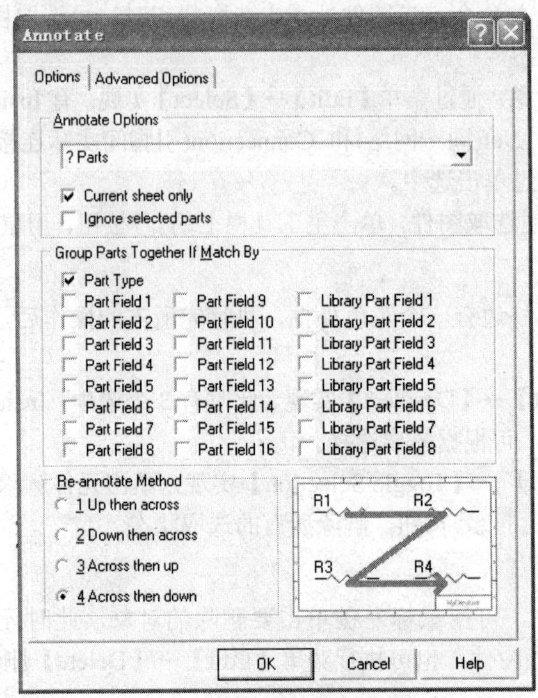

图 3.26　元件自动编号对话框

(1) Annotate Options 选项区。其下拉菜单共有 4 个选项：

- All Parts：对所有元件进行编号。
- ？Parts：对电路中序号为“U？”、“C？”、“R？”等的元件进行编号。
- Reset Designators：将所有元件的序号还原为“U？”、“C？”、“R？”等缺省形式，以便重新编号。
- Update Sheet Numbers Only：更新电路图编号。在层次电路中，统一设计项目中包含多张原理图。选择该项，对元件重新编号时也会更新原理图的编号。

Current Sheet Only 复选框：设置或修改当前电路中的元件序号。

Ignore Selected Parts 复选框：忽略选中的部分。

(2) Group Parts Together if Match By 选项区。选择相应的选项，将满足特定条件的元件组视为同一器件，一般选择 Part Type。

(3) Re-annotate Method 选项区。设置重新编号的方式，共有 4 种设置方式，如图 3.27 所示。

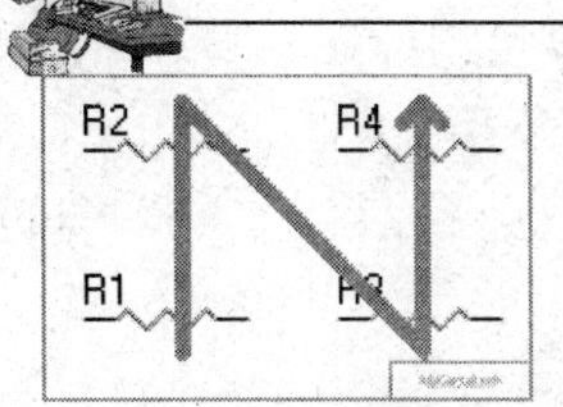

(a) Up then across

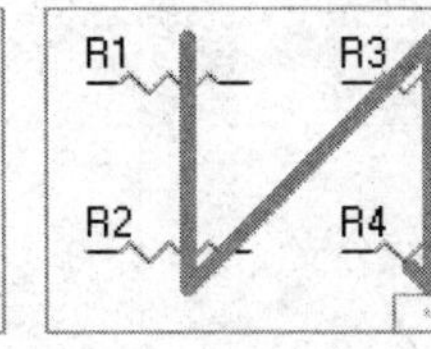

(b) Down then across

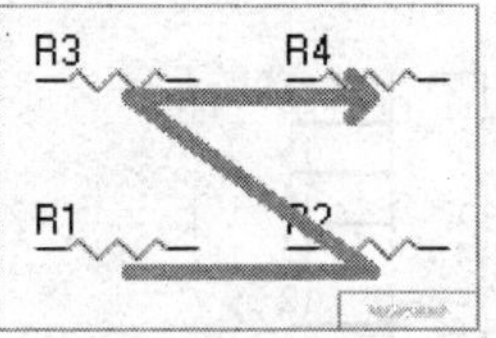

(c) Across then up

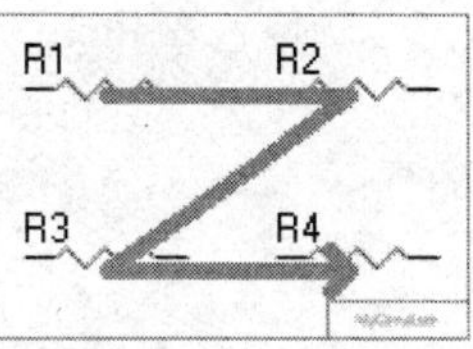

(d) Across then down

图 3.27　编号排序的 4 种方式

3.2.9　总线和网络标号的使用

当原理图中含有集成电路时，常用“总线”代替数条平行的导线，以减少连线占用的图纸面积。但是“总线”毕竟只是一种示意性连线，其本身没有实质的电气连接意义，因此还需要使用“总线分支”、“网络标号”作进一步说明。具有相同网络标号的导线在电气上是相连的。

1．绘制总线

执行菜单【Place】→【Bus】，或单击工具栏 Wiring Tools 图标。绘制含总线的原理图时，一般通过工具栏上的按钮先画元件引脚的引出线，然后再绘制总线。执行绘制总线命令后，将光标移至合适的位置，单击鼠标左键，确定总线起点，将光标移至另一位置，单击鼠标左键，确定总线的下一点，如图 3.28 所示。连线完毕，单击鼠标右键退出放置状态。

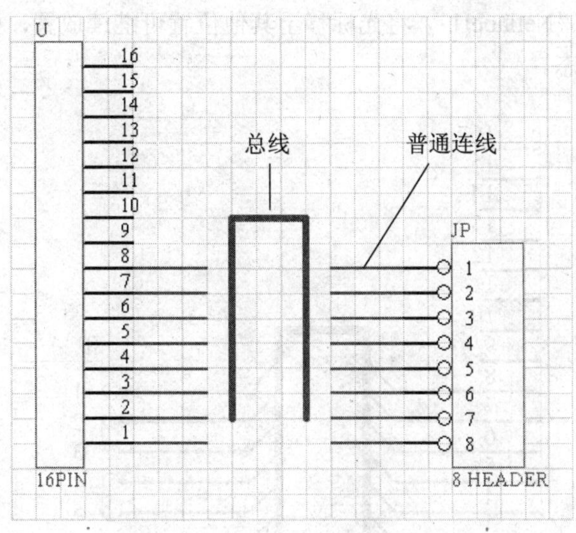

图 3.28　放置总线

2．绘制总线分支

元件引脚的引出线与总线的连接通过总线分支实现，总线分支是 45° 或 135° 倾斜的短线段。执行菜单【Place】→【Bus Entry】或单击工具栏 Wiring Tools 图标。执行绘制总线分支命令后，光标上带着悬浮的总线分支线，将光标移至总线和引脚引出线之间，按空格键变换倾斜角度，单击鼠标左键放置总线分支线，如图 3.29 所示。

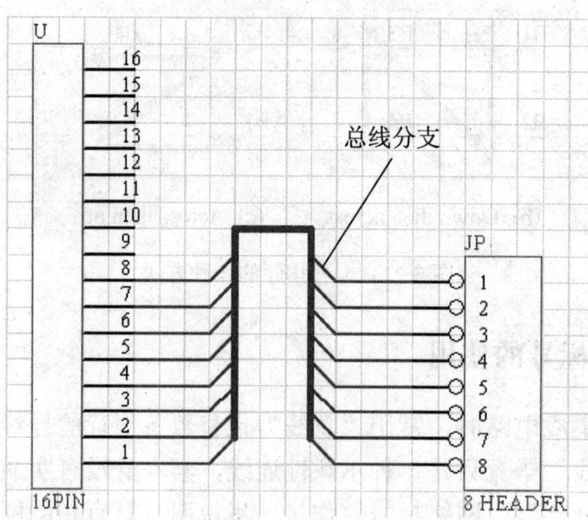

图 3.29　放置总线分支

3．放置网络标号

在总线电路中必须通过网络标号实现电气连接。网络标号的实际意义是一个电气连接点，表明具有相同网络标号的电气连接线、引脚及网络是连接在一起的。执行菜单【Place】→【Net Lable】或单击工具栏 Wiring Tools Net1 图标放置网络标号。执行放置网络标号命令后，光标处带有一个虚线框，将虚线框移至需要放置网络标号的元件上，当虚线框和图件相连处出现一个小圆点时，表明与该导线建立电气连接，单击鼠标左键即可放下网络标号，网络标号的默认值为“Netlabel1”，将光标移至其他位置可继续放置，如图 3.30 所示，单击鼠标右键退出放置状态。

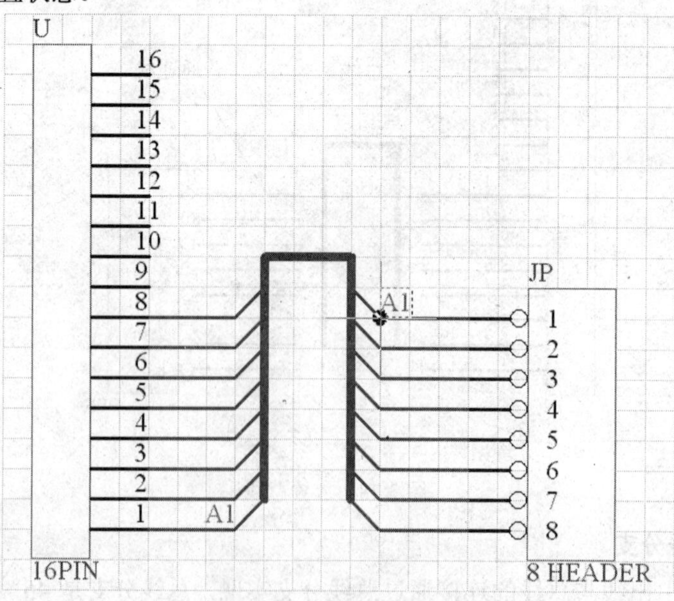

图 3.30　放置网络标号

当光标带虚线框时，按【Tab】键，系统会弹出其属性对话框，可以修改网络标号名、标号方向等。

注意：网络标号和标注文字是不同的，前者具有电气连接功能，后者只是说明文字。

4．制作 I/O 端口

将一个电路与另一个电路连接在一起，除了可以利用实际的导线将其连接外，还可以通过制作 I/O 端口，使某些端口具有相同的名称，这样就可以将它们视为同一网络，即认为它们在电气关系上是相互连接的。执行菜单【Place】→【Port】或单击工具栏 Wiring Tools ，执行制作电路 I/O 端口命令。执行该命令后，工作区出现一个带 I/O 端口符号的十字光标，按下【Tab】可设置该对话框的内容，其中主要的选项有：

- Name：I/O 端口的名称。
- Style：端口的形状，指 I/O 端口的箭头指向，共有 8 种，如图 3.31 所示。

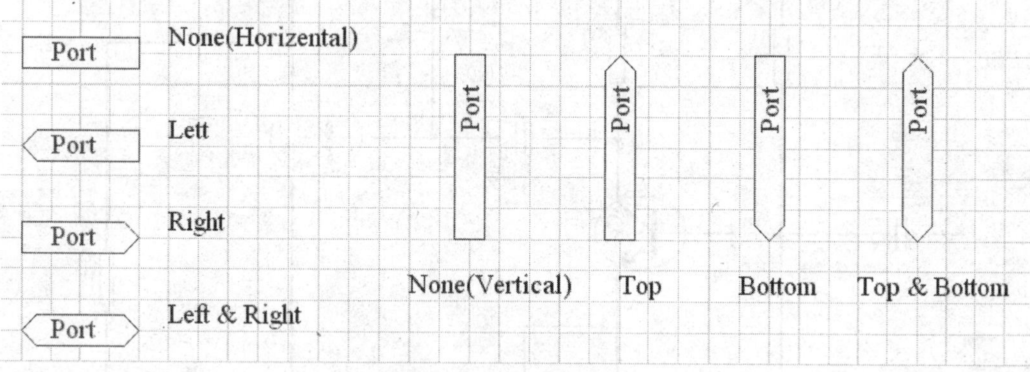

图 3.31　I/O 端口形状

- I/O Type：I/O 端口的电气特性，包括“Unspecified”(未指定电气特性)、“Output”(指定为输出口)、“Input”(指定为输入口)和“Bidirectional”(指定为双向端口) 4 种
- Alignment：端口名称在 I/O 端口中的位置，包括“Center”、“Left”和“Right”3 种。

将 I/O 端口移动到合适的位置后，单击鼠标左键确定 I/O 端口一侧的位置，然后拖动鼠标，再单击鼠标左键即可确定 I/O 端口的另一侧的位置，实际上也就确定了 I/O 端口的长度。按【Esc】键或单击鼠标右键即退出该命令。

上 机 操 作

操作 1　原理图绘制操作练习

一、实验目的

(1) 熟练掌握 Protel 99 SE 的基本操作。

(2) 掌握原理图编辑器的基本操作。

(3) 学会绘制简单的电原理图。

二、实验内容及步骤

(1) 新建数据库文件“原理图绘制.ddb”。

(2) 新建原理图文件，将文档名修改为“两级放大电路.sch”。

(3) 参数设置。设置电路图大小为 A4；横向放置；标题栏选用标准标题栏；捕获栅格和可视栅格均设置为 10 mil。

(4) 装载元件库 Miscellaneous Devices.ddb。

(5) 绘制如图 3.32 所示的两级放大电路。其中三极管的封装采用 TO-92A，电阻的封装采用 AXIAL0.3，电解电容的封装采用 RB.2/.4。

(6) 完成后将文件存盘。

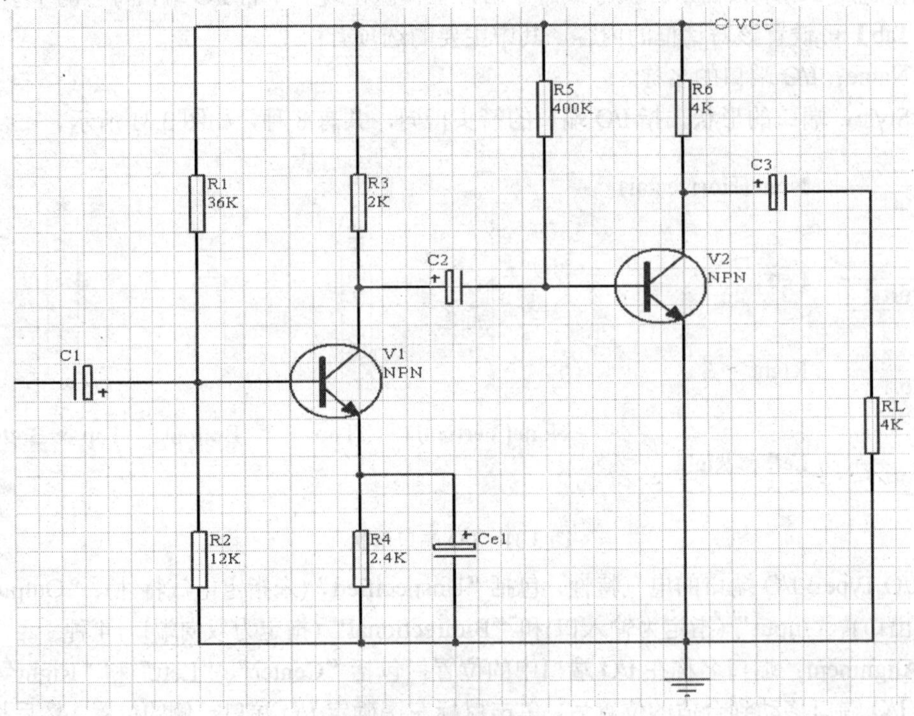

图 3.32　两级放大电路

操作 2　总线绘制操作练习

一、实验目的

(1) 进一步熟练掌握 Protel 99 SE 的基本操作。

(2) 掌握较复杂电路图的绘制。

(3) 学会绘制总线、网络标号和 I/O 端口。

二、实验内容及步骤

(1) 新建数据库文件“总线绘制.ddb”。

(2) 新建原理图文件，将文档名修改为“CPU Section.sch”。

(3) 参数设置。设置电路图大小为 A4；横向放置；标题栏选用标准标题栏；捕获栅格和可视栅格均设置为 10 mil。

(4) 装载元件库 Miscellaneous Devices.ddb 和 Examples/ Z80 Microprocessor.ddb。

(5) 绘制如图 3.33 所示的总线电路。

(6) 完成后将文件存盘。

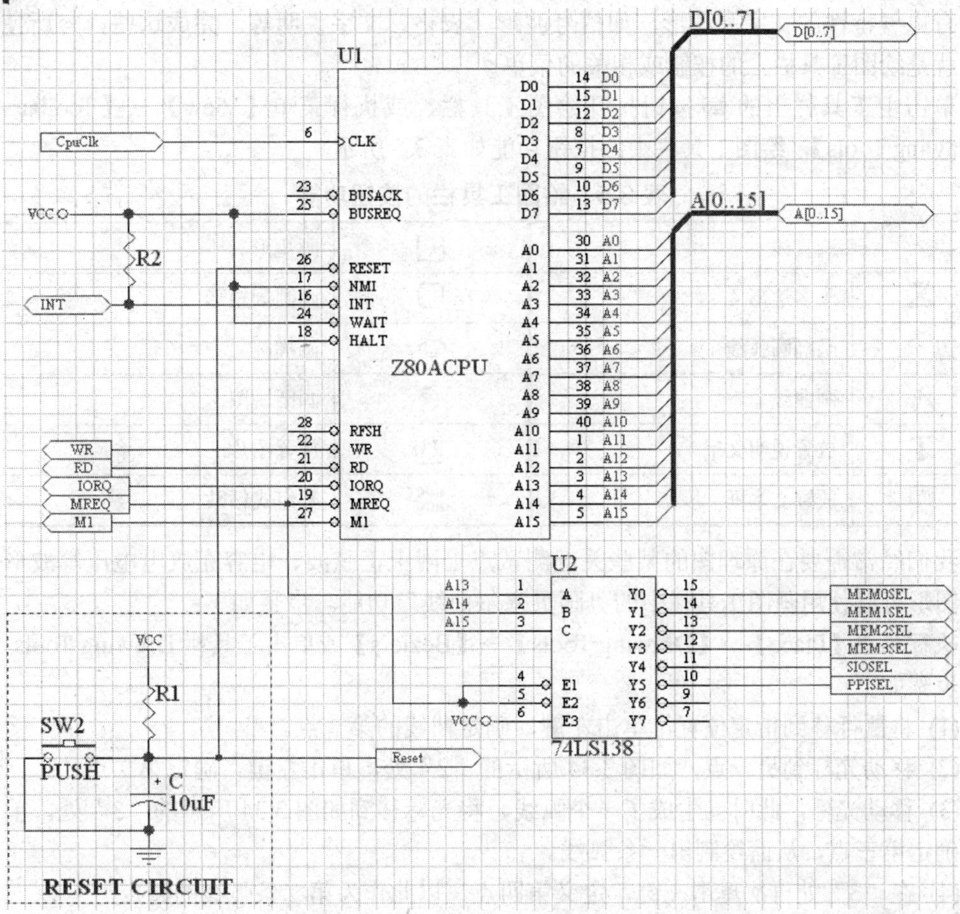

图 3.33 总线电路

课 后 练 习

1．原理图绘制大致的步骤有哪些？
2．画原理图时，若工作区出现栅格扭曲等显示不正常的现象，如何消除？
3．如果标准图纸尺寸不能满足需要，用户如何自定义图纸格式？
4．如何加载原理图库？
5．Protel 99 SE 提供了几种连线方式？分别是什么？
6．如何放置 I/O 端口？

3.3 原理图的完善

3.3.1 基本图形的绘制

在实际绘制电路图时，除了放置各种具有电气特性的元器件外，有时还需要放置一些

不具有电气特性的文字和图形，如信号波形、表格、文字说明等。完成这些内容所使用的工具就是绘图工具栏上的按钮或相关的菜单。

单击主工具栏上的按钮打开绘图工具栏，或执行菜单【View】→【Toolbars】→【Drawing Tools】，绘图工具栏中的按钮功能如表 3.5 所示。

表 3.5　绘图工具栏的按钮功能

╱	画直线	▢	画矩形
	画多边形		画圆周矩形
	画椭圆弧线	⬭	画椭圆
	画曲线		画圆饼图
T	放置说明文字		放置图片
	放置文本框		数组式粘贴

我们经常需要在原理图的某些关键测试点上附上正弦波、电容充放电电压等波形，画这些图形可以使用画图工具栏中的“画贝塞尔曲线”功能。步骤如下：

执行菜单【Place】→【Drawing Tools】→【Beziers】或单击工具栏 Drawing Tools 图标，步骤如下：

(1) 将鼠标移到指定位置，单击左键，确定曲线的第一点。

(2) 移动光标到另一点，如图 3.34 所示的“2”处，单击左键，确定第二点。

(3) 移动光标，此时已生成了一个弧线，将光标移到如图 3.34 所示的“3”处，单击左键，确定第三点，从而绘制出一条弧线。

(4) 在“3”处再次单击左键，定义第四点，以此作为第二条弧线的起点。

(5) 移动光标，在如图 3.34 所示的“5”处单击左键，确定第五点。

(6) 移动光标，在如图 3.34 所示的“6”处单击左键，确定第六点，即完成整条曲线的绘制，此时光标仍处于画曲线的状态，可继续绘制。单击右键退出画曲线状态。

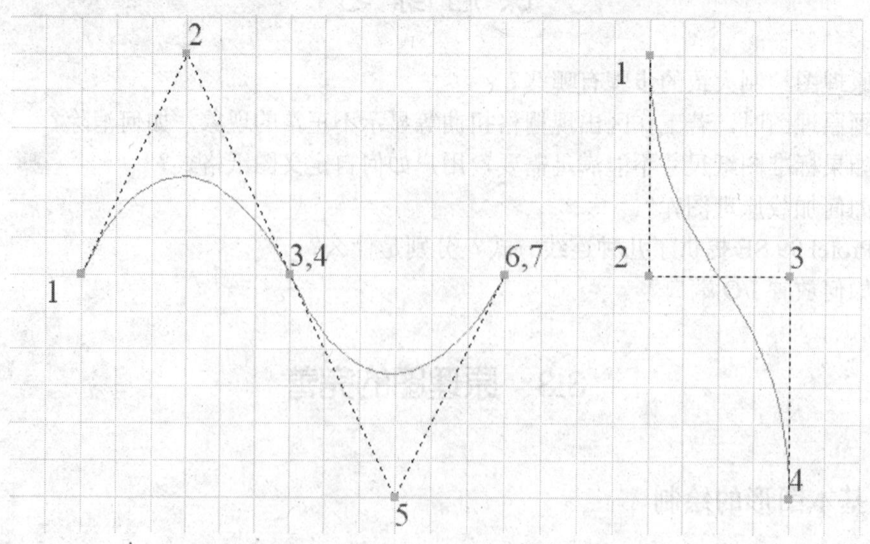

图 3.34　画曲线

3.3.2 电气规则检查与生成网络表

1. 电气规则检查

在编辑原理图的过程中，对于只有少量分立元件的简单电路，通过浏览就能看出电路中存在的问题，但是对于一个比较复杂的电路设计项目，单靠人工查找电路编辑过程中的错误就没那么容易了。因此，Protel 99 SE 原理图编辑器提供了电气规则检查(ERC)。

ERC 是按照用户指定的电气规则，检查已经绘制好的电路图中是否有违反电气规则的错误，例如没有连接的网络标号、没有连接的电源、空的输出引脚等，同时还为用户产生各种有可能的错误报告，并在电路图中有错误的地方放上红色的标记⊗。

执行菜单【Design】→【ERC】，系统弹出 Set Electrical Rule Check(设置电气规则检查)对话框。该对话框包括 Setup 和 Rule Matrix 两个选项卡。

在 Setup 选项卡中，用户可以对检测项目和报告方式等进行设置，如图 3.35 所示。其中各项参数的含义如下：

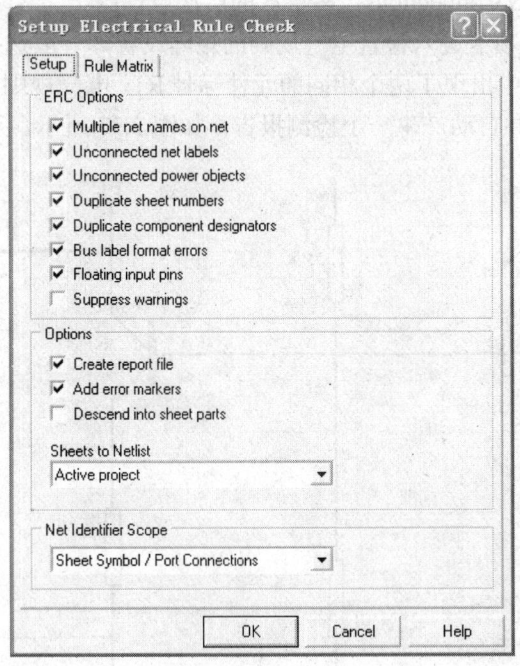

图 3.35 Setup 选项卡

(1) ERC Options 区：

- Multiple net names on net：检测同一网络命名多个网络名称的错误。
- Unconnected net labels：检测未实际连接的网络标号的错误。
- Unconnected power objects：检测未实际连接的电源实体的错误。
- Duplicate sheet numbers：检测电路图编号重号的错误。
- Duplicate component designator：检测元件编号重号的错误。
- Bus label format errors：检测总线标号格式的错误。
- Floating input pins：检测输入引脚浮接的错误。

- Suppress warning：忽略所有警告性检测项。

(2) Options 区：

- Create report file：测试后生成检测报告，并命名为*.ERC 文件。
- Add error marks：测试后在原理图中的错误之处给出标记。
- descend into sheet parts：测试深入至图纸元件的内部电路进行。

(3) Sheets to Netlist 下拉列表：选择测试图纸范围。

- Active sheet：测试当前原理图。
- Active project：测试当前项目文件。
- Active sheet plus sub sheets：测试当前原理图及其子图。

(4) Net Identifier Scope 下拉列表：对多图纸项目设置网络标示符范围。

- Net Labels and Ports Global：同名网络标号及端口在全部层次电路中被认为是电气连接。
- Only Ports Global：仅同名端口在全部电路中被认为是电气连接。
- sheet Symbol/Ports Connections：多层次的层次原理图。

设置 Rule Matrix 选项卡进入检查电气规则的矩阵设置，一般选择默认。

图 3.36 所示的电路中出现了两个相同的元件标号 R1，电气规则检查时在电路图上错误的地方放置错误标记，并自动产生一个检测报告，如图 3.37 所示。

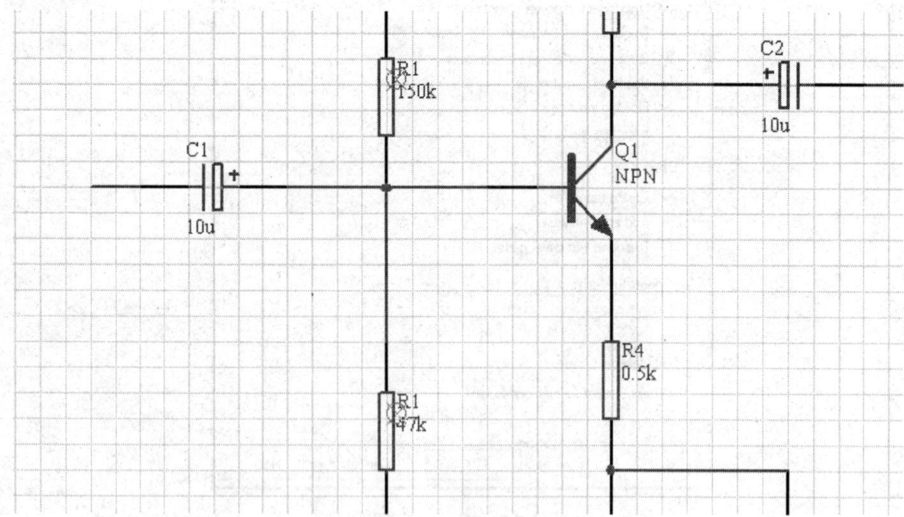

图 3.36　错误标记指示

MyDesign.ddb | Documents | 演示电路.sch | 演示电路.ERC

```
Error Report For : Documents\演示电路.sch    12-Mar-2010  10:22:00
 #1 Error  Duplicate Designators 演示电路.sch R1 At (594,602) And 演示电路.sch R1 At
End Report
```

图 3.37　ERC 检测报告文件

按照程序给出的错误情况修改电路图，将图中 47k 的电阻标号改为 R2，然后再次进行 ERC 检查，错误消失。

2．生成网络表

网络表文件(*.Net)是一张显示电路图中全部元件和电气连接关系的列表，它主要说明电路中的元件信息和连线信息。网络表是原理图编辑器(SCH)与印制板编辑器(PCB)之间连接的纽带，也是电路自动布线的灵魂。网络表可以直接从电路图转化而得，也可以在 PCB 编辑中从已布线的电路中获取。

在生成网络表前，必须设置好电路中的元件标号(Designator)和封装形式(Footprint)。

执行菜单【Design】→【Create Netlist】，屏幕弹出图 3.38 所示的生成网络表对话框。设置好相应参数后单击【OK】按钮，生成网络表文件。

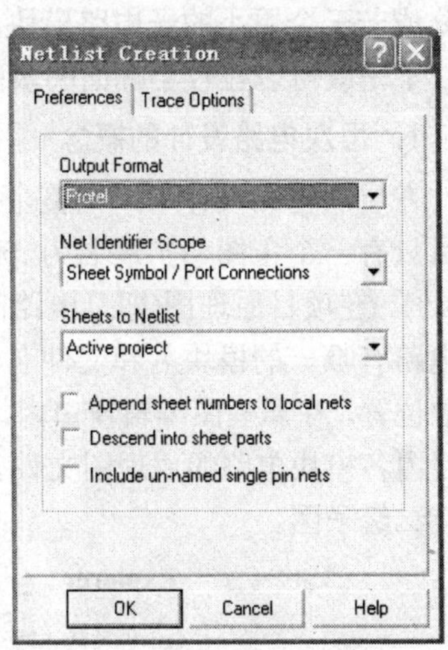

图 3.38　生成网络表对话框

网络表对话框中的参数含义如下：

- Output Format 下拉列表：选择网络表的格式，共 38 种，一般设置为 Protel 格式。
- Net Identifier Scope 下拉列表：用来设置网络标号、子图符号 I/O 口、电路 I/O 端口的作用范围等。
- Sheets to Netlist 下拉列表：选择图纸范围。
- Append sheet numbers go local nets 复选框：将原理图编号附加到网络名称上。如果设置此项功能，系统会将原理图的编号附加在每一个网络名称上。它通常用于多图纸项目中(但网络是局部的)，以跟踪网络所处的位置。
- Descend into sheet parts 复选框：深入至图纸元件的内部电路。当使用图纸元件时选中此项。
- Include un-named single pin nets 复选框：包括无名的孤立引脚网络。

下面以一个简单的网络表文件为例来说明网络表的格式。

[	元件描述开始符号
J1	元件标号(Designator)
DB25/F	元件封装(Footprint)
SIGNAL1	元件注释文字(Part Type)
]	元件声明结束符号

以上是一个元件的声明格式。

……

(	每一网络定义开始符号
NET1	网络名称
J1-3	J1 的第 3 脚
U1-1	U1 的第 1 脚
)	网络定义结束符号

以上是一个网络的定义格式。

3.3.3 层次电路设计

在层次电路设计方案出现以前，编辑电子设备如电视机、计算机主板等的原理图时，遇到的问题是电路元件很多，不能在特定幅面的图纸上绘制出整个电路系统的原理图，就只好改用更大幅面的图纸。然而打印时又遇到了另一问题，即打印机最大输出幅面有限，如多数喷墨打印机和激光打印机的最大输出幅面为A4。

采用层次电路设计方法后，这一问题就迎刃而解了。所谓层次电路设计就是把一个完整的电路系统按功能分成若干子系统，即子功能电路模块，需要的话，把子功能电路模块再分成若干个更小的子电路模块，然后用方块电路的输入/输出端口将各子功能电路连接起来，于是就可以在较小幅面的多张图纸上分别编辑、打印各模块电路的原理图。

1. 层次电路设计的概念

在层次电路设计中，把整个电路系统视为一个设计项目，处于最上方的为主图，一个项目只有一个主图，扩展名为 .prj 而不是 .sch。在主图下方的所有电路均为子图，扩展名为.sch。在项目原理图(即总电路图)中，各子功能模块电路用“方块电路”表示，且每一模块电路有唯一的模块名和文件名与之对应，其中模块文件名指出了相应模块电路原理图的存放位置。在原理图编辑窗口内，打开某一电路系统设计项目文件 .prj 时，也就打开了设计项目内各模块电路的原理图文件。图 3.39 中有 6 个一级子图，在子图 Serial Interface.sch 中还有二级子图。

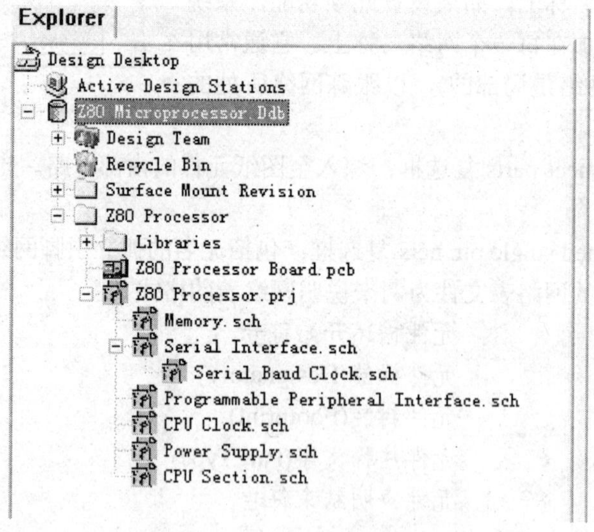

图 3.39 层次电路结构

2. 层次电路编辑方法

层次式电路中，通常主图是由若干个方块图组成的，它们之间的电气连接通过I/O端口和网络标号实现。

(1) 绘制方块电路。电路方块图也称为子图符号，是层次电路中的主要组件，它对应着一个具体的内层电路。图 3.40 所示为某电路的主图文件，它是由两个电路方块图组成的。

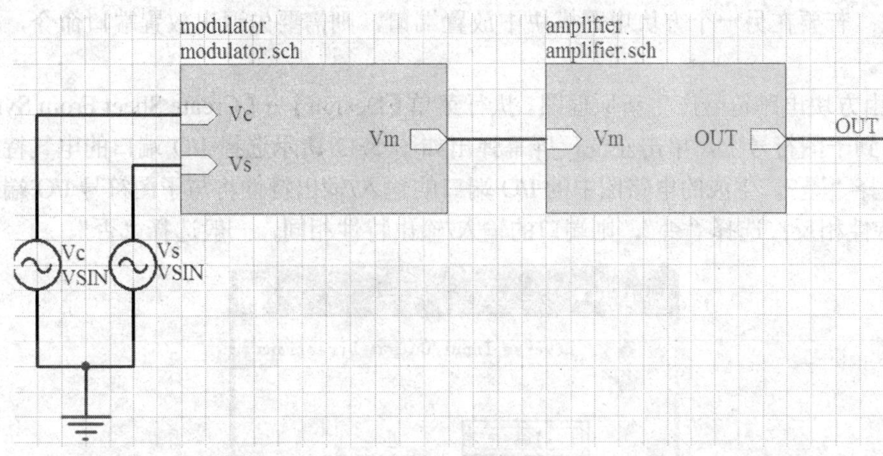

图 3.40　主图“层次电路练习.prj”

执行菜单【Place】→【Sheet Symbol】或单击工具栏 Wiring Tools 图标，光标变成带一矩形的十字光标。按下【Tab】键，弹出如图 3.41 所示的 Sheet Symbol 对话框，设置相关参数。在 Filename 中填入子图的文件名(Modulator.sch)，Name 中填入子图符号的名称(Modulator)。若有需要，可设置方块的边框粗细、颜色及填充区颜色等。设置完成后单击【OK】按钮，关闭对话框。将光标移至合适的位置后，单击鼠标左键定义方块的起点，移动鼠标，改变其大小，大小合适后再次单击鼠标左键，放下子图符号。

(2) 放置方块电路端口。执行菜单【Place】→【Add Sheet Entry】或单击工具栏 Wiring Tools 图标，光标变为十字状。将光标移至图 3.40 子图符号内部，在边界单击左键，光标上出现一个悬浮的 I/O 端口，该端口被限制在子图符号的边界上，光标移至合适位置后，再次单击左键，放置 I/O 端口。

双击端口，屏幕弹出如图 3.42 所示的端口属性对话框，其中：Name 为端口名，I/O Type 为端口电气特性设置，Style 为端口方向设置，Side 用于设置 I/O 端口在子图的左边(Left)或右边(Right)，Position 代表子图符号 I/O 端口的上下位置：以左上角为原点，每向下一格增加 1。

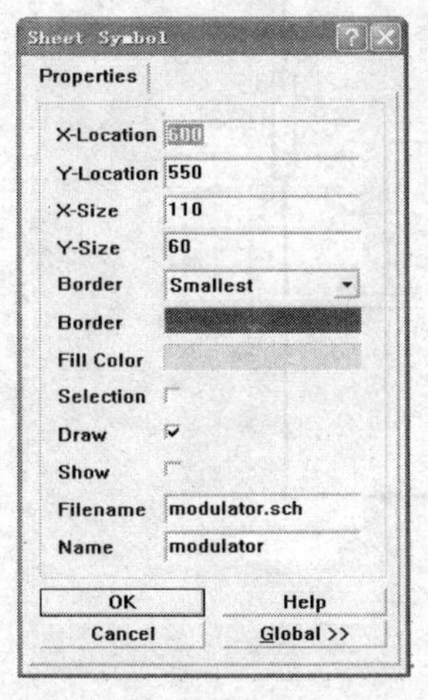

图 3.41　方块电路属性对话框

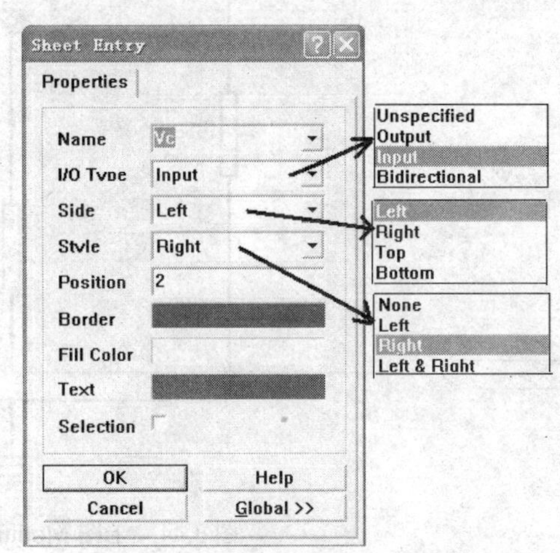

图 3.42　方块电路端口属性对话框

注意：若要在另一个方块电路模块中放置端口，则需要先退出放置端口命令，然后再重新开始。

(3) 由方块电路符号产生新原理图。执行菜单【Design】→【Create Sheet From Symbol】，将光标移到子图符号上，单击左键，屏幕弹出如图 3.43 所示选择 I/O 端口的电气特性的对话框，选择“是”，生成的电路图中的 I/O 端口的输入/输出特性将与子图符号 I/O 端口的输入/输出特性相反；选择“否”，则端口的输入/输出特性相同，一般选择“否”。

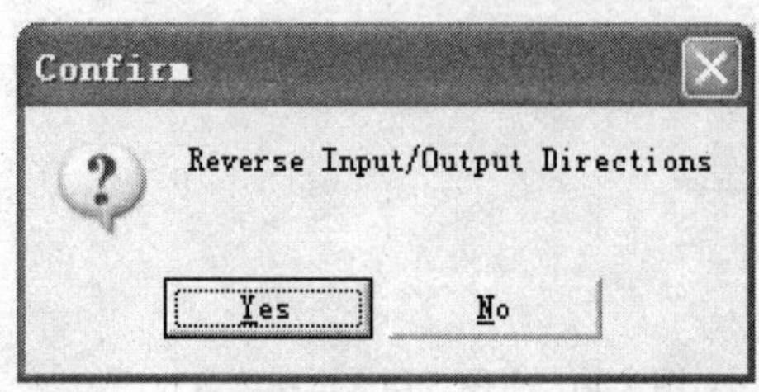

图 3.43　选择 I/O 端口方向转换对话框

设置完毕后，系统自动生成一张新电路图，文件名与子图符号中的文件名相同，在新电路图中，已自动生成对应的 I/O 端口。图 3.44 和图 3.45 分别为主图“层次电路练习.prj”的两个子电路。

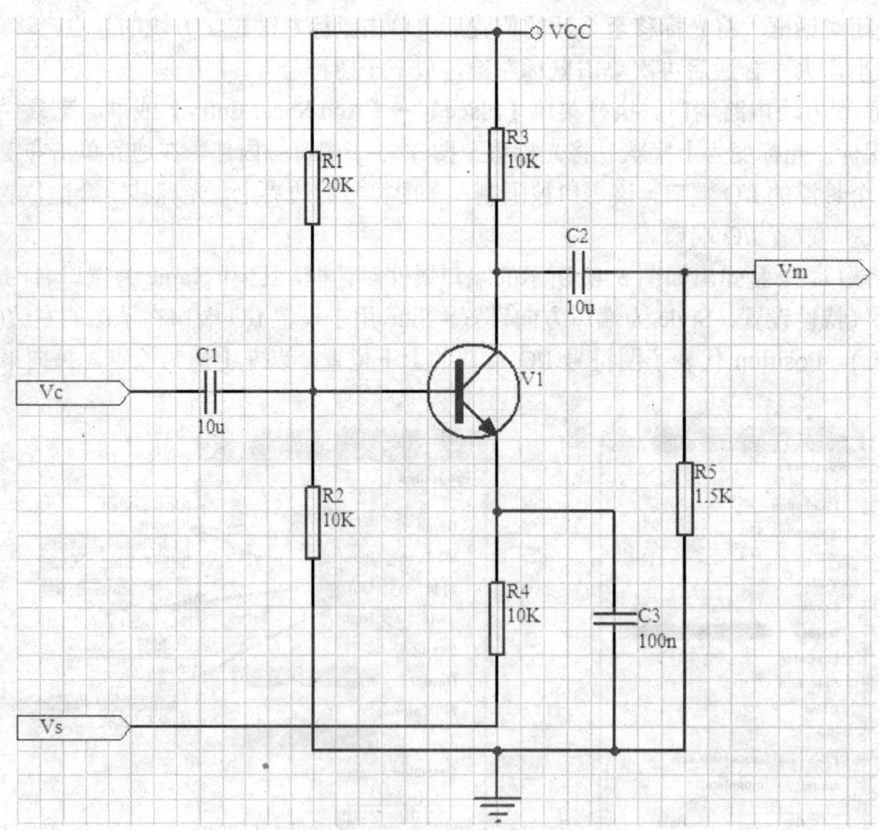

图 3.44　子图 Modulator.sch

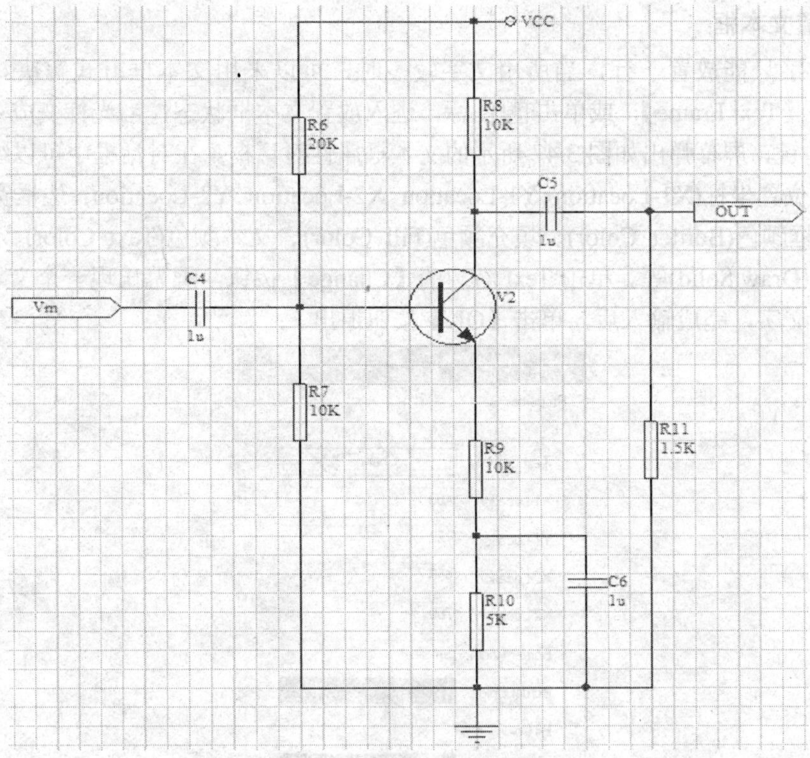

图 3.45　子图 Amplifier.sch

(4) 设置图纸编号。执行菜单【Design】→【Options】，在弹出的对话框中单击【Organization】，填写图纸信息。本例中依次将主图、子图 1、子图 2 编号为 1、2、3，图纸总数设置为 3。

层次电路的设计除了上述的自上而下的方法外，还可以采用自下而上的设计方式，即先设计子图，再设计主图，方法基本一致。

3.3.4　放置文字说明

在原理图中书写技术说明、标题等时，需要使用放置文字或放置文本框工具。

1. 放置标注文字

执行菜单【Place】→【Annotation】，或单击 T 图标，当光标变成“十”字时按【Tab】键，调出文字属性对话框，如图 3.46 所示。在该文字属性对话框中可以编辑文字的内容(Text)、坐标(X-Location、Y-Location)、角度(Orientation)、颜色(Color)及字体(Font)等。在 Text 栏中填入需要放置的文字；单击【Change】按钮，改变字体及字号；单击【OK】按钮完成设置。然后将光标移到需要放置说明文字的位置，单击左键放置文字，单击右键退出放置状态。

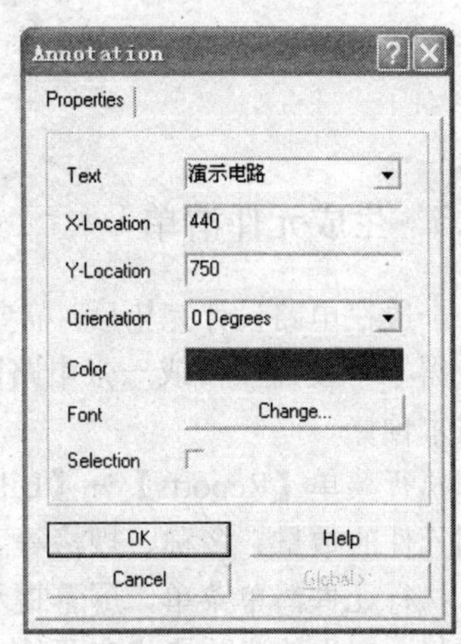

图 3.46　文字属性对话框

2. 放置文本框

说明文字只能放置一行，当所用文字较多时，可以采用文本框方式解决。执行菜单【Place】→【Text Frame】，或单击▤图标，进入放置文本框状态，当光标变成“十”字后按下【Tab】键，屏幕弹出如图3.47所示的文本框属性对话框。在对话框中可以编辑文字的内容(Text)、位置坐标(X1-Location、Y1-Location、X2-Location、Y2-Location)、边框宽度(Border Width)、边框颜色(Border Color)、填充颜色(Fill Color)、文本颜色(Text Color)、字体(Font)及是否填充(Draw Solid)等。单击Text右边的【Change】按钮，屏幕出现一个文本编辑区，在其中输入文字，完成输入后，单击【OK】按钮退出。

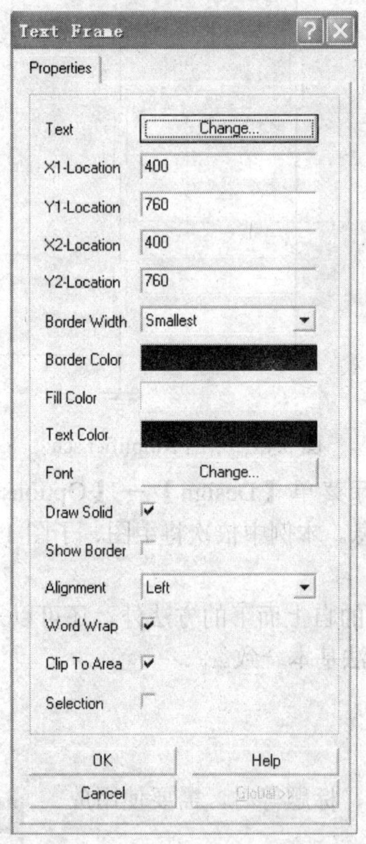

图3.47　文本框属性对话框

3.3.5　生成元件清单

一般在电路设计完毕后，需要产生一份元件清单。生成元件清单文件(.XLS)的目的是迅速获得一个设计项目或一张电路图所包含的元件类型、封装形式、数目等，以便采购或进行成本预算。

执行菜单【Reports】→【Bill of Material】后便出现元件清单，清单中显示出电路图中所用元件的数量、名称、规格等。

执行元件清单菜单，屏幕提示选择项目(Project)文件或图纸(Sheet)文件，用户可根据需要选择。产生的清单格式有两种：Protel Format格式(产生*.BOM文件)或Client Spreadsheet

格式(产生文件为电子表格形式，文件名*.XLS)。单击【Next】按钮进行下一步操作，单击【Finish】按钮结束操作，系统产生两种类型的元件清单。图 3.48 是电子表格形式的元件清单。

MyDesign.ddb | Documents | 演示电路.sch | 演示电路.XLS

C16

	A	B	C	D	E
1	Part Type	Designator	Footprint	Description	
2	0.5k	R4	AXIAL0.4		
3	1.3k	R5	AXIAL0.4		
4	3.3k	R3	AXIAL0.4		
5	5.1k	R6	AXIAL0.4		
6	10u	C2	RB.2/.4	Electrolytic Capacitor	
7	10u	C3	RB.2/.4	Electrolytic Capacitor	
8	10u	C1	RB.2/.4	Electrolytic Capacitor	
9	47k	R2	AXIAL0.4		
10	150k	R1	AXIAL0.4		
11	NPN	Q1	TO-92A		
12					

图 3.48 元件清单

3.3.6 文件的存盘与退出

1. 文件的保存

执行菜单【File】→【Save】或单击主工具栏上的 图标，可自动按原文件名保存，同时覆盖原来的文件。

在保存文件时，若不希望覆盖原文件，可以采用更名保存的方法，即执行菜单【File】→【Save As】，在对话框中指定新的存盘文件名即可。

在 Save As 对话框中打开 Format 下拉列表框，选择 Schematic 能够处理的各种文件格式。

2. 文件的退出

若要退出原理图编辑状态，可执行菜单【File】→【Close】或用鼠标右键点击选项卡中的原理图文件名，在出现的菜单中单击【Close】退出编辑状态。

关闭设计库，可执行菜单【File】→【Close Design】。

退出 Protel 99 SE，可执行菜单【File】→【Exit】或单击系统关闭按钮。

上 机 操 作

操作 1 绘制接口电路

一、实验目的

(1) 掌握 Protel 99 SE 原理图编辑器的基本操作。

(2) 掌握较复杂电路图的绘制。

(3) 掌握电路图的电气规则和网络表的生成方法。

二、实验内容及步骤

(1) 新建数据库文件“接口电路的绘制.ddb”。

(2) 新建原理图文件，将文档名修改为“接口电路.sch”。

(3) 参数设置。设置电路图大小为 A4；绘制如图 3.49 所示的电路，其中的元件标号、标称值及网络标号均采用五号宋体，完成后将文件存盘。

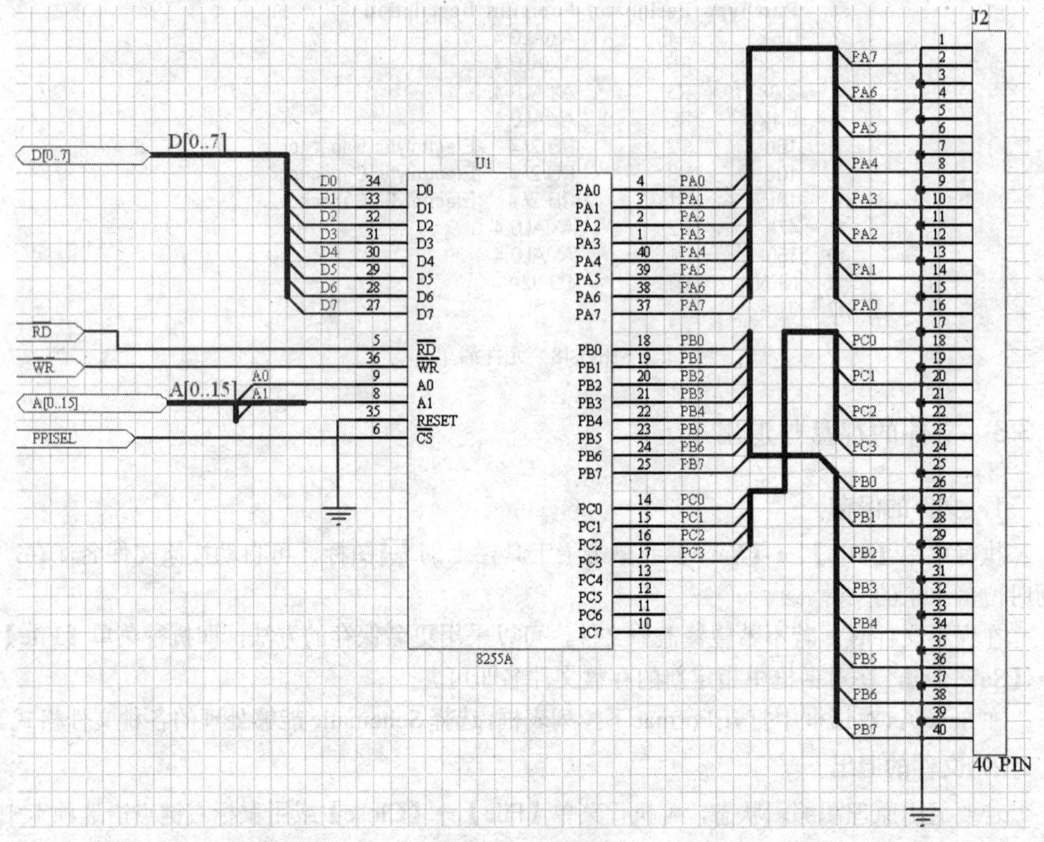

图 3.49 接口电路

(4) 对完成的电路图进行电气规则检查，若有错误则加以改正，直到校验无误为止。

(5) 对修改后的电路图进行编译，产生网络表文件，并查看网络表文件，看懂网络表文件的内容。

(6) 生成元件清单。

操作 2　层次电路的绘制练习

一、实验目的

(1) 进一步掌握 Protel 99 SE 原理图编辑器的基本操作。

(2) 掌握层次电路图的绘制方法，能够绘制出较复杂的层次电路。

(3) 掌握电路图的电气规则和网络表的生成方法。

二、实验内容及步骤

(1) 新建数据库文件“层次电路绘制.ddb”。

(2) 新建原理图文件，将文档名修改为“单片机.prj”。

(3) 参数设置。设置电路图大小为 A4；横向放置；标题栏选用标准标题栏；捕获栅格和可视栅格均设置为 10 mil。

(4) 完成图 3.50 所示的层次电路的主图电路(单片机 .prj)的绘制，并保存。

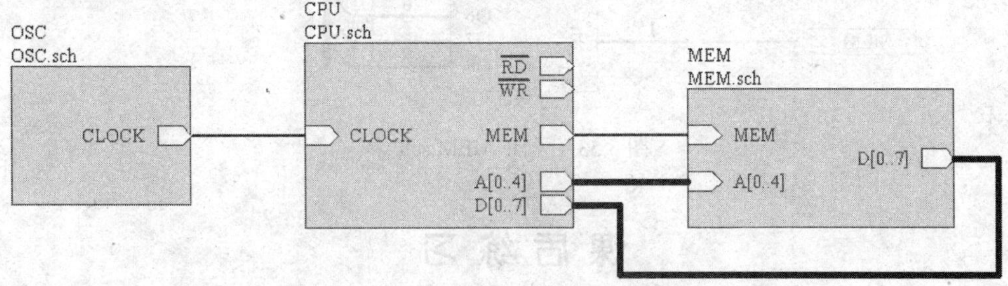

图 3.50　主图单片机.prj

(5) 执行菜单【Design】→【Create Sheet From Symbol】，将光标移到子图 OSC 符号上，单击左键，在产生的新电路图上绘制如图 3.51 所示第一张子图，并保存。

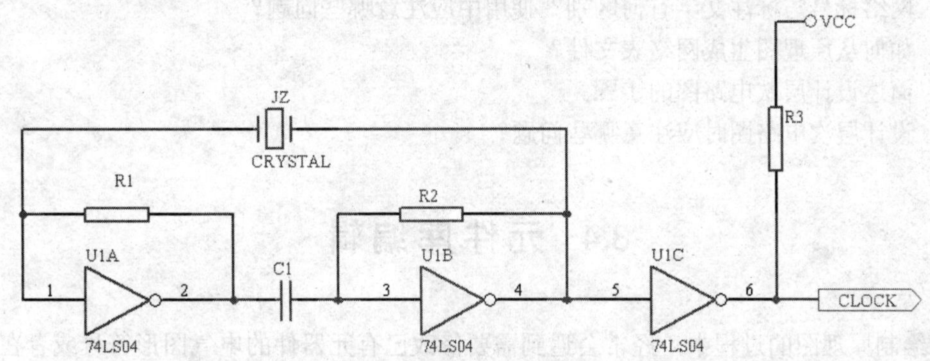

图 3.51 子图 OSC.sch

(6) 用同样的方法绘制出子图 CPU 和子图 MEM，分别如图 3.52 和 3.53 所示。

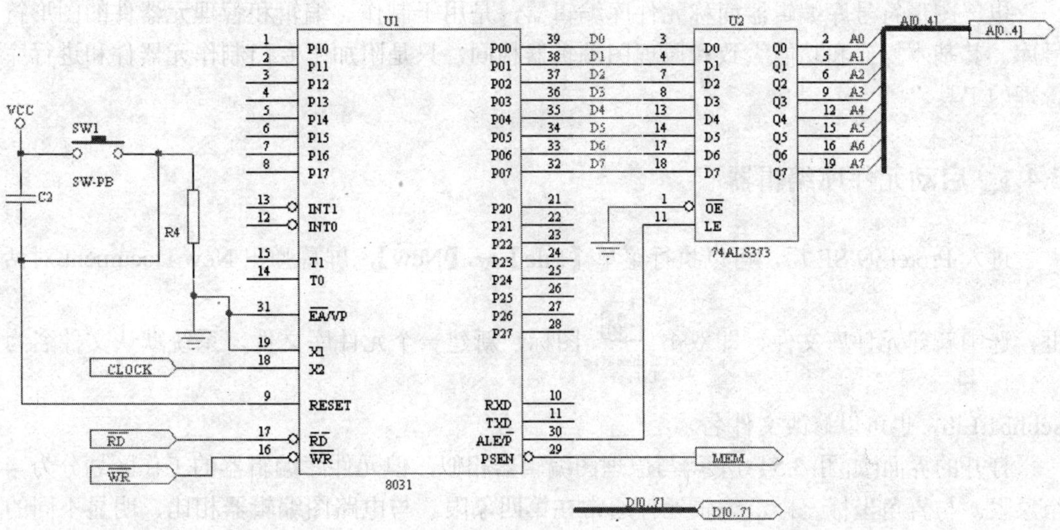

图 3.52　子图 CPU.sch

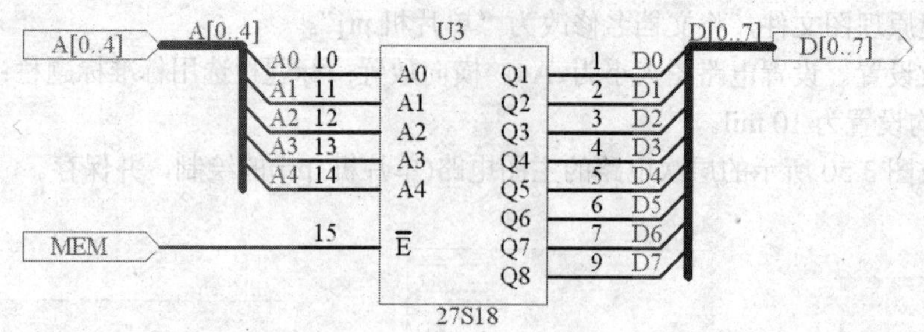

图 3.53　子图 MEM.sch

课后练习

1．如何检查电气规则的内容？它主要包含哪些类型的错误？

2．使用网络标号时应注意哪些问题？

3．网络标号与标注文字有何区别？使用中应注意哪些问题？

4．如何从原理图生成网络表文件？

5．简述设计层次电路图的步骤。

6．设计层次电路图时应注意哪些问题？

3.4　元件库编辑

在绘制原理图的过程中，经常会遇到需要修改已有元器件的电气图形符号或者在元件库中找不到所需要元器件的情况，因此要用 Protel 99 SE 的元件库编辑器来自己编辑元器件或者创建新的元器件。

电气图形符号库编辑器简称元件库编辑器，是用于制作、编辑和管理元器件的图形符号库。其基本操作和功能大致和原理图编辑器相同，只是附加了专门制作元器件和进行库管理的工具。

3.4.1　启动元件库编辑器

进入 Protel 99 SE 后，可以执行菜单【File】→【New】，屏幕弹出 New Document 对话框，选中新建元件库文件，即双击 Schematic Librar... 图标，新建一个元件库文件，系统默认文件名为 Schlib1.Lib，也可以修改文件名。

打开的界面(如图 3.54 所示)与原理图编辑器相似，但元件库编辑器的工作区划分为 4 个象限，与直角坐标一样，编辑元件通常在第四象限。与电路图编辑器相比，明显不同的是元件库管理器，它是编辑元件的一个重要工具。

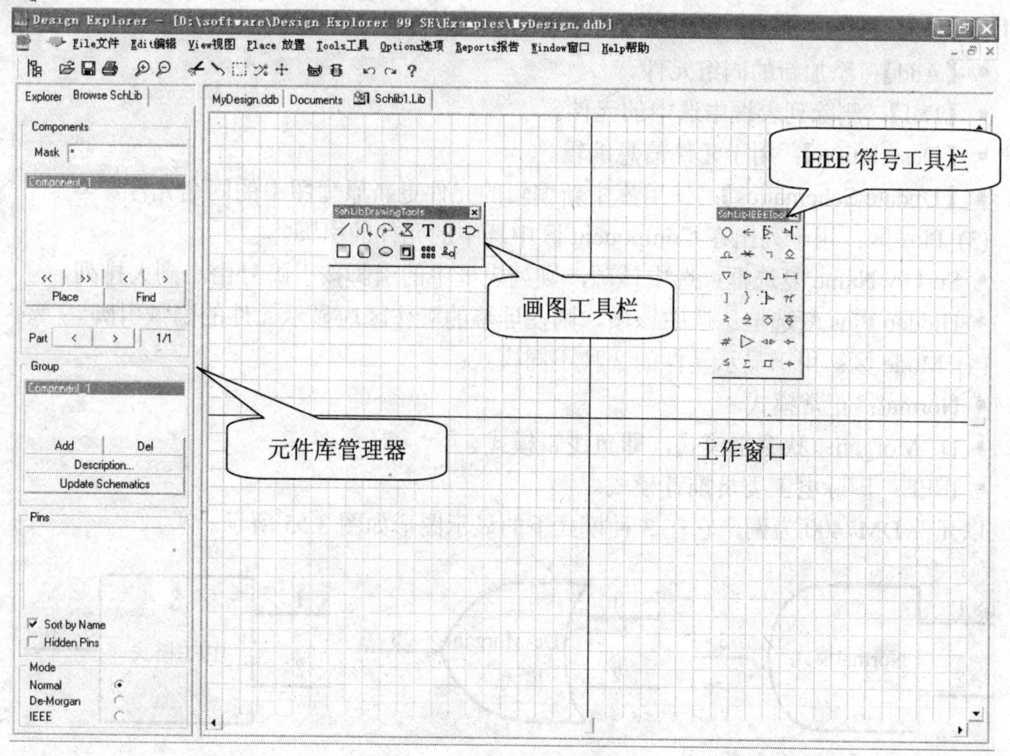

图 3.54　元件库编辑器界面

3.4.2　元件库管理器的使用

元件库管理器的全貌如图 3.54 左边所示，执行菜单【View】→【Design Manager】可以打开或关闭设计管理器，点击【Browse SchLib】打开元件库管理器，其各部分的作用如下：

(1) Component 区：用于选择要编辑的元件。

- Mask：元件过滤器。填入“*”或者元件名称，即可在下边的框中显示库中的元件。
- [<<]：将列表窗内的第一个元件作为当前要编辑的元件。
- [<]：将列表窗内的上一个元件作为当前要编辑的元件。
- [>]：将列表窗内的下一个元件作为当前要编辑的元件。
- [>>]：将列表窗内的最后一个元件作为当前要编辑的元件。
- Place：将当前正在编辑的元件电气符号放到原理图编辑窗口中。
- Find：查找元件。
- Part：显示与当前编辑元件的同一封装管座内含有几套电路，正在编辑的是第几套。例如“1/4”表示当前编辑的电气符号是第一套电路，而与该元件同一封装管座内含有 4 套电路。当同一封装管座内仅含有一套电路时，显示为“1/1”。【<】或【>】可以在同一元件的不同电路之间进行切换。

(2) Group 区：用于列出 Component 区中选中元件的同组元件，同组元件指外形相同、引脚号相同、功能相同但名称不同的一组元件的集合。同组元件具有相同的元件封装。

其中：

- 【Add】：添加新的同组元件。
- 【Del】：删除列表框中选中的元件。
- 【Description】：用于元件信息编辑。
- 【Update Schematics】：使用库中新编辑的元件更新原理图中的同名元件。

(3) Pins 区：用于列出在 Component 区中选中的元件的引脚。

- Sort by Name 复选框：选中该项，则列表框中的引脚按引脚号由小到大排列。
- Hidden Pins 复选框：选中该项，则在屏幕的工作区内显示元件的隐藏引脚。

(4) Mode 区：用于显示元件的 3 种不同模式：

- Normal：正常模式。
- De-Morgan：狄摩根模式，即负逻辑模式。
- IEEE：国际电工委员推荐模式。

以元件 DM7400 为例，它在 3 种模式下的显示图形如图 3.55 所示。

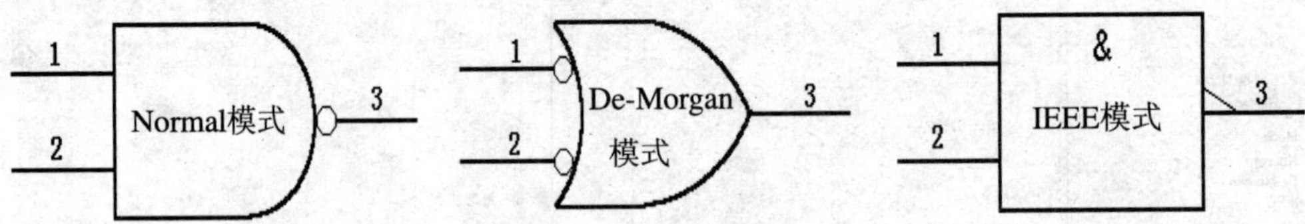

图 3.55　DM7400 的 3 种模式

3.4.3　绘制元件工具介绍

Protel 99 SE 的元件库编辑器提供了绘图工具栏、IEEE 符号工具栏，配合菜单命令就可以完成元件绘制。

1．绘图工具栏

(1) 启动绘图工具栏。执行菜单【View】→【Toolbars】→【Drawing Toolbar】，或者单击主工具栏上的按钮，可以打开或关闭绘图工具栏。

(2) 绘图工具栏。绘图工具栏各图标的名称如表 3.6 所示。

表 3.6　绘图工具栏的图标名称

图标	名称	图标	名称
	画直线		绘制矩形
	画曲线		绘制圆角矩形
	画椭圆弧线		绘制椭圆
	画多边形		放置图片
T	放置说明文字		阵列式粘贴
	新建元件		放置引脚
	新建功能单元		

2．IEEE 符号工具栏

(1) 启动 IEEE 符号工具栏。执行菜单【View】→【Toolbars】→【IEEE Toolbar】，或者单击主工具栏上的按钮，可以打开或关闭 IEEE 符号工具栏。

(2) IEEE 符号工具栏：IEEE 符号工具栏各图标的功能如表 3.7 所示。

表 3.7　IEEE 符号工具栏的各图标功能

○	低电平有效符号	⊢	低电平有效输出
←	放置信号流方向	π	放置 π 符号
▷	上升沿时钟脉冲	≥	放置≥符号
⊣[	低电平触发输入	◇	上拉电阻集电极开路
⊥	模拟信号输入端	◇	放射极开路符号
⋇	无逻辑连接符号	◇	下拉电阻发射极开路
┐	延迟特性符号	#	数字信号输入
◇	集电极开路符号	▷	放置反相器符号
▽	高阻状态符号	◁▷	双向 I/O 符号
▷	大电流输出符号	←	数据左移符号
⎍	放置脉冲符号	≤	放置≤符号
⊢⊣	放置延迟符号	Σ	放置求和符号∑
]	多条 I/O 线组合	⊓	施密特触发功能
}	二进制组合符号	→	数据右移符号

3.4.4　绘制新元件

绘制新元件的一般步骤如下：① 新建元件库；② 设置工作参数；③ 修改元件名称；④ 在第四象限的原点附近绘制元件外形；⑤ 放置元件引脚；⑥ 调整修改，设置元件封装形式(Footprint)等信息；⑦ 保存元件。

1．新建元件库

新建元件库的步骤为：进入 Protel 99 SE，执行菜单【File】→【New】，在出现的对话框中双击图标 Schematic Librar...，新建一个元件库，修改元件库名。

在元件库中，系统会自动新建一个名为 Component_1 的元件，执行菜单【Tools】→【Rename Component】更改元件名。

2．设置栅格尺寸

执行菜单【Options】→【Document Options】打开工作参数设置对话框。在 Grids 区中设置捕获栅格(Snap)和可视栅格(Visible)尺寸，一般均设置为 10 mil。

3．绘制元件

对于规则的元件，通常可以使用矩形来定义元件的边框图形，即使用绘图工具栏中的绘制矩形按钮、绘制圆角矩形按钮等进行绘制；对于不规则的元件则需要使用画线按钮、画曲线按钮、画椭圆线按钮、画多边形按钮等进行绘制。元件图形绘制完毕后，就可以在图形上添加引脚了。

执行菜单【Place】→【Pins】，或单击画图工具栏上的按钮 ，进入放置元件引脚状态，此时光标上悬浮着一个引脚，按【Tab】键，屏幕弹出如图 3.56 所示的引脚属性对话框。

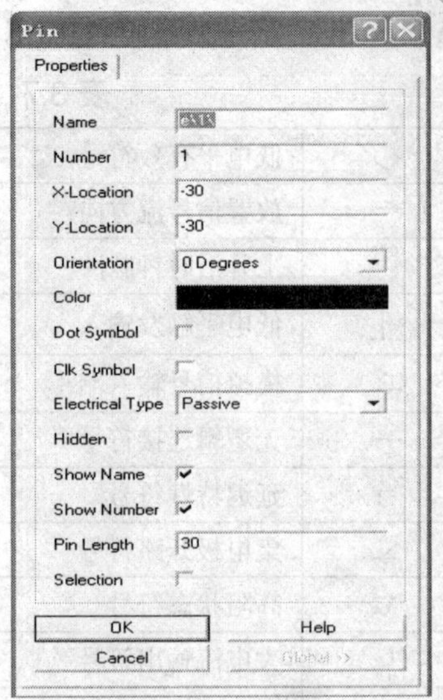

图 3.56　管脚属性对话框

其中：

- Name：设置管脚的名称。
- Number：设置管脚号。
- X-Location：设置管脚放置位置的 X 坐标。
- Y-Location：设置管脚放置位置的 Y 坐标。
- Orientation：设置管脚的放置方向，有 0°、90°、180° 和 270°　4 种选择。
- Color：设置管脚的颜色。默认为黑色(颜色值为 3)，修改方法与修改图纸颜色的操作方法相同。
- Dot Symbol：选中该项表示管脚为低电平有效。
- Clk Symbol：选中该项表示管脚为时钟信号管脚。
- Electrical Type：设置管脚的电气特性。共有 8 种类型，分别是 Input(输入型)、I/O(输入/输出型)、Output(输出型)、Open Collector(集电极开路型)、Passive(无源型)、Hiz(三态型)、Open Emitter(发射极开路型)和 Power(电源型)。
- Hidden：选中该项表示管脚被隐藏。
- Show Name：选中该项表示显示管脚名称。
- Show Number：选中该项表示显示管脚号。
- Pin Length：设置管脚长度。
- Selection：选中该项表示管脚被选中。

设置完参数后，单击【OK】按钮，将管脚移动到合适的位置，再单击鼠标左键，即可放置完成。

注意：管脚只有一端具有电气连接特性，因此在放置时应将不具有电气连接特性的一端(即光标所在端)与元件图形相连。

4．添加元件描述信息

选择【Tools】→【Description】进入图 3.57 所示的元件描述对话框，可以对元件信息进行设置。

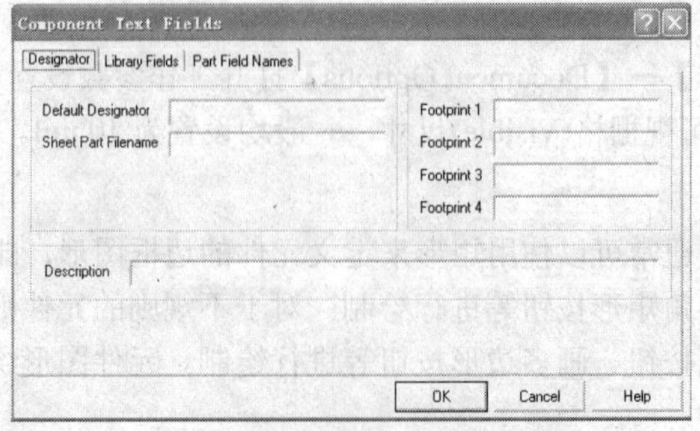

图 3.57　元件信息对话框

元件信息对话框中各参数的含义如下：

● Default Designator：设置默认标号。如集成电路一般设置为 U?，则表示以后在电路图中自动标注元件时以 U1、U2 等编排。

● Footprint：用于设置元件封装形式，可以设置多个，它应同 PCB 元件库中的名称一致。

● Description：用于说明元件功能属性，以便了解该元件的功能。

3.4.5　库元件制作实例

新建一个元件库：进入 Protel 99 SE，执行菜单【File】→【New】新建元件库，将库名改为：库制作.Lib。

1．修改元件

基本元件库中三极管的电气图形符号与 GB4728-85 标准不符，需要修改三极管的图形符号，过程如下：

(1) 在新建元件库中，将已有的一个名为 Component_1 的元件改名为 NPN。

(2) 在 SchLib 编辑窗口内，单击主工具栏内的“打开”工具或执行菜单【File】→【Open】，打开 Design Explorer 99\Library\Sch\Miscellaneous Devices.ddb 文件包，在浏览窗口的元件列表内找到 NPN 元件，复制并粘贴到新建元件库 NPN 文件中。

(3) 删除三极管外形的圆圈并保存，如图 3.58 所示。

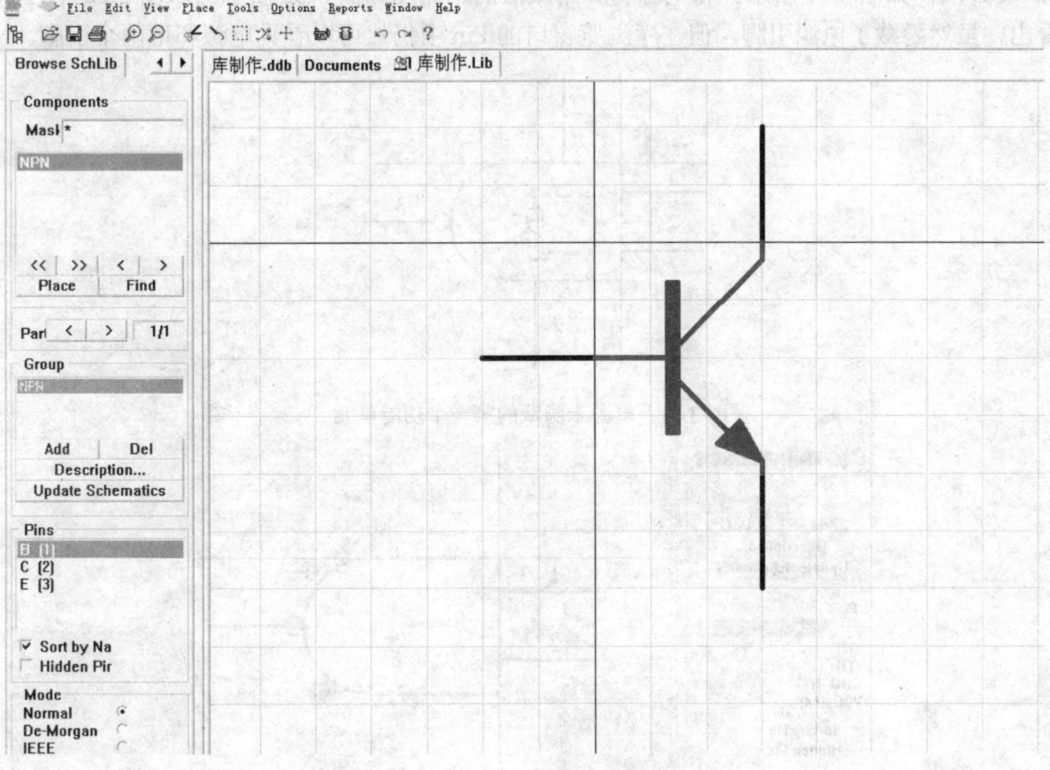

图 3.58　三极管的修改

2．设计常规模式(Normal)的 74LS00

(1) 打开“库制作.lib”元件库，执行菜单【Tools】→【NewComponent】，新建元件名为 74LS00。

(2) 执行菜单【Place】→【Line】或单击画线╱图标，进入画线状态，在坐标(40，0)处单击左键，确定直线起点，移动光标，在坐标原点(0，0)处再次单击左键，再移动光标，分别在坐标(0，−40)和(40，−40)处单击左键，画出 3 条边框线，如图 3.59 所示。

(3) 执行菜单【Place】→【Line】或单击图标，将光标移到(40，−20)处确定圆心；在(40，−40)处单击两次分别定下半径和圆弧的起点；在(40，0)处确定圆弧的终点，如图 3.60 所示。

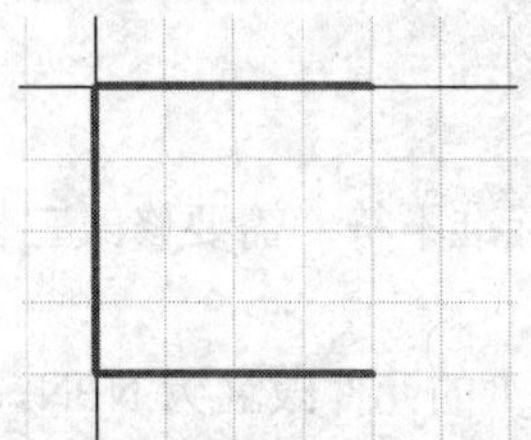

图 3.59　绘制边框线图

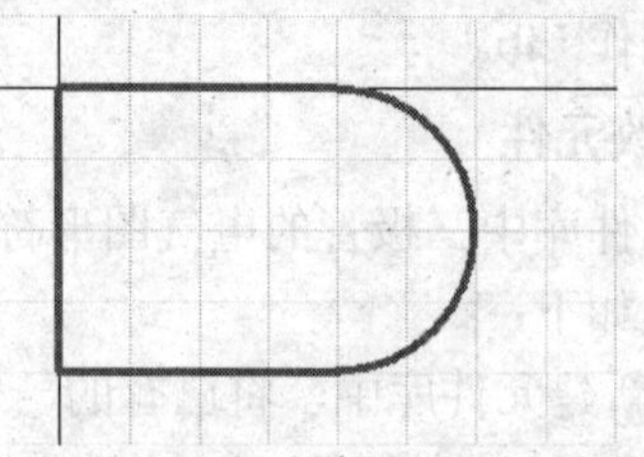

图 3.60　绘制圆弧

(4) 执行菜单【Place】→【Pine】或单击图标，打开属性对话框，设置参数，其中 1、2 引脚的电气特性为输入；3 引脚的电气特性为输出；7 引脚为 GND 接地端；14 引脚为电源 VCC 端。如图 3.61 所示。将电源引脚隐藏后的电路图如图 3.62 所示。从图 3.62 中可以看出，虽然隐藏了电源引脚，但在库浏览窗口的 Pin 中仍然可以看见电源和地两个引脚。

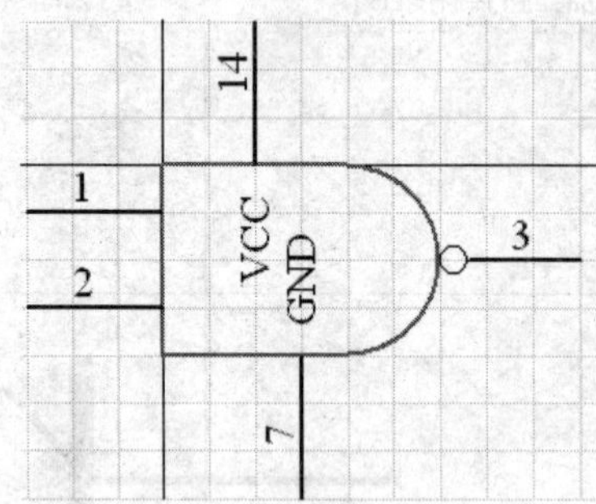

图 3.61　电源未隐藏的第一个功能单元

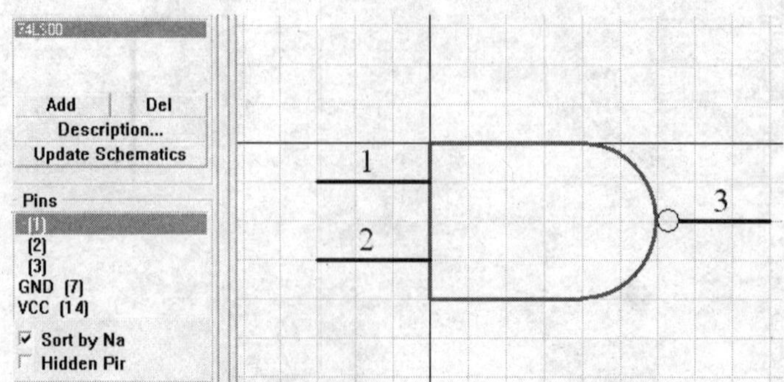

图 3.62　电源隐藏的第一个功能单元

(5) 由于每个 74LS00 元件中都包含 4 个功能单元(部件)，接下来绘制第二个功能单元，为了提高效率，可以采用复制的方法。

执行菜单【Edit】→【Select】→【All】，选中所有元件，执行菜单【Edit】→【Copy】，将光标移到元件后单击鼠标左键，这样选中的元件被复制到剪贴板上，取消选取状态。

执行菜单【Tools】→【New Part】，这时出现了一个新的工作窗口，执行菜单【Edit】→【Paste】，在坐标原点(0，0)处单击左键，将元件粘贴到新窗口中，取消选取状态，改变 3 个引脚的引脚号，即完成了第二套功能的绘制，如图 3.63 所示。

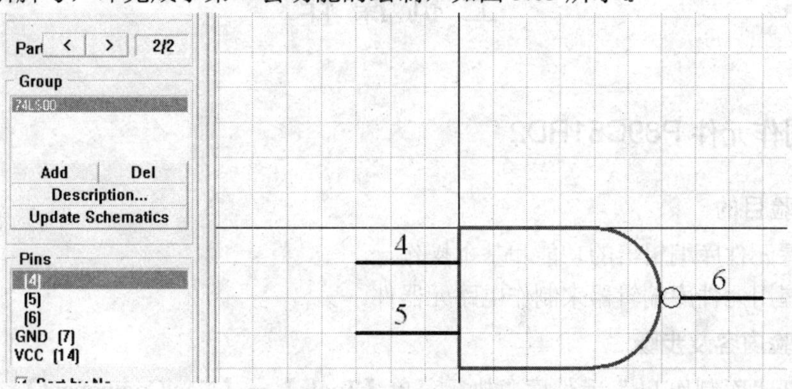

图 3.63　第二个功能单元

(6) 按照同样的方法，绘制完成另外两个功能单元，分别如图 3.64 和 3.65 所示。

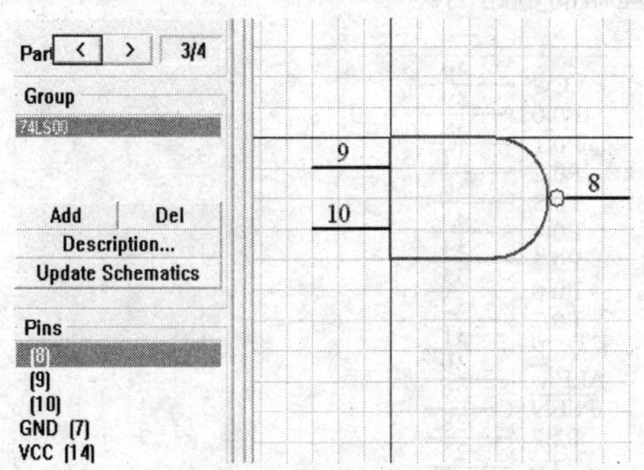

图 3.64　第三个功能单元

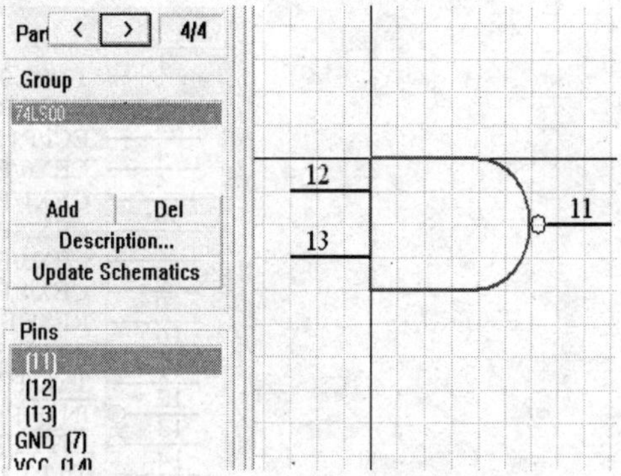

图 3.65　第四个功能单元

(7) 执行菜单【Tools】→【Description】，在弹出的菜单中设置 Default Designator 为 U?；设置 Footprint 为 DIP14。设置完成后保存文件。

3．设计常规模式(Normal)的规则元件 74LS138

74LS138 与上例中的 74LS00 相比，元件图形比较规则，只需画出矩形框，并定义好引脚，设置好元件信息即可。74LS138 的外观如图 3.66 所示。

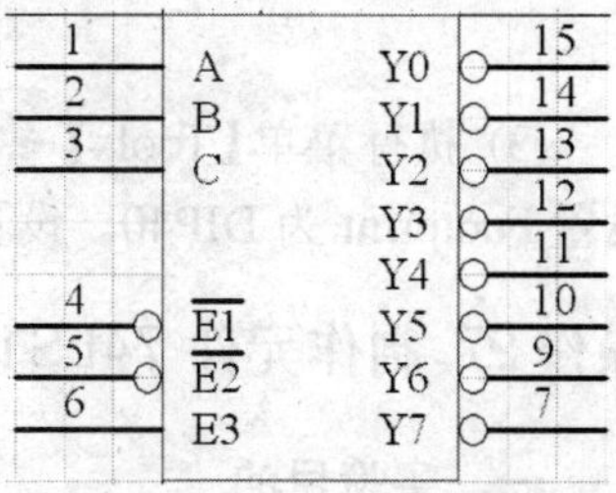

图 3.66　74LS138 外观图

(1) 打开“库制作 .Lib”元件库，执行菜单【Tools】→【NewComponent】，新建元件名为 74LS138。

(2) 执行菜单【Place】→【Rectangle】或单击矩形图标，在第四象限绘制 60 mil × 90 mil 的矩形块。

(3) 放置引脚，并设置引脚属性，其中 A、B、C、$\overline{E1}$、$\overline{E2}$、E3 为输入引脚；Y0～Y7 为输出引脚；8 引脚为接地；16 引脚接电源，将 8、16 引脚隐藏；设置 4、5 引脚名的格式分别为：E\1\、E\2\。

(4) 执行菜单【Tools】→【Description】，在弹出的菜单中设置 Default Designator 为 U?；设置 Footprint 为 DIP16。设置完成后保存文件。

上 机 操 作

操作 1　制作元件 P89C51RD2

一、实验目的

(1) 掌握元件库编辑器的功能和基本操作。

(2) 掌握用元件库编辑器来制作电路元器件。

二、实验内容及步骤

(1) 打开“库制作.lib”元件库，执行菜单【Tools】→【NewComponent】，新建元件名为 P89C51RD2。

(2) 绘制出图 3.67 所示的 P89C51RD2 微处理器的电路图。

引脚	名称	名称	引脚
1	T2/P1.0	VCC	40
2	T2EX/P1.1	P0.0	39
3	ECI/P1.2	P0.1	38
4	CEX0/P1.3	P0.2	37
5	CEX1/P1.4	P0.3	36
6	CEX2/P1.5	P0.4	35
7	CEX3/P1.6	P0.5	34
8	CEX4/P1.7	P0.6	33
9	RESET	P0.7	32
10	RXD/P3.0	$\overline{EA}$/VP	31
11	TXD/P3.1	ALE/$\overline{P}$	30
12	$\overline{INT0}$/P3.2	$\overline{PSEN}$	29
13	$\overline{INT1}$/P3.3	P2.7	28
14	T0/P3.4	P2.6	27
15	T1/P3.5	P2.5	26
16	$\overline{WR}$/P3.6	P2.4	25
17	$\overline{RD}$/P3.7	P2.3	24
18	X2	P2.2	23
19	X1	P2.1	22
20	GND	P2.0	21

图 3.67　P89C51RD2 微处理器引脚排列

(3) 执行菜单【Tools】→【Description】，在弹出的菜单中设置 Default Designator 为 U?；设置 Footprint 为 DIP40。设置完成后保存文件。

操作 2　制作元件 74LS160

一、实验目的

(1) 进一步掌握元件库编辑器的功能和基本操作。

(2) 掌握用元件库编辑器来制作电路元器件。

二、实验内容及步骤

(1) 打开“库制作.lib”元件库，执行菜单【Tools】→【NewComponent】，新建元件名为 74LS160。

(2) 绘制出图 3.68 所示的 74LS160 电路图。

图 3.68　74LS160 引脚排列

(3) 要求：1～7 引脚、9 引脚、10 引脚为输入引脚；11～15 引脚为输出引脚；8 引脚为地，隐藏；16 引脚为电源，隐藏。

(4) 执行菜单【Tools】→【Description】，在弹出的菜单中设置 Default Designator 为 U?；设置 Footprint 为 DIP16。设置完成后保存文件。

课 后 练 习

1．如何在原理图中选用多套功能的单元器件的不同功能单元？

2．请修改 Miscellaneous Devices.ddb 元件库内元件的电气图形符号，使它们符合 GB4728 标准。

第4章　印制电路板的设计

本章要点

- 印制电路板设计的流程
- Portel 99 SE 软件印制板设计环境参数的设置
- 规划印制电路板
- 印制电路板的自动布局和手工布局
- 自动布线参数的设置和手工调整印制板布线
- 印制板的输出
- 元件封装库的建立和设计
- 已有元件封装的编辑

4.1　印制电路板设计基础

4.1.1　印制电路板的基本知识

1. 印制电路板(PCB)简述

无论是采用分立器件的传统电子产品还是采用大规模集成电路的现代数码产品，都少不了印制电路板(Printed Circuit Board，PCB)。PCB是通过一定的制作工艺，在绝缘度非常高的基材上覆盖一层导电性能良好的铜薄膜构成覆铜板，然后根据具体的PCB图的要求，在覆铜板上蚀刻出导线，并钻出印制板安装定位孔以及焊盘和过孔。在电子设备中，印制电路板可以为各种元件提供必要的机械支撑，提供电路的电器连接，并用标记符号把板上所安装的各种元件标注出来，以便于插件、检查及调试。

2. 印制电路板的分类

根据板材的不同，可将印制电路板分为纸质敷铜板、玻璃布敷铜板和挠性塑料制作的挠性敷铜板。

根据一块板上导电图形的层数，PCB可以分为以下3类。

(1) 单面板。单面板是在绝缘基板上只有底层(Bottom Layer)敷铜而没有顶层(Top Layer)敷铜的电路板。单面板只可在它敷铜的一面布线，其特点是成本低，但仅适用于比较简单的电路设计。

(2) 双面板。双面板在绝缘基板的顶层和底层都敷上铜箔，两面都可以布线，一般需要由过孔或焊盘连通。由于两面均可以布线，对比较复杂的电路，其布线的布通率比单面板

高，是目前应用最广泛的电路板结构。

(3) 多层板。多层板是在绝缘基板上制成三层以上的印制电路板，它在双面板的基础上增加了中间层。中间层一般是由整片铜膜构成的电源层或接地层。层数越多，加工越困难，成本就越高，但板的体积越小。

随着电子技术的不断发展，现代电子产品的体积已趋于小型化和微型化，PCB 也由单面板发展到双面板和多层板，其设计也由传统设计工艺发展到计算机辅助设计。目前，应用最广泛的是单面板和双面板。为此，掌握单、双面板的设计便成了电子技术人员的一项重要技能。

4.1.2　PCB 设计流程

利用 Protel 99 SE 设计印制电路板的流程如图 4.1 所示。

(1) 设计与绘制电路原理图。电路原理图是设计 PCB 的前提，所以首先需要通过原理图设计系统来绘制一张电路原理图。

(2) 生成网络表。网络表是由电路原理图(SCH)生成印制电路图(PCB)的桥梁和纽带，只有将电路原理图转换为网络表才能对印制电路板进行自动布线。在 Protel 99 SE 原理图编辑窗口，只需单击“Create Netlist”即可自动生成网络表文件。

(3) 新建 PCB 文件。在设计项目中新建 PCB 文件，在该 PCB 文件中进行印制电路板的设计及编辑。

(4) 规划电路板。这是印制电路板设计中非常重要的步骤。在设计印制板前，用户必须对印制板进行初步的规划，如印制板的尺寸、印制板的层面(单面板、双面板或多层面板)、各元件的封装形式及其安装位置等。

(5) 装载元件封装库。规划印制板之后即可加载元件库，所加载的元件库一定要包括原理图中元件的引管脚封装。

(6) 引入网络表。引入第二步生成的网络表，把原理图信息传输到印制板设计系统。

(7) 元件布局。进行了前面的工作之后，程序会自动装入元件并将元件布置在电路板规划的边界内，为了使电路板更精确，还需要对装入的元件进行手工调整。

(8) 设置 PCB 规则。这是进行自动布线的前提。布线规则主要有安全距离、导线宽度、布线优先级等。

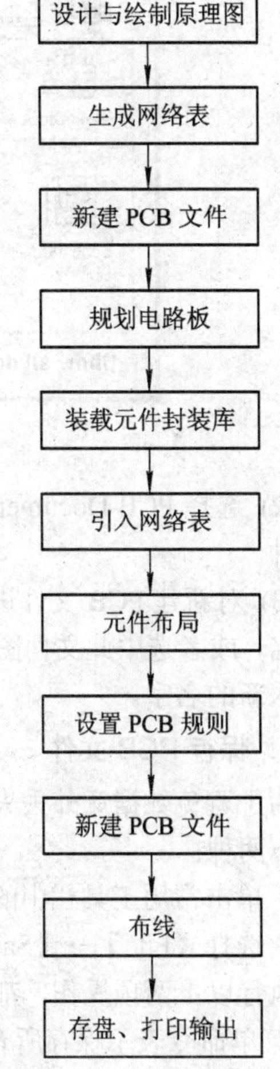

图 4.1　PCB 设计流程图

(9) 布线。布线是印制板设计中最关键的一步。布线操作有两种方式：手工布线和自动布线。其中自动布线功能十分强大，只要各种参数、规则设置合理，元件位置布局得当，自动布线的成功率可达 100%。

(10) 存盘及打印输出。在设计的过程中随时保存文档是非常必要的，设计完成后可保存完整的印制电路板文件，然后用打印机或绘图仪等输出设备输出电路板的布线图。

4.1.3 Protel 99 SE 印制版编辑器

1. 新建 PCB 文件

新建 PCB 文件的方法与新建电路原理图的方法相同。具体操作如下：

(1) 启动 Protel 99 SE，打开或新建一个设计数据库文件(*.ddb)，执行菜单【File】→【New…】，进入选择文件类型 New Document 对话框，如图 4.2 所示。

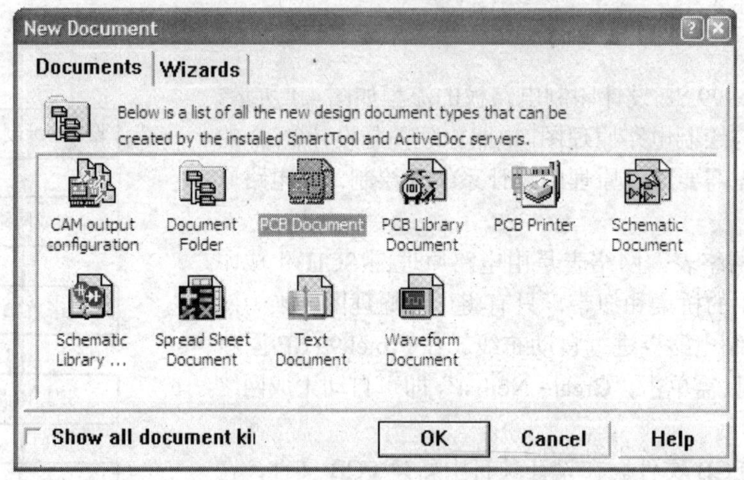

图 4.2　新建文件对话框

(2) 选择 PCB Document 图标，单击【OK】按钮，即可新建一个默认名为"PCB1.PCB"的文件。

(3) 对新建 PCB 文件进行重命名。新建的 PCB 文件名处于编辑状态，此时可直接进行重命名，或者选中此文件图标或名字后单击鼠标右键，在弹出菜单中选取【Rename】命令，再输入新的名字。

2. 保存 PCB 文件

为了避免数据意外丢失，在对 PCB 文件进行操作的过程中应随时保存，保存方法主要有如下两种：

- 单击常用工具栏中的🖫按钮。
- 选择【File】→【Save】菜单命令。

执行以上两项操作，都会把文件保存到当前操作的项目文件中；执行【File】→【Save All】菜单命令表示保存所有打开的文件；执行菜单【File】→【Save Copy As…】表示复制该文件。

3. 打开 PCB 文件

要打开一个 PCB 文件，必须先打开该 PCB 所在的项目文件，再双击 PCB 文件，系统将进入 PCB 设计编辑器窗口，如图 4.3 所示。

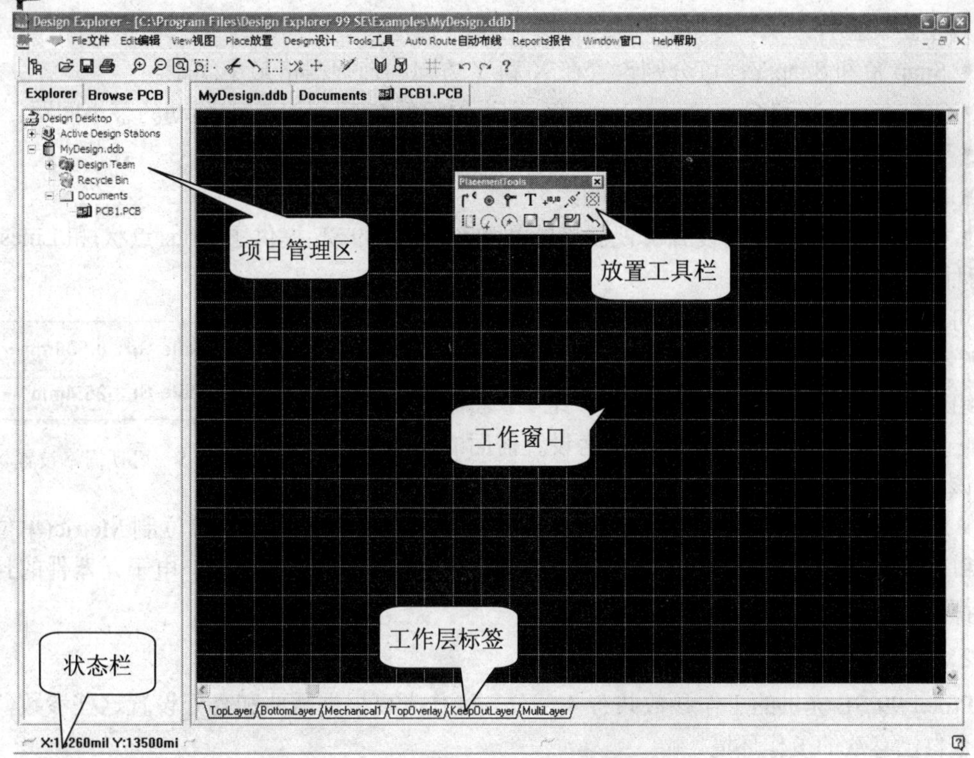

图 4.3　PCB 编辑窗口

4.1.4　设计环境的设置

1. 栅格和计量单位的设置

执行菜单【Design】→【Options】，在出现的对话框中点击 Options 选项卡，出现如图 4.4 所示的对话框。

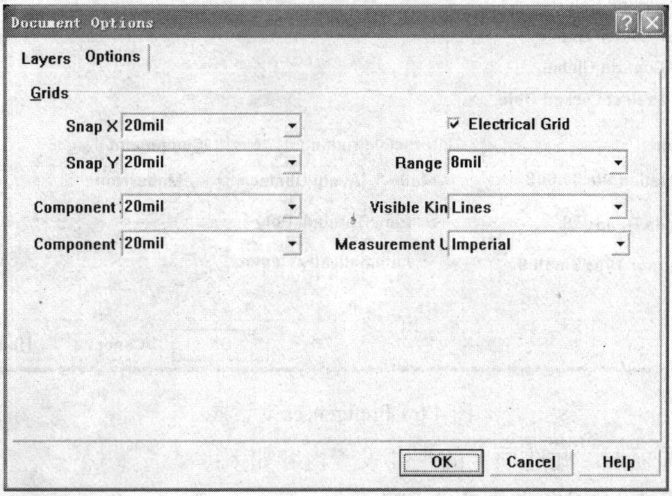

Document Options
Layers　Options
Grids
Snap X 20mil
Snap Y 20mil
Component 20mil
Component 20mil
Electrical Grid
Range 8mil
Visible Kin Lines
Measurement U Imperial
OK　Cancel　Help

图 4.4　Document Options 对话框

其主要设置有：

- Snap X 和 Snap Y：可分别设置在 X 和 Y 方向的捕捉栅格最小间距。
- Component X 和 Component Y：可分别设置元件在 X 和 Y 方向移动的最小间距。
- Electrical Grid：启动电气栅格。
- Range：用于设置电气栅格的间距。
- Visible Kinds：用于设置可视栅格的类型，Protel 99 SE 提供了 Dots(点状)和 Lines(线状)两种显示类型。

可视栅格显示设置在 Layers 选项卡的 System 区中，如图 4.5 所示。有两组可视栅格，后面的数字为可视栅格的间距。第一组可视栅格间距一般设置得比第二组小，只有在工作区放大到一定的程度时才会显示。选中栅格设置前面的复选框，可以将该栅格设置为显示状态。

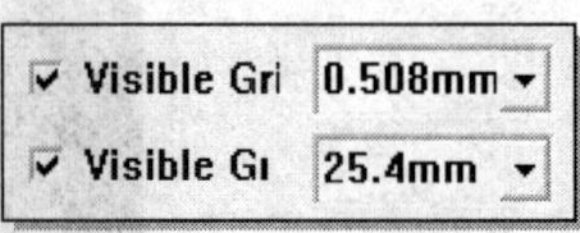

图 4.5　可视栅格设置

- Measurement Unit：计量单位的设制。Protel 99 SE 提供了公制单位制 Metric(单位为 mm)和英制单位制 Imperial(单位为 mil)两种计量单位。系统默认为英制，电子元器件的封装基本都采用英制单位。

2. 工作参数的设置

Protel 99 SE 提供的工作参数共有 4 部分，操作者可根据需要和喜好设置这些参数，建立一个自己喜欢的工作环境。

执行菜单【Tools】→【Preferences】弹出如图 4.6 所示的对话框。该对话框共有 6 个选项卡，下面主要介绍其中 3 种。

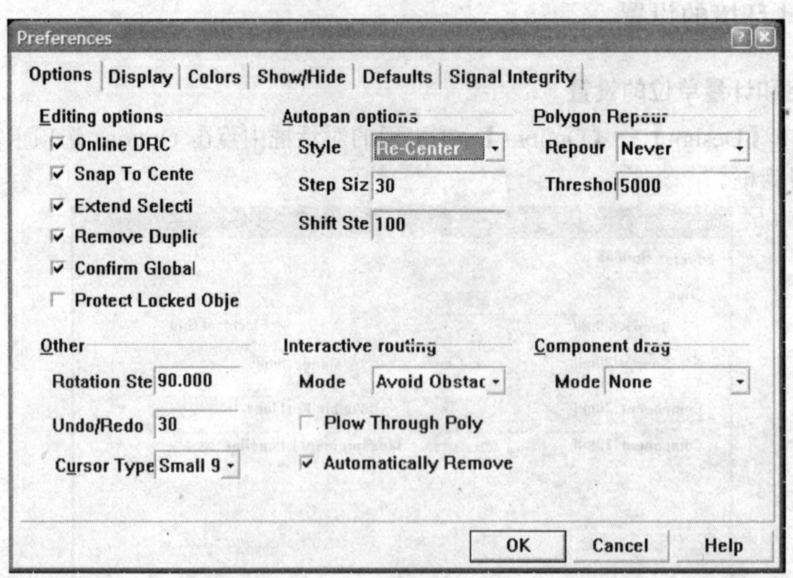

图 4.6　Preferences 对话框

(1) Options 选项卡。此选项卡的主要设置内容如下：

- Rotation Step：设置图件旋转一次的角度。
- Cursor Type：设置光标显示的形状。通常为了准确定位而选择大十字(Large 90)。

• Autopan Options：自动滚屏设置，一般设置为 Disable，这样拖动条移动时，显示的效果较好。

• Component Drag：设置拖动元件时是否拖动元件所连的铜膜线，选中 None 只能拖动元件本身；选中 Connected Tracks，则当拖动元件时，连接在该元件上的导线也随之移动。

(2) Display 选项卡：用于设置显示状态。其中 Pad Nets 设置显示焊盘的网络名，Pad Numbers 设置显示焊盘号，Via Nets 设置显示过孔的网络名，一般要选中。

(3) Show/Hide 选项卡：用于设置各种图件的显示模式，其中共有 10 个图件：Arcs、Fills、Pads、Polygons、Dimensions、Strings、Tracks、Vias、Coordinates 和 Rooms。这 10 种图件均有 3 种显示模式：Final(精细显示)、Draft(草图显示)和 Hidden(不显示)，一般设置为 Final。

4.1.5　印制电路板的工作层面

在 PCB 工作区的底部，有一系列层标签。PCB 编辑器是一个多层环境，对不同的工作层需要进行不同的操作。设计印制电路板时，需要对工作层面进行设置，并要在不同的层间进行切换。

1. 工作层类型

执行菜单【Design】→【Options】打开如图 4.7 所示的对话框。该页共有 7 个区域。

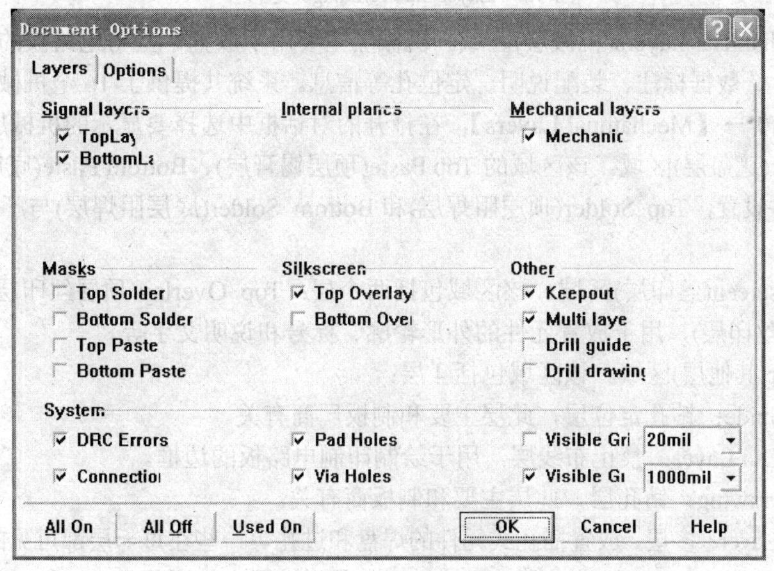

图 4.7　Layers 选项卡

(1) Signal Layers(信号层)区域。信号层主要用于放置元件、导线等与电器信号有关的电气元素。对于双面板而言，Top Layer (顶层)和 Bottom Layer (底层)这两个工作层必须设置为显示状态，顶层是元件层，底层是焊接层。系统共提供了 32 个信号层，但默认打开的只有顶层和底层，如果需要制作多层板，则执行菜单【Design】→【Layer Stack Manager】，打开如图 4.8 所示的对话框，单击【Add Layer】按钮，即可增加信号层。选中某信号层，单击【Properties】按钮，可以修改该信号层的名称和敷铜的厚度。

(2) Internal Planes(内电源或接地层)区域。内电源或接地层主要用于放置电源或地线，通常是一块完整的铜箔。系统共提供了 16 个内电源层，在图 4.7 中没有显示，如果要添加内电源层，则在图 4.8 中单击【Add Plane】按钮即可。

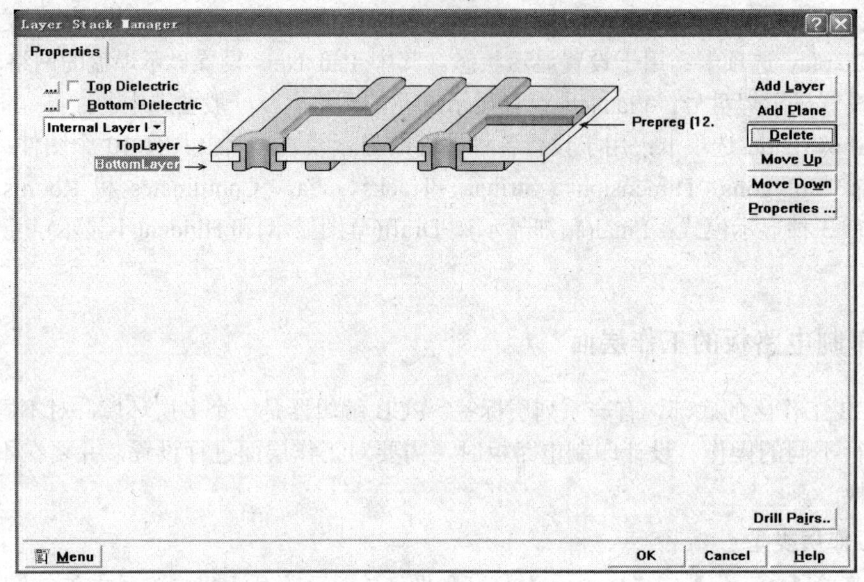

图 4.8　Layer Stack Manager 选项卡

(3) Mechanical Layers(机械层)区域。机械层主要用于放置一些与电路板的机械特性有关的物理尺寸、数据标注、装配说明、定位孔等信息。系统共提供了 16 个机械层，可执行菜单【Design】→【Mechanical Layers】，在打开的对话框中选择要显示的机械层。

(4) Mask(遮盖层)区域。该区域的 Top Paste(顶层锡膏层)、Bottom Paste(底层锡膏层)专为贴片式元件设置，Top Solder(顶层阻焊层)和 Bottom Solder(底层阻焊层)与厂家制作 PCB 的工艺有关。

(5) Silkscreen(丝印层)区域。该区域包括两个层：Top Overlay(顶层丝印层)和 Bottom Overlay(底层丝印层)，用于放置元件的外形轮廓、标号和说明文字等。

(6) Other(其他层)区域。该区域包括 4 层：

- Drill Guide：钻孔定位层，此层主要和制板厂商有关。
- Keep-Out Layer：禁止布线层，用于绘制印制电路板的边框。
- Drill Drawing：钻孔层，此层主要和制板商有关。
- Multi-Layer：多层，放置插孔式元件的焊盘和过孔等一些在每一层都可见的电气符号。

一般情况下，Keep-Out Layer 和 Multi-Layer 必须设置为打开状态。

(7) System(系统)区域：

- DRC Errors：如果选中，则将违反设计规则的图件显示为高亮度。
- Connects：如果选中，则设计 PCB 时会显示网络飞线。
- Pad Holes：如果选中，则显示焊盘的钻孔。
- Via Holes：如果选中，则显示过孔的钻孔。
- Visible Grid 1：设置 PCB 编辑界面中可视栅格 1 的尺寸。

- Visible Grid 2：设置 PCB 编辑界面中可视栅格 2 的尺寸。

2. 工作层设置

1) 打开或关闭工作层

在 Defaults 选项对话框中，选中工作层前面的复选框则表示该层被打开，否则该层处于关闭状态。在设计过程中可以根据需要只打开需要的工作层。

注：新建的 PCB 文件是具有如下工作层的双面板。

- TopLayer (顶层)：放置元件并布线。
- BottomLayer (底层)：布线并进行焊接。
- Mechanical 4(机械层 4)：用于确定电路板的物理边界。
- Top Overlay(顶层丝印层)：放置元件的轮廓、标注及一些说明文字。
- Keep-Out Layer(禁止布线层)：用于确定电路板的电气边界。
- Multi-Layer(多层)：用于确定焊盘和过孔。

对于单面板，去掉 TopLayer (顶层)即可；对于多层板，需打开一些中间层，其他的和双面板一样。

2) 工作层的颜色设置

每个印制板的设计中都包含多个工作层面，各个工作层之间是以颜色来区分的。一般设计都可采用系统默认的颜色设置，如果要修改，则执行菜单【Tools】→【Preferences】，打开如图 4.6 所示的对话框，点击 Colors 选项卡，打开如图 4.9 所示的对话框。在该对话框中，单击各层后面相对应的颜色块即可设置各层颜色。

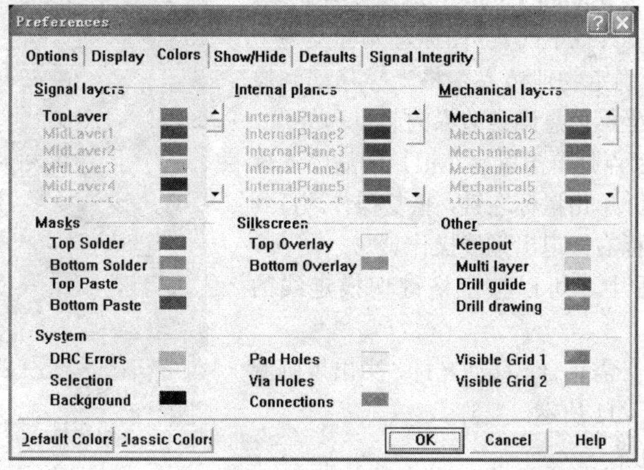

图 4.9　Colors 选项卡

3. 各工作层之间的切换

在 PCB 编辑窗口的底部有一个工作层标签，如图 4.10 所示，列出了处于打开状态的所有工作层。

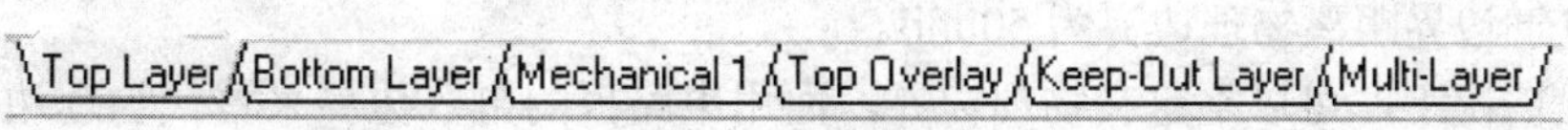

Top Layer / Bottom Layer / Mechanical 1 / Top Overlay / Keep-Out Layer / Multi-Layer

图 4.10　工作层标签

在工作层标签中处于凸起状态的为当前编辑层。要在不同的层之间切换，有以下几种方法：

- 在工作标签中直接单击需要切换的工作层的名称。
- 在小键盘上按“+”键，当前工作层向右转移。
- 在小键盘上按“-”键，当前工作层向左转移。
- 在小键盘上按“*”键，当前工作层在顶层和底层之间切换。

4.1.6 规划电路板

进行 PCB 设计，首先需要按照实际设计要求确定电路板的尺寸，绘制电路板的边框，即规划电路板。规划电路板主要包括规划物理边界和电气边界，可采用自行规划和利用向导规划两种方法。

1. 手工规划

1) 规划物理边界

物理边界是指电路板的机械外形和尺寸，具体操作步骤如下：

(1) 新建一个 PCB 文件。

(2) 在PCB编辑窗口中设置当前工作层为Mechanical 1，在该层确定电路板的物理边界。

(3) 设置相对原点。单击组件放置工具栏中的设置相对原点图标，光标变为十字形状，在合适的位置单击鼠标左键，则编辑窗口左下角的状态栏坐标变为 X:0mil Y:0mil，原点设置完成。

(4) 单击放置工具栏中的图标，光标变为十字形状，即可开始确定物理边界。将光标移动到原点，可根据显示的坐标信息确定边界的起点和终点。

(5) 在确定的起点处单击鼠标左键，然后将光标移动到下一个点处并单击鼠标左键，重复操作，直到回到起点，双击鼠标右键退出划线操作。

- 在画线过程中，可以按空格键切换走线的方向。
- 终点和起点必需重合，移动光标，当出现圆圈时说明重合，如图 4.11 所示。

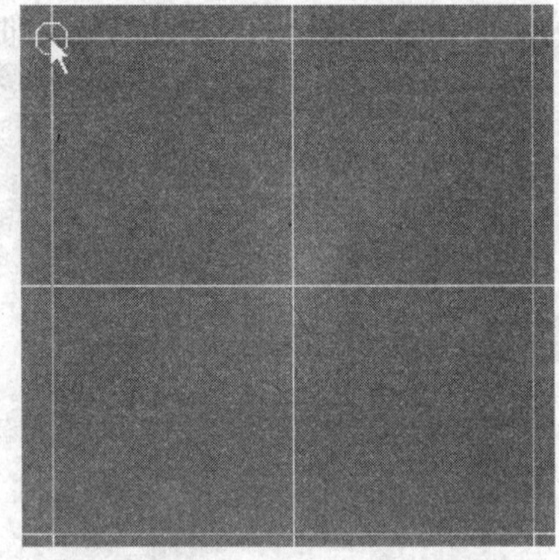

图 4.11　物理边界规划

2) 规划电气边界

电气边界是指在电路板上元件布局和布线的范围。电气边界一般定义在 Keep-Out Layer(禁止布线层)。规划电气边界时，要将禁止布线层设置为 PCB 编辑器的当前工作层，其他操作步骤与确定物理边界类似。

- 为了防止元件的位置和布线过于靠近电路板的边框，电路板的电气边界要小于物理边界，如电气边界距离物理边界为 50 mil。
- 一般情况下，可以不定义物理边界，而用电路板的电气边界来替代物理边界。

3) 手工规划 PCB 的技巧

上述手工规划电路板时，画线主要靠眼睛辨别，要时刻注意状态栏的坐标信息，寻找工作区的坐标原点，且很难精确确定线条长度，难以在该闭合处闭合。所以这种操作方法比较麻烦，实际使用中可以采用下面的技巧：

(1) 新建一个 PCB 文件。

(2) 在 PCB 编辑窗口中选择合适的工作层。

(3) 设置相对原点。单击组件放置工具栏中的设置相对原点图标，光标变为十字形状，在合适的位置单击鼠标左键，则编辑窗口左下角的状态栏坐标变为 X:0mil Y:0mil，原点设置完成。

(4) 单击放置工具栏中的图标，光标变为十字形状，表示处于画线状态。

(5) 按一下快捷键【J】，接着再按快捷键【L】，弹出坐标对话框，如图 4.12 所示。在 X-Location 栏和 Y-Location 栏输入起点的坐标(0，0)，单击【OK】按钮，光标会自动跳转到坐标(0，0)点，单击鼠标左键，确定画线的起点。

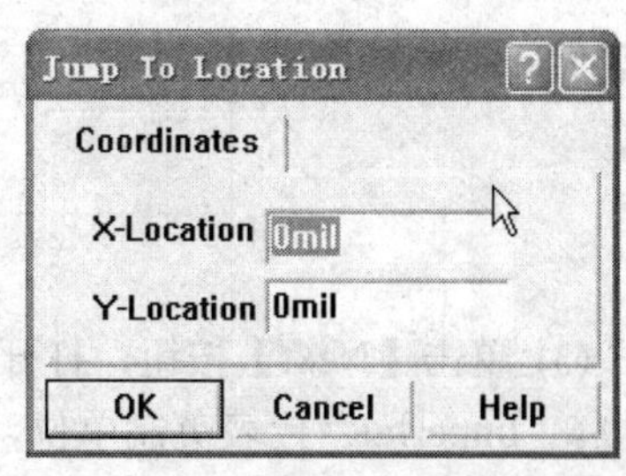

图 4.12　确定位置坐标

(6) 再按快捷键【J】和【L】，同样弹出如图 4.12 所示的对话框，在对话框中输入终点的坐标，单击【OK】按钮，光标跳转到终点位置，单击鼠标左键两次，确定此条连线。

(7) 用同样的方法绘制好其他的连线。

这种方法的主要优点是定位准确，各顶点能可靠闭合。

2．利用向导规划

Protel 99 SE 系统中提供了电路板生成向导，对于初学者，通过向导定义电路板会带来许多方便，同时也可以根据向导指导的步骤来学习如何定义电路板，具体操作步骤如下：

(1) 执行菜单【Files】→【New】打开新建文件对话框(参见图 4.2)。在该对话框中点击 Wizards 选项卡，打开如图 4.13 所示的对话框。

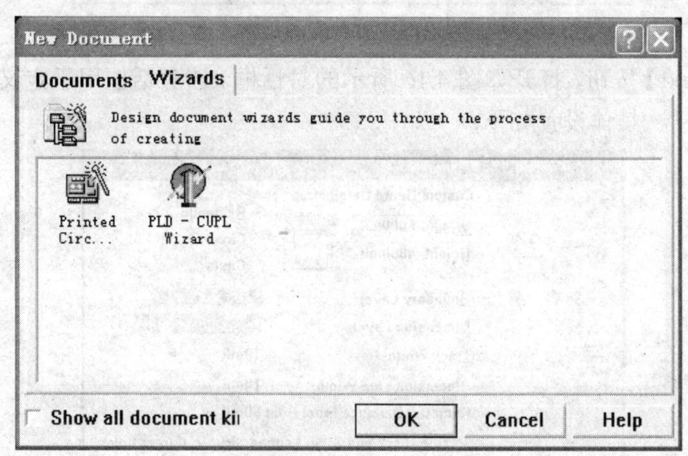

图 4.13　Wizards 选项卡

(2) 选择 Printed Circuit Board Wizard 图标，单击【OK】按钮，打开如图 4.14 所示的欢迎界面。

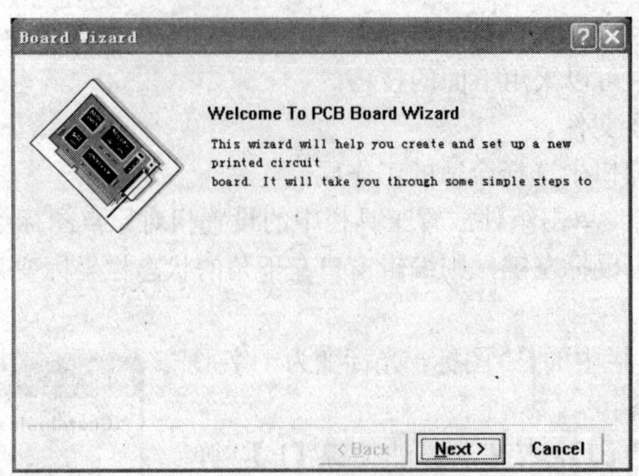

图 4.14　欢迎界面

(3) 单击【Next】按钮，打开如图 4.15 所示的对话框。在 Units 区域选择电路板的尺寸单位。“Imperial”代表英制单位，“Metric”代表公制单位。Protel 99 SE 系统提供了多种工业标准电路板板框。这里选择 Custom Made Board(自定义)选项。

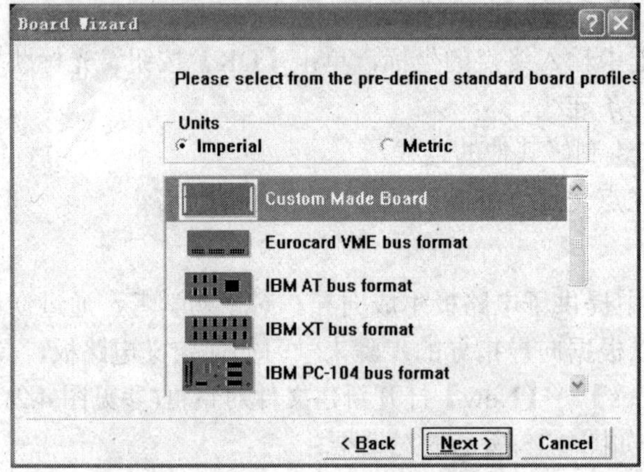

图 4.15　印制版的规格

(4) 单击【Next】按钮，打开如图 4.16 所示的对话框。该对话框用于定义电路板的形状、大小、边框等信息，具体设置如下：

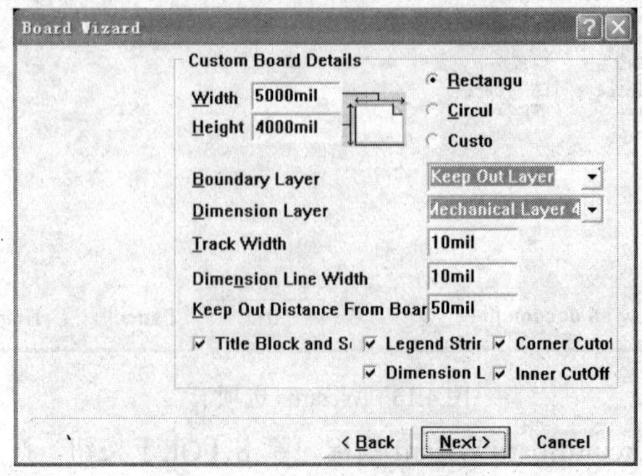

图 4.16　印制版参数设置

- Rectangular：选中该复选框表示印制版为矩形。
- Circul：选中该复选框表示印制版为圆形。
- Custom：选中该复选框表示印制版形状由用户自定义。

在没有特殊要求的情况下，印制版一般选择为矩形，以方便下料切割；当安装空间有特殊要求时，可选择 Custom，在随后的提示框内选择边框的形状。

- Width：用于定义矩形印制版的宽度。
- Height：用于定义矩形印制版的高度。
- Boundary Layer：用于定义布线区边框所在层，一般选择“Keep Out Layer”(禁止布线层)。
- Dimension Layer：用于定义机械边框所在层，一般选择“Mechanical Layer 4”(机械层 4)。
- Track Width：用于设置布线区边框线条的宽度。
- Dimension Line Width：用于设置机械边框线条的宽度。
- Keep Out Distance From Board：用于设置布线区边框与机械边框之间的距离。
- Title Block and Scale：该复选框用于设置是否显示标题栏。当处于选中状态时，单击【Next】按钮，将出现如图 4.17 所示的对话框。可在该对话框设置标题、公司名称、PCB 图的编号、设计人员的姓名及联系电话。
- Legend String：该复选框用于设置是否显示图案字符串。
- Dimension Lines：该复选框用于设置是否显示机械尺寸标注。
- Corner Cutoff：该复选框用于设置印制版是否缺角。
- Inner Cutoff：该复选框用于设置印制版是否中间挖空。

(5) 印制版的相关尺寸及标题栏设置完成后，单击【Next】按钮，打开如图 4.18 所示的对话框。该对话框用于设置板层，可采用默认设置。

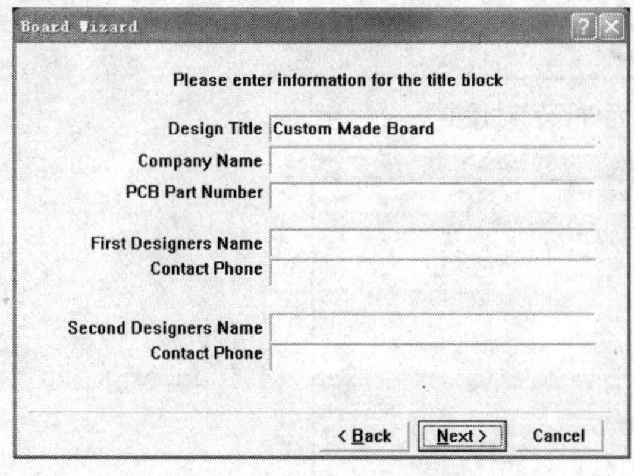

图 4.17　标题栏设置对话框

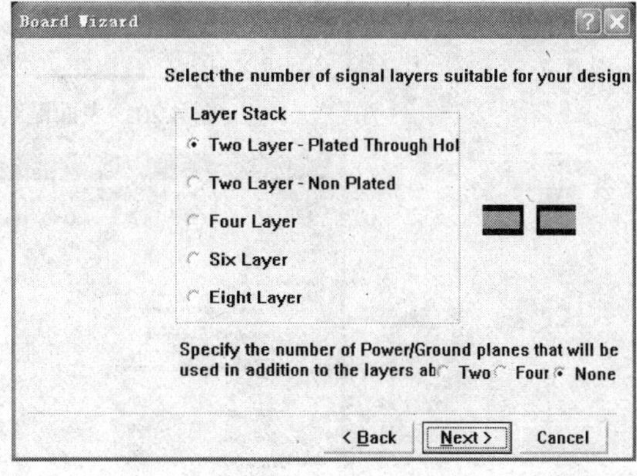

图 4.18　板层设置对话框

(6) 单击【Next】按钮，打开如图 4.19 所示的对话框。该对话框用于选择过孔的形式。选中 Thruhole Vias only 表示只采用穿透式过孔；选中 Blind and Buried Vias only 表示采用盲孔和隐蔽过孔。对于双层板只能采用穿透式过孔。这里采用默认设置。

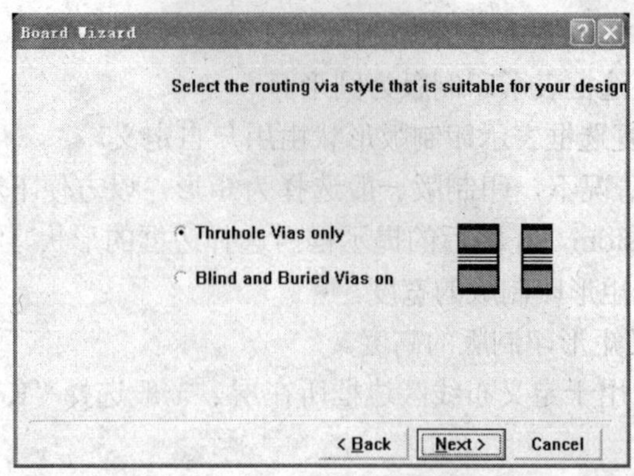

图 4.19　过孔类型对话框

(7) 单击【Next】按钮，打开如图 4.20 所示的对话框。该对话框用于选择元件的形式。如果表面贴装元件多就选择 Surface-mount components，还要设置元件是否在电路板的两面放置；如果针脚式元件多就选择 Through-hole components，还要设置在两个焊盘之间穿过导线的数目，如图 4.21 所示。这里采用针脚式元件设置。

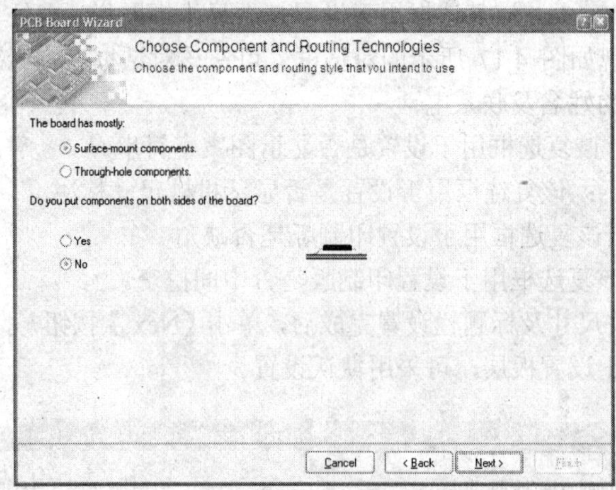

图 4.20　表面贴装元件设置对话框

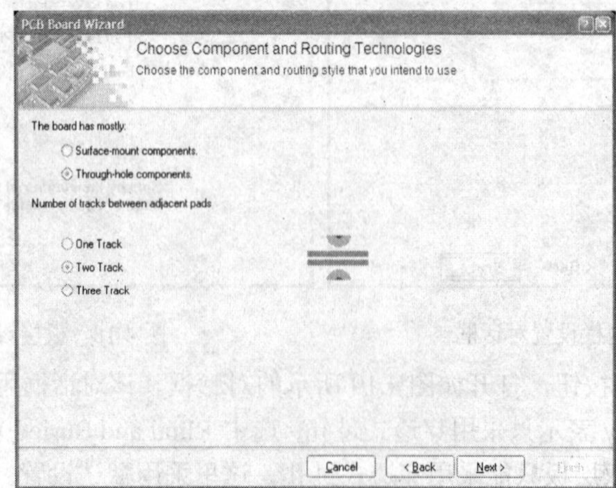

图 4.21　针脚式元件设置对话框

(8) 单击【Next】按钮，打开如图 4.22 所示的对话框，该对话框用于设置走线参数。具体含义如下。

- Minimum Track Size：设置导线的最小宽度。
- Minimum Via Width：设置过孔的最小外径直径。
- Minimum Via HoleSize：设置过孔的最小内径直径。
- Minimum Clearance：设置相邻走线的最小间距。

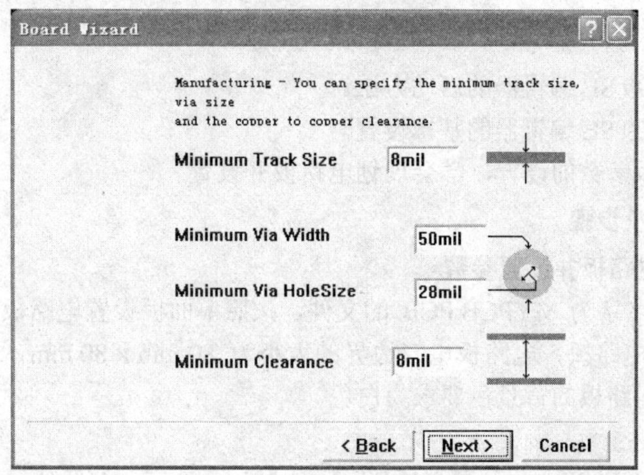

图 4.22　走线参数设置

(9) 设置完成后单击【Next】按钮，将询问是否将该模板作为样板保存。

单击【Next】按钮，电路板规划完成，并显示出如图 4.23 所示的印制版文件。

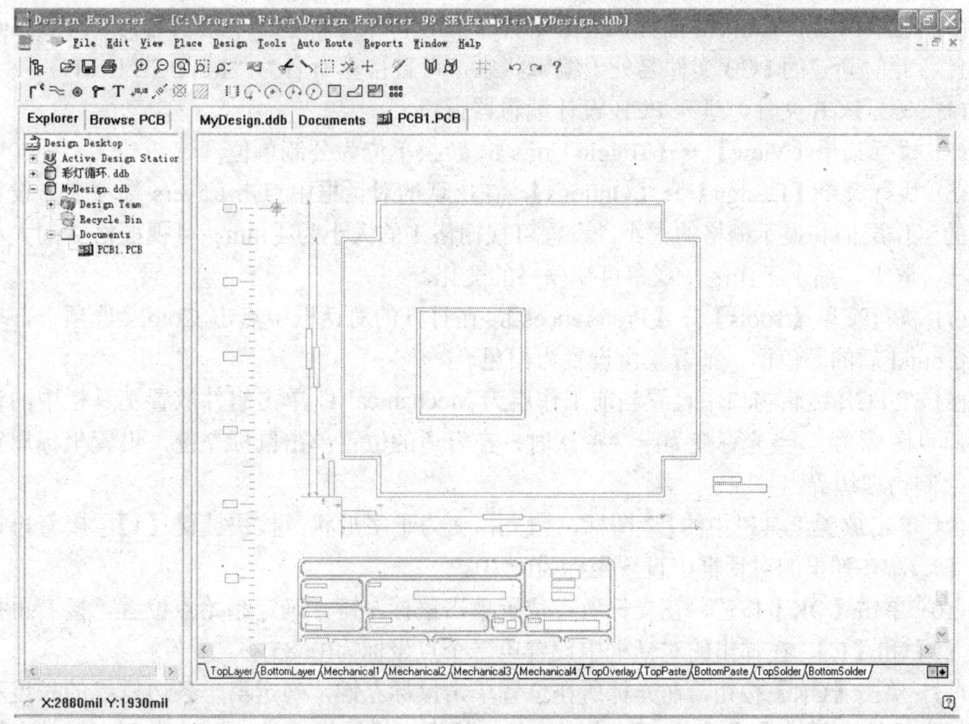

图 4.23　生成的印制版文件

上机操作

操作　PCB 99 SE 编辑器的使用

一、实验目的

(1) 掌握 PCB 99 SE 编辑器的启动方法。

(2) 掌握 PCB 99 SE 编辑器的基本设置。

(3) 掌握电路板参数的设置，学会规划电路板并设置。

二、实验内容及步骤

1．手工定义电路板并设置参数

练习新建一个名字为 MYPCB.PCB 的文件，按照单面板设置电路板参数，显示适当的工作层；手工规划电路板，电路板电气边界的大小为 80 mm × 80 mm，物理边界的大小为 85 mm × 85 mm；电路板的背景色要求为白色。

具体操作如下：

(1) 启动 Protel 99 SE，执行菜单【File】→【New Design】新建一个设计数据库文件(*.Ddb)，并命名为“Mydesign.Ddb”。

(2) 单击打开数据库中的 Documents 文件夹，再执行菜单【File】→【New】，进入选择文件类型 New Document 对话框。

(3) 选择 PCB Document 图标，单击【OK】按钮，即可新建一个默认名为“PCB1.PCB”的文件。此时新建的 PCB 文件名处于编辑状态，可直接重命名为“MYPCB.PCB”。

(4) 双击 PCB 文件，进入 PCB 设计编辑器窗口。

(5) 执行菜单【View】→【Toggle Units】，转换单位为公制单位。

(6) 执行菜单【Design】→【Options】，在出现的对话框中点击 Layers 选项卡，设置印制版的工作层面和显示栅格的大小。设置可视栅格 1 的大小为 1 mm、可视栅格 2 的大小为 20 mm。放大、缩小工作区，观察可视栅格的变化。

(7) 执行菜单【Tools】→【Preferences】，在打开的对话框中点击 Colors 选项卡，单击 Background 后的颜色框，把背景色设置为白色。

(8) 在 PCB 编辑窗口中设置当前工作层为 Mechanical 1，单击组件放置工具栏中的设置相对原点图标 ⊠，当光标变为十字形状时，在合适的位置单击鼠标左键，设置坐标原点，准备绘制物理边界。

(9) 单击放置工具栏中的 ⌈ 图标，当光标变为十字形状，按快捷键【J】，接着再按快捷键【L】，在弹出的对话框中设置坐标为(0, 0)。

(10) 单击【OK】按钮，在光标所在位置单击鼠标左键，确定起始点位置。接着再按快捷键【J】和【L】，在弹出的对话框中设置第二个点坐标为(0, 85)。

(11) 单击【OK】按钮，在光标所在位置单击鼠标左键，确定第一条边框线的长度和位置。接着再按快捷键【J】和【L】，在弹出的对话框中设置坐标为(85, 85)，双击鼠标左键确

定第二条边框线的长度和位置。同样的方法，设置坐标为(85，0)，确定第三条边框线的长度和位置。

(12) 再按快捷键【J】和【L】，设置坐标为(0，0)，光标回到起始点，并出现一个圆圈，双击鼠标左键确定第四条边框线的长度和位置，单击鼠标右键退出画线状态，物理边界绘制完毕。

(13) 在 PCB 编辑窗口中，把当前工作层切换为 KeepOutlayer，设置 PCB 板的电气边界。电气边界的设置方法和物理边界的设置方法相同，4 个点的坐标依次为(2.5, 2.5)、(2.5, 82.5)、(82.5，82.5)、(82.5，2.5) (单位：mm)，最后再回到(2.5, 2.5)即可，规划好的电路板如图 4.24 所示。

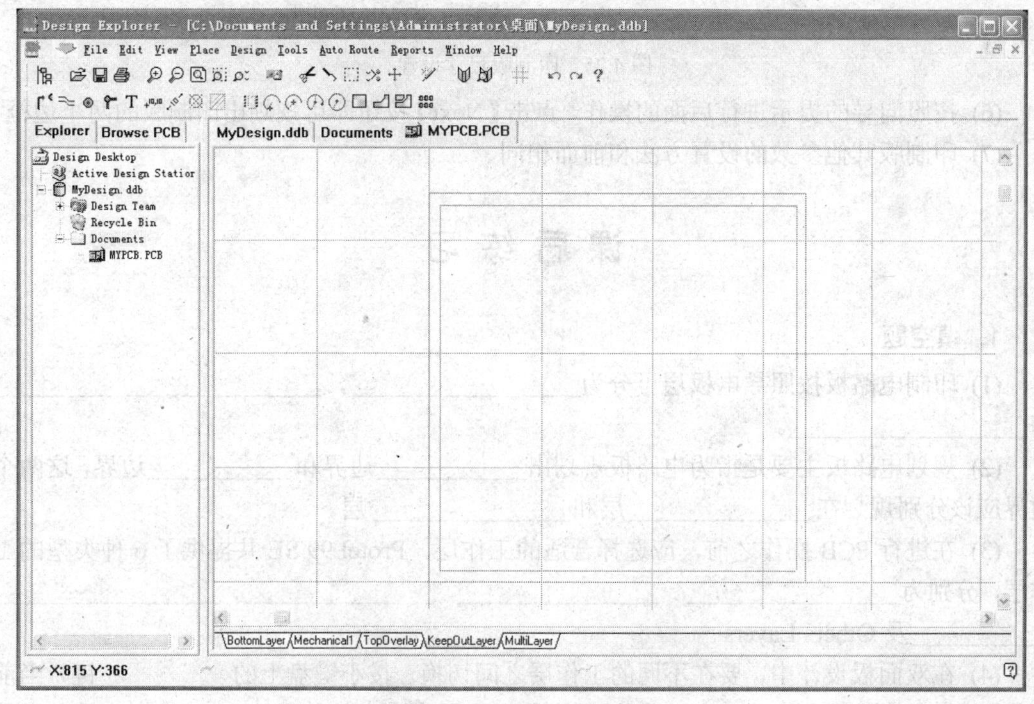

图 4.24　规划好的电路板

2. 利用向导规划上述电路板，并设置参数

操作步骤如下：

(1) 启动 Protel 99 SE，执行菜单【File】→【New Design】新建一个设计数据库文件(*.Ddb)，并命名为“Mydesign.Ddb”。

(2) 单击打开数据库中的 Documents 文件夹，再执行菜单【File】→【New】打开新建文件对话框，在该对话框中点击 Wizards 选项卡。

(3) 选择 Printed Circuit Board Wizard 图标，单击【OK】按钮。

(4) 单击【Next】按钮，在打开的对话框选择公制单位和 Custom Made Board(自定义)选项。

(5) 单击【Next】按钮，在打开的对话框中，按照图 4.25 所示定义电路板的形状、大小、边框等信息。

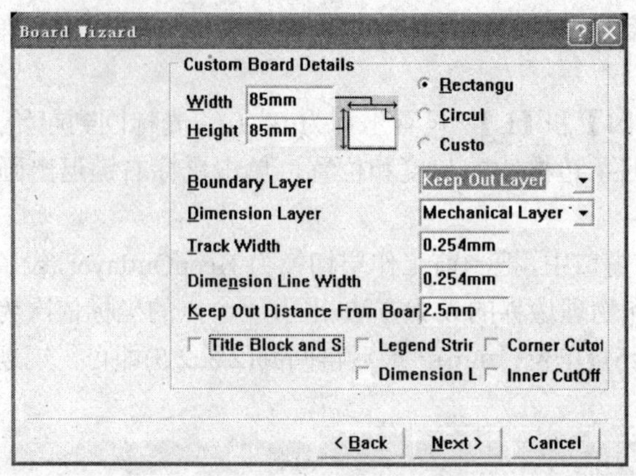

图 4.25　印制版尺寸设置

(6) 按照向导的提示进行后面的操作，点击【Next】按钮即可规划出印制版的两个边框。

(7) 印制版其他参数的设置方法和前面相同。

课 后 练 习

1. 填空题

(1) 印制电路板按照导电板层可分为________________，________________和________________。

(2) 规划电路板主要是指为电路板规划出__________边界和__________边界，这两个边界应该分别规划在____________层和____________层。

(3) 在进行 PCB 操作之前，应选择合适的工作层，Protel 99 SE 共提供了 6 种类型的工作层，分别为______________、______________、______________、______________、__________及 Others Layers。

(4) 在双面板设计中，要在不同的工作层之间切换。按小键盘上的__________键，当前工作层将向右转移；按____________键，当前工作层将向左转移；按__________键，当前工作层将在顶层和底层之间切换。

2. 简答题

(1) PCB 设计的流程是什么？

(2) 网络表的主要作用是什么？

(3) 简述手工规划电气边界的操作步骤。

4.2 印制电路板的布局

4.2.1 引入网络表

在印制版的设计流程中，电路板规划完成之后的工作就是装载元件封装库和引入网络

表。如果不能成功地引入网络表，后续的工作就无法顺利完成。

1．装载元件封装库

在引入网络表之前，必须先装载元件封装库。PCB 元件封装库存放在“Design Explorer 99SE\Library\PCB”文件夹内，其中 Generic Footprints 文件夹存放通用元件封装，Connectors 文件夹存放连接类元件封装，IPC Footprints 文件夹存放表面贴装元件的封装。常用元件封装库的路径为“Design Explorer 99SE\Library\PCB\Generic Footprints\Advpcb”。

封装库的装载方法与 SCH 元件库的装载方法相同，具体操作如下：

(1) 点击 PCB 编辑界面左侧的 Browse PCB 选项卡，单击 Browse 下的下拉按钮，选择 Library 选项。

(2) 如果列表中没有列出所需元件封装库，如“PCB Footprints.Lib”，可单击【Add/Remove…】按钮，打开如图 4.26 所示的对话框，装载封装库。

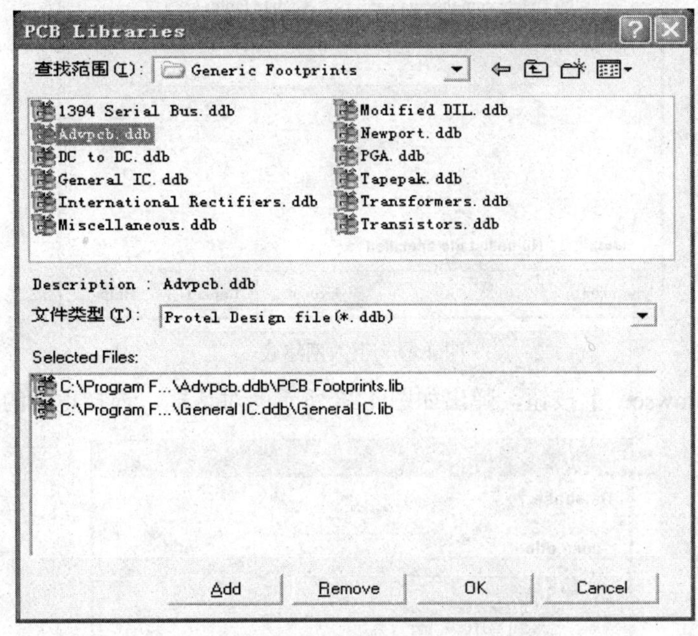

图 4.26　元件库的添加

(3) 在如图 4.26 所示的窗口中，按照“Design Explorer 99SE\Library\PCB\Generic Footprints”的路径查找，最后在文件列表窗口中寻找并单击相应的库文件，如 Advpcb.ddb，再单击【Add】按钮即可将选中的封装库添加到下面的封装库列表中，然后再单击【OK】按钮即可装入封装库。

在图 4.26 所示的文件列表中，双击选中的库文件也可以装载封装库。

2．引入网络表

在印制版的设计中，网络表是非常重要的，它指示各个零件之间的连接关系，是元件布局和布线的依据。引入网络表的步骤如下：

(1) 根据电路板的设计要求，规划好电路板的物理边界和电气边界，主要为电气边界。

(2) 执行菜单【Design】→【Load Nets】，弹出如图 4.27 所示的对话框，其各部分的含义如下：

- Netlist File：此栏中填入要引入的网络表文件名，也可单击后面的【Browse...】按钮选择所需的文件。
- Delete component not in netlist：选择该项系统将删除网络表中不存在的元件。
- Update footprints：选择该项，在更新网络连接时，将更新元件封装。
- 下方的区域用于显示网络表装入时生成的网络宏的内容。

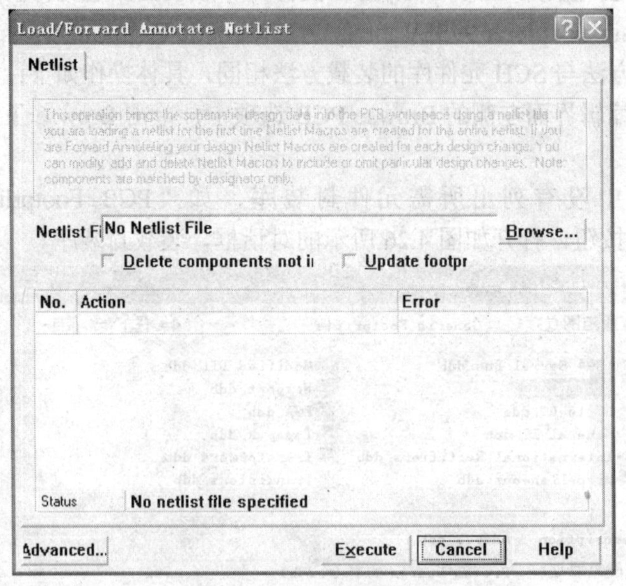

图 4.27　引入网络表

(3) 单击【Browse...】按钮，弹出如图 4.28 所示的对话框，选择正确的网络表文件。

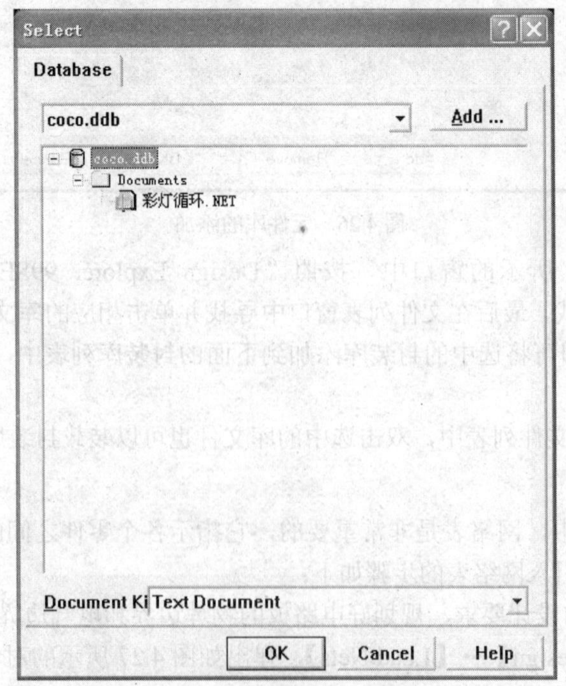

图 4.28　选择网络表

(4) 单击【OK】按钮，出现如图 4.29 所示的对话框，在对话框的“Error”栏中会显示当前引入的网络表文件有无错误，如果有错误会显示出错的信息，根据出错信息提示可返回并修改电路原理图及网络表文件，直到没有错误信息。

一般容易出现的错误种类如下：

- Component not found：元件不存在。一般是元件没有正确定义封装。
- Footprint not found in library：封装在元件库中不存在。一般是封装名错误。
- Node not found：节点不存在。一般是由于元件引脚和元件封装引脚之间不匹配。

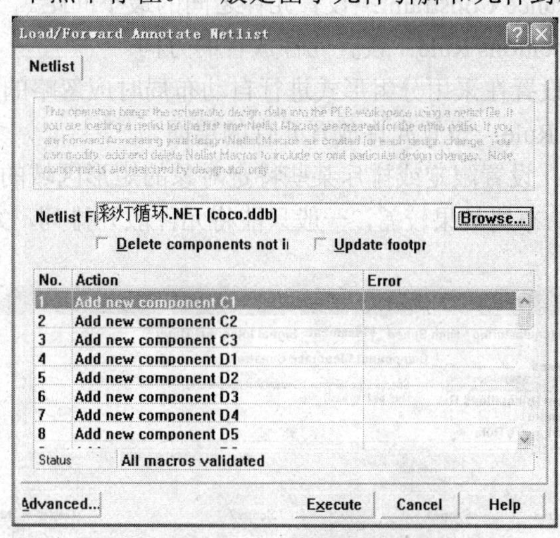

图 4.29　装载网络表

(5) 单击【Execute】按钮，将网络表文件载入规划好的印制电路板，如图 4.30 所示。(Protel 99 SE SP6 版本中，元件散开排列在禁止布线区外，之前的版本元件会堆积在禁止布线区的中间。)

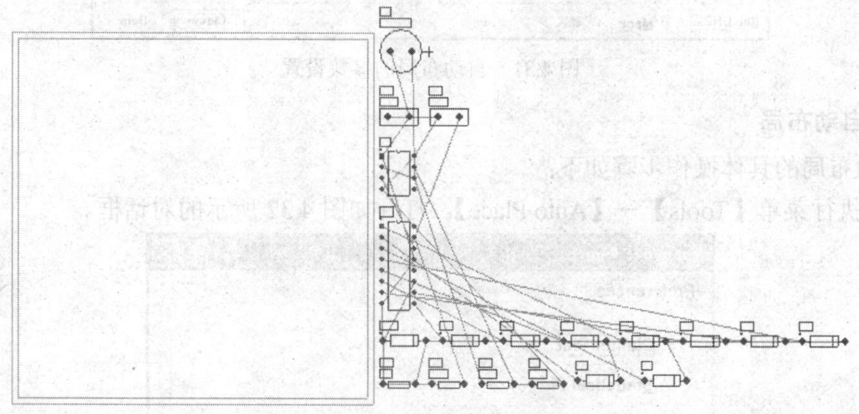

图 4.30　载入元件的 PCB

4.2.2　电路板的自动布局

装载了网络表和元件封装之后，接下来的工作就是对引入的元件进行布局。布局实际上就是如何在规划好的电路板上放置元件，布局是否合理直接关系到布线的效果。元件布

局有两种方式：自动布局和手工布局。实际应用中大多采用自动布局和手工布局相结合的方式。

1．自动布局的参数设置

在自动布局之前，可设置自动布局参数，具体操作如下：

执行菜单【Design】→【Rules】，在打开的对话框中点击 Placement 选项卡，会出现如图 4.31 所示的元件布局参数设置对话框，其主要参数如下：

- Component Clearance Constraint：设置元件之间的最小间距。
- Component Orientations Rule：设置元件放置的方向。
- Nets to Ignore：设置在采用分组形式进行自动布局时应忽略的网络。
- Permitted Layers Rule：设置允许放置元件的层面。
- Room Definition：设置限定或排斥某些特定对象的矩形区域的范围。

由于 Protel 99 SE 的布局效果较差，一般只能将元件散开排列，大部分需要手工布局调整，故选择默认即可。

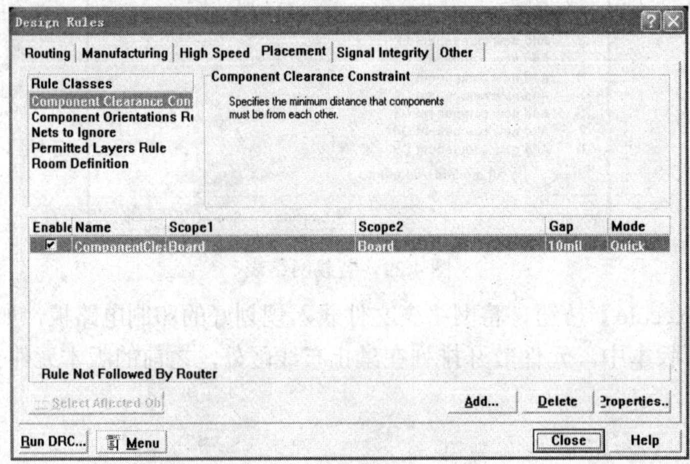

图 4.31　自动布局的参数设置

2．自动布局

自动布局的具体操作步骤如下：

(1) 执行菜单【Tools】→【Auto Place】，打开如图 4.32 所示的对话框。

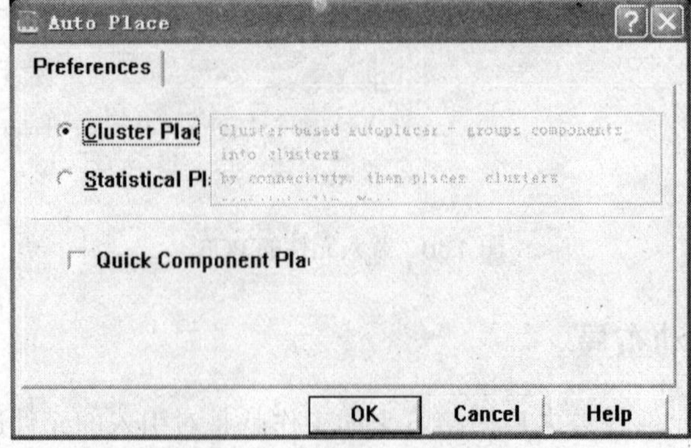

图 4.32　自动布局方式

在该对话框中有两种布局方式：

① Cluster Placer：组群布局。它是以布局面积最小为标准把元件分组，然后根据几何方法放置。它还有一个加快布局速度的选项，即“Quick Component Placement”。

② Statistical Placer：统计布局。它是以元件之间连线最短为标准。选中该项即可打开如图 4.33 所示的对话框。

- Group Components：选中该复选框表示将元件分组。
- Rotate Components：选中该复选框表示元件可以旋转。
- Grid Size：用于设置元件自动布局时栅格的大小，可采用默认值。

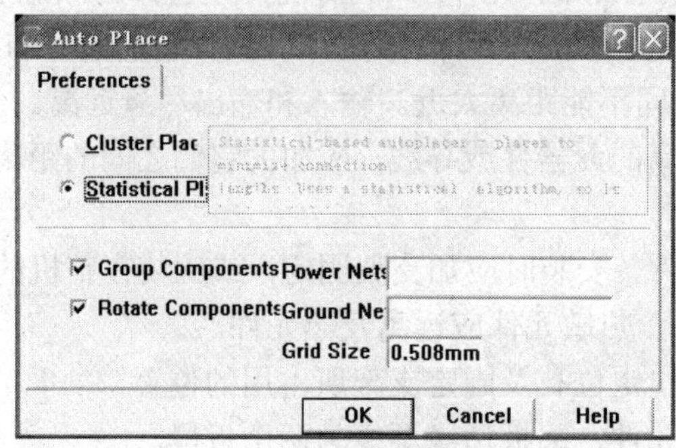

图 4.33　统计布局

(2) 选择好布局的方式后，单击【OK】按钮，系统进入自动布局状态。

(3) 自动布局结束后，单击【OK】按钮，提示是否用当前的布局结果更新 PCB 图。如果选择【Yes】，自动布局后的 PCB 如图 4.34 所示。

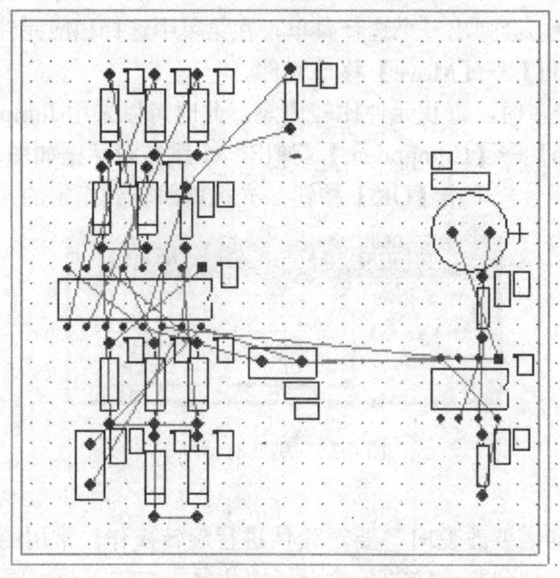

图 4.34　自动布局后的 PCB

4.2.3　电路板的手工布局

虽然自动布局快捷高效，但对于不合理的地方，仍然采用手工布局进行调整。掌握手

工布局是设计 PCB 的基础，元件位置的调整应该从机械结构、散热、抗干扰及布线的方便性等方面综合考虑。在布局时除了考虑元件的位置外，还必须调整好丝印层上文字符号的位置。

1．元件排列的原则

(1) 首先布置主电路的集成电路和晶体管的位置。

(2) 一般情况，元器件应布置在印制板的同一面。

(3) 对可调元器件的布局应考虑整机的结构要求，其位置布设应方便调整。

(4) 在保证电气性能的前提下，元件应相互平行或垂直排列，疏密一致，以求整齐、美观。

(5) 高频元器件之间的连线应尽可能缩短，以减少它们的分布参数和相互间的电磁干扰。易受干扰的元器件之间不能距离太近。输入和输出尽量远离。

(6) 对某些电位差较高的元器件或导线，应加大它们之间的距离，以免放电而引出意外短路。

(7) 重量较大的元器件，安装时应加支架固定，或应装在整机的机箱底板上。对一些发热元器件应考虑散热方法，热敏元件应远离发热元件。

(8) 在印制版上应留出定位孔及固定支架所占用的位置。

(9) 位于板子边缘的元件，离板边缘至少为两个板厚。

(10) 带高压的元器件应尽量布置在手不易触及的地方。

2．移动元件

(1) 直接使用鼠标进行移动，即将鼠标移动到元件上，按住鼠标左键不放，将元件拖动到合适位置，然后释放左键。对堆积在一起的很多个元件进行移动操作时，将鼠标移动到元件上，单击鼠标左键，会弹出一个选择菜单，在菜单中选择相应元件即可进行移动操作。

(2) 使用菜单【Edit】→【Move】移动元件。

(3) PCB 中元件较多时，查找元件比较困难，此时可以采用 Jump 命令进行跳转。执行菜单【Edit】→【Jump】→【Component】，弹出一个跳转对话框如图 4.35 所示，在对话框中填入要查找的元件标号，单击【OK】按钮，光标就跳转到指定的元件上。

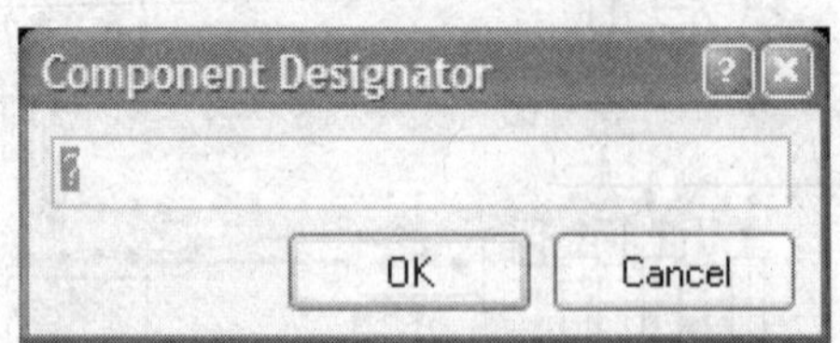

图 4.35　跳转对话框

3．旋转元件

当有些元件的方向需要改变时，要对元件进行旋转操作。常用的方法和电路原理图中的方法一致。将鼠标移动到要旋转的元件上，按住鼠标左键不放，同时按下空格键，或 X 键(Y 键)，即可旋转被选中元件的方向。

4．排列元件

排列元件时，可采用元件布置工具条中的各项功能，对元器件进行对齐、均匀排列等操作。

5．元件标注调整

元件布局结束后，往往会造成元件标注的位置、大小和方向等不合适，虽不影响电路的正确性，但影响其美观，所以要对元件的标注字符进行调整。调整的原则是标注要尽量靠近元件；元件标注要求排列整齐、文字方向一致；标注不要放在元件的下面，不要放在焊盘或过孔的上面；大小要合适。

元件标注的调整方法和元件的调整方法相似，这里不再赘述。

4.2.4　放置 PCB 组件

在 PCB 编辑器中提供了一个放置工具栏，执行菜单【View】→【Toolbars】→【Placement】，打开如图 4.36 所示的放置工具栏。

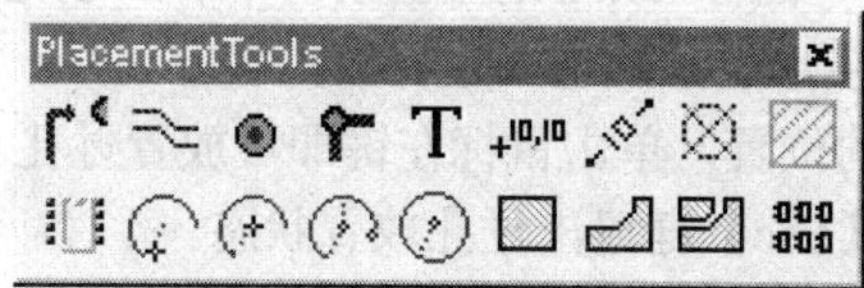

图 4.36　放置工具栏

1．放置焊盘

焊盘的作用是放置焊锡、连接导线和元件的引脚。有的电路板需要用导线从外部接入电源，同时用导线输入输出信号，这些工作是自动完成不了的。在 PCB 设计中，自动布局结束后，一般要给电源和信号添加焊盘，以保证电路的连接和完整性。焊盘一般放置在 Multilayer 层，放置的操作步骤如下：

(1) 单击放置工具栏的图标，或在键盘上依次单击【P】、【P】键，或执行菜单【Place】→【Pad】，此时光标变为十字形状，即进入焊盘放置状态。

(2) 将光标移动到合适的位置，单击鼠标左键即可放置焊盘。

(3) 单击鼠标右键或按【Esc】键退出焊盘放置状态。

(4) 在焊盘上双击鼠标左键，或在焊盘没有放下时按键盘上的【Tab】键，打开如图 4.37 所示的对话框，可以设置焊盘的属性。主要参数的说明如下：

- X-Size 和 Y-Size：设置焊盘的 X 轴和 Y 轴尺寸。
- Shape：设置焊盘的形状。焊盘有圆形、正方形、八边形 3 种形状。
- Designator：设置焊盘的序号。
- Hole Size：设置焊盘的通孔直径。
- Layer：设置焊盘所在的层，通常在 Multilayer。
- Rotation：设置焊盘的旋转角度。
- X-Location 和 Y-Location：设置焊盘的坐标值。
- Locked：选中此项，焊盘被锁定。

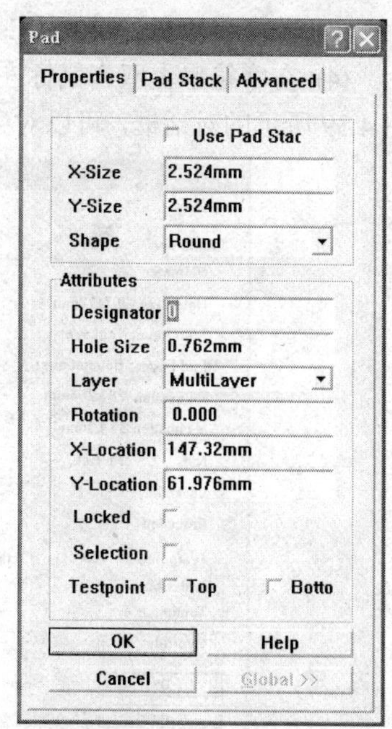

图 4.37　焊盘属性设置

在 Advanced 选项卡中：

• Net：设定此焊盘所在的网络，在自动布线中必须对独立的焊盘进行网络设置，这样才能完成布线。设置好焊盘所在网络后，焊盘上会出现网络飞线。

• Electrical Type：设定此焊盘在网络中的电气类型。有 3 个选项：Load(中间点)、Terminator(终点)和 Source(起点)。

• Plated：设置焊盘是否将通孔的孔壁电镀，选中为是。

2．放置过孔

对于双层板和多层板，各信号层之间是绝缘的。过孔可以实现不同导电层之间的电气连接。过孔有三种类型：一种是通孔，从顶层贯穿到底层；一种是盲孔，从顶层通到内层或从内层通到底层；还有一种是隐蔽孔，内层之间的互相连接。放置过孔的操作步骤如下：

(1) 单击放置工具栏的图标，或在键盘上依次单击【P】、【V】键，或执行菜单【Place】→【Via】，此时光标变为十字形状，即进入过孔放置状态。

(2) 将光标移动到合适的位置，单击鼠标左键即可放置过孔。

(3) 单击鼠标右键或按【Esc】键退出过孔放置状态。

(4) 在过孔上双击鼠标左键，或在过孔没有放下时按键盘上的【Tab】键，打开如图 4.38 所示的对话框，可以对过孔的内直径、外直经以及通过的工作层等参数进行设置。

3．放置字符串

在设计电路板时，常需要在电路板上放置一些字符串，用于注释印制版。这些字符串通常放在丝印层。放置步骤如下：

(1) 单击放置工具栏的 T 图标，或在键盘上依次单击【P】、【S】键，或执行菜单【Place】→【String】，此时光标变为十字形状，即进入字符串放置状态。

(2) 将光标移动到合适的位置，单击鼠标左键即可放置字符串。

(3) 单击鼠标右键或按【Esc】键退出字符串放置状态。

(4) 在字符串上双击鼠标左键，或在字符串没有放下时按键盘上的【Tab】键，打开如图 4.39 所示的对话框，可以对字符串的内容、高度、宽度、字体及所在层等参数进行设置。

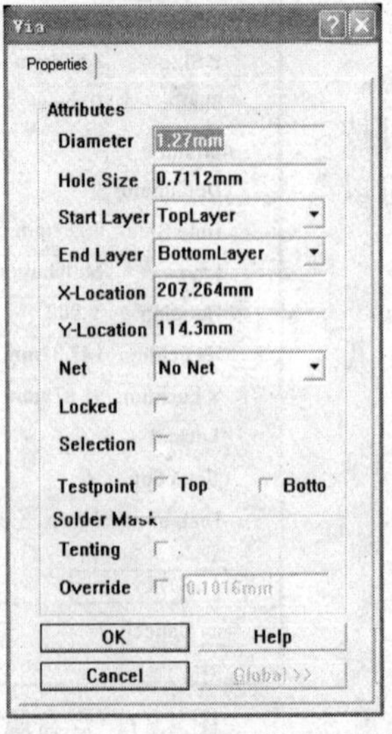

图 4.38 过孔属性设置

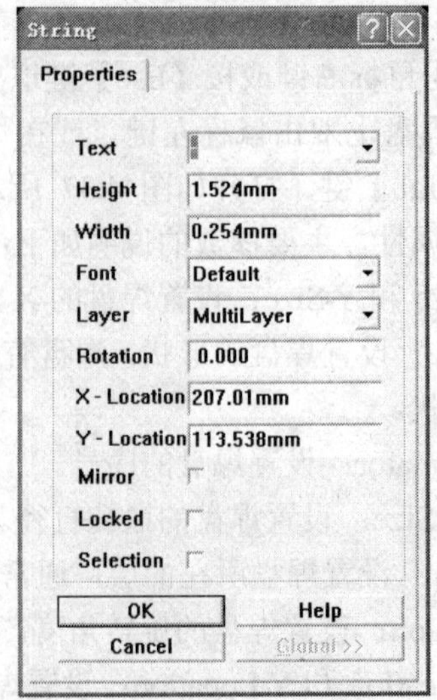

图 4.39 字符属性设置

4．放置坐标标注

放置坐标功能是将当前光标所在位置处的坐标值放置在工作层上，一般放置在 Mechanical Layer(机械层)。放置的步骤如下：

(1) 单击放置工具栏上的 图标，或在键盘上依次单击【P】、【O】键，或执行菜单【Place】→【Coordinate】，此时光标变为十字形状，即进入放置状态。

(2) 将光标移动到合适的位置，单击鼠标左键即可放置坐标标注。

(3) 单击鼠标右键或按【Esc】键退出坐标放置状态。

(4) 在坐标值上双击鼠标左键，或在没有放下时按键盘上的【Tab】键，打开属性对话框，可以对字符串的高度、宽度、内容及所在层等参数进行设置。

5．放置尺寸标注

尺寸标注用于标注两点之间的距离，一般放置在 Mechanical Layer(机械层)。放置尺寸标注的方法如下：

(1) 单击放置工具栏上的 图标，或在键盘上依次单击【P】、【D】键，或执行菜单【Place】→【Dimension】，此时光标变为十字形状，即进入放置状态。

(2) 将光标移动到需要放置尺寸标注的起始点处，单击鼠标左键确定起始点位置，移动鼠标到终点处再单击鼠标左键，则尺寸标注即被放置在印制板中。重复操作可继续放置。

(3) 单击鼠标右键或按【Esc】键退出放置状态。

(4) 在尺寸标注上双击鼠标左键，或在没有放下时按键盘上的【Tab】键，打开属性对话框，可以对尺寸标注的大小、线宽、起点坐标、终点坐标、字体等进行设置，如图 4.40 所示。

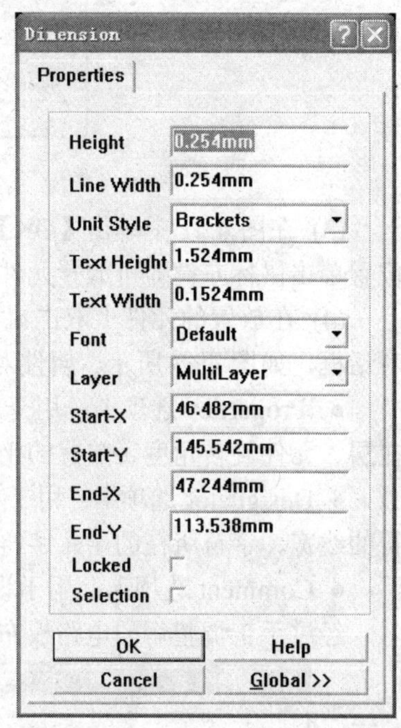

图 4.40　尺寸标注设置对话框

6．放置元件

放置元件的具体操作如下：

(1) 单击放置工具栏上的 图标，或在键盘上依次单击【P】、【C】键，或执行菜单【Place】→【Component】，打开如图 4.41 所示的对话框。该对话框要求输入元件的封装形式、序号及注释。

Place Component

Attributes

Footprint TO-92A　Browse...

Designat Designator2

Comment Comment

OK　Cancel

图 4.41　放置元件对话框

(2) 直接在 Footprint 后的文本框中输入元件的封装名，或单击【Browse...】按钮进行浏览，打开如图 4.42 所示的对话框，从中选择元件封装，并单击【Close】按钮返回图 4.41。

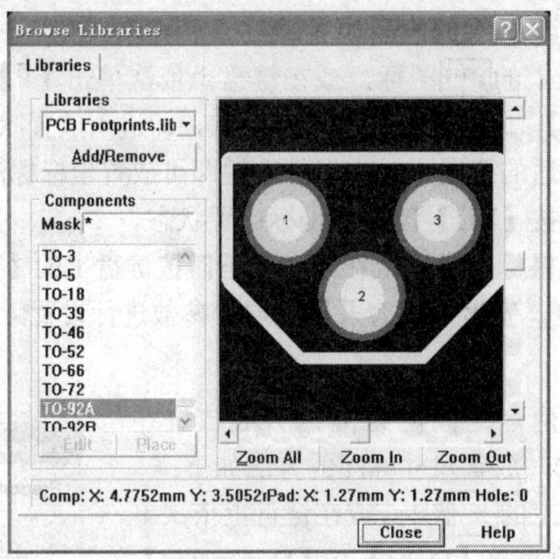

图 4.42　元件封装浏览

(3) 在图 4.41 中单击【OK】按钮，此时光标变为十字光标并带有选定元件，在合适的位置单击鼠标左键即可放置元件。重复操作可继续放置其他元件。

(4) 在放置的元件上双击鼠标左键，或在没有放下时按键盘上的【Tab】键，打开属性对话框，如图 4.43 所示。属性对话框共有 Properties、Designator、Comment 3 个选项卡。

- Properties 选项卡：用于对元件的标号、注释(标称值或型号)、封装名、元件封装所在层、元件旋转角度、放置的坐标等参数进行设置。
- Designator 选项卡：用于设置元件标号字符的属性，如元件的标号、字符的高度、字符的线宽、字符所在的层、字符旋转的角度、字符的坐标、字符的字体等参数。
- Comment 选项卡：用于设置注释文字的属性。项目同 Designator 选项卡。

经过手工调整后的电路板布局如图 4.44 所示。

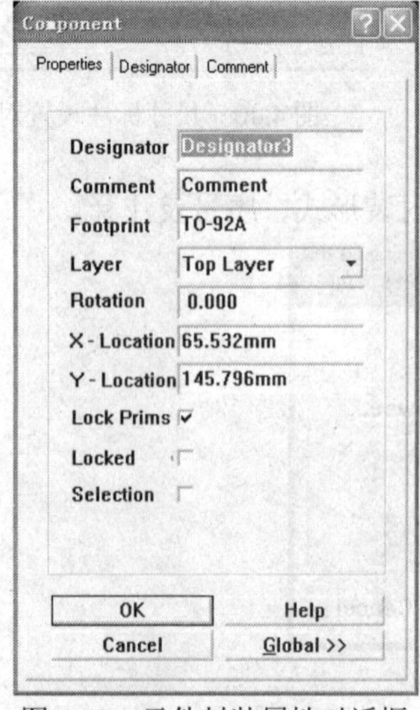

图 4.43　元件封装属性对话框

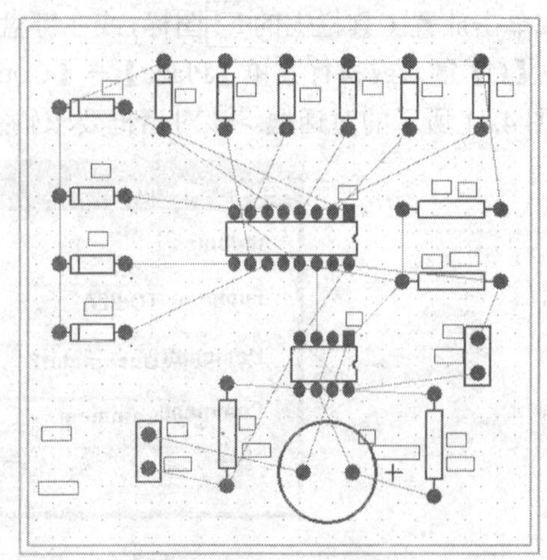

图 4.44　调整后的布局

4.2.5　布局后的 3D 效果图

元件整体布局结束后，可以按工具条上的按钮，或执行菜单【View】→【Board in 3D】，显示元件布局的 3D 效果图(如图 4.45 所示)，观察元件布局是否合理。

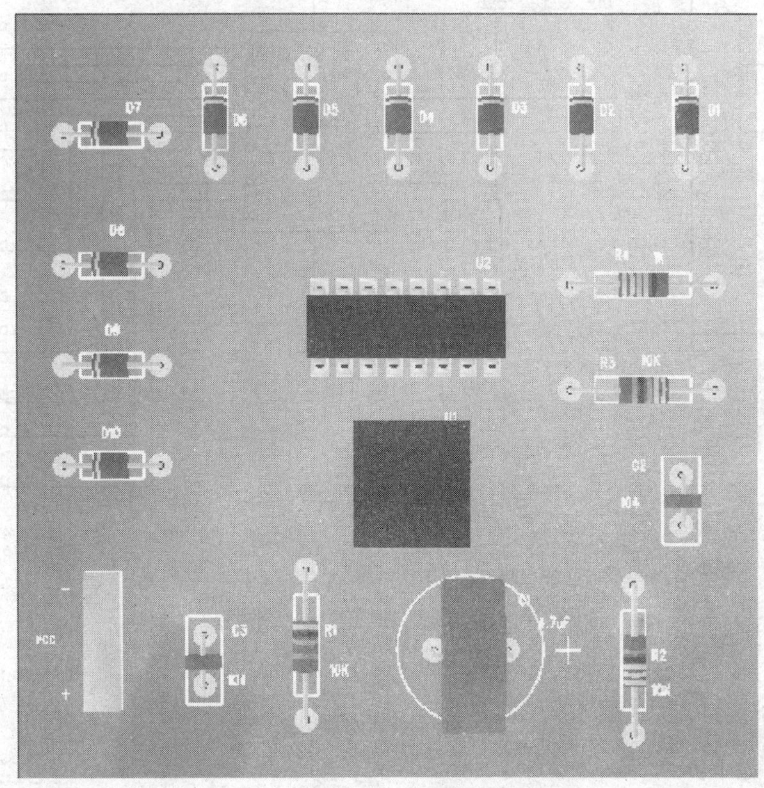

图 4.45　3D 效果图

上 机 操 作

操作　彩灯循环电路

一、实验目的

(1) 进一步掌握电路板参数的设置，学会规划电路板并设置。

(2) 练习载入网络表和元件布局。

二、实验内容及步骤

彩灯循环电路如图 4.46 所示。

电路分析：该电路为彩灯循环电路，当接通直流电源后，D1～D10 共 10 个发光二极管会按顺序轮流发光。在电路布局时，10 个发光二极管要按顺序排列，才能显示出彩灯循环的效果。

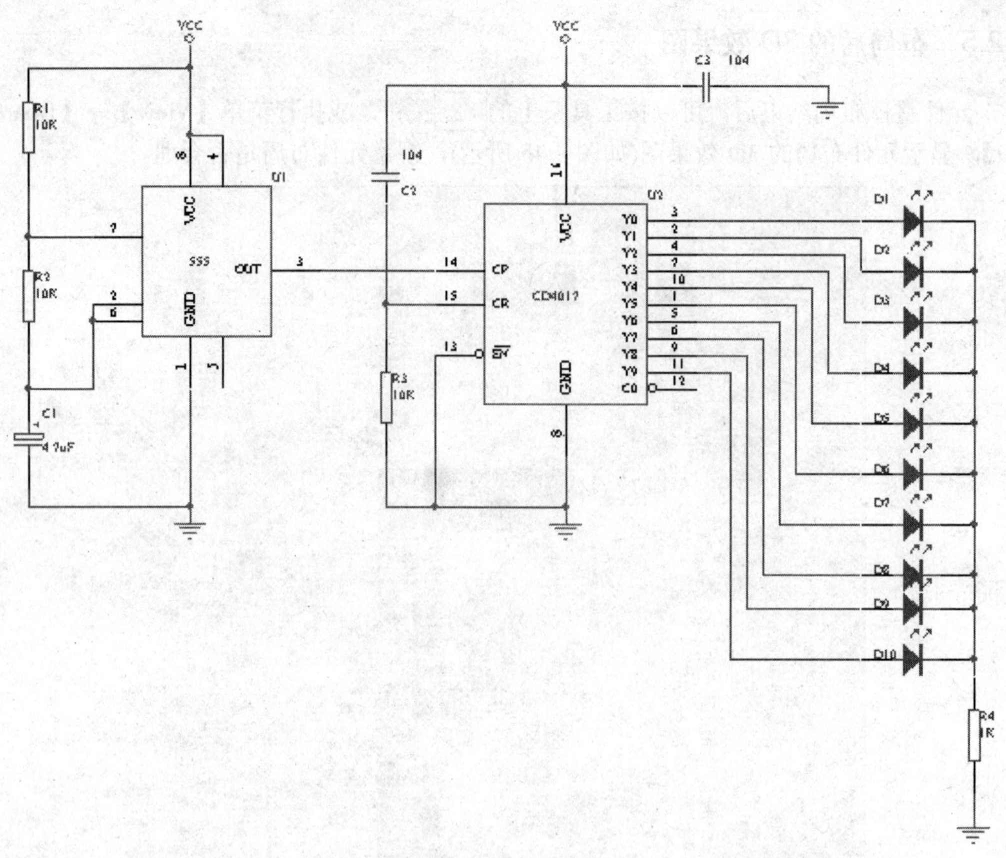

图 4.46　彩灯循环电路

具体操作如下：

(1) 新建一个项目文件，再建一个原理图文件，命名为“彩灯循环 .sch”，绘制如图 4.46 所示的电路图。

(2) 打开原理图，执行菜【Design】→【Create NetList】，生成网络表文件“彩灯循环.NET”。

(3) 新建一个 PCB 文档，命名为“彩灯循环.PCB”，规划电路板，要求电路板的尺寸为 80 mm × 80 mm。

(4) 装载元件封装库：

• 打开新建的 PCB 文档，点击编辑界面左侧的 Browse PCB 选项卡，单击 Browse 下的下拉按钮，选择“Library”选项。

• 如果下面的列表中没有“PCB Footprints.Lib”，则单击【Add/Remove…】按钮，按照“Design Explorer 99SE\Library\PCB\Generic Footprints”的路径查找，最后在文件列表窗口中选择库文件“Advpcb.ddb”，单击【Add】按钮装载封装库。

(5) 引入网络表：

• 执行菜单【Design】→【Load Nets】，在弹出的对话框中单击【Browse…】按钮，选择“彩灯循环.NET”文件，单击【OK】按钮，若有出错信息则返回电路原理图进行修改，

并重新生成网络表，直到出现如图 4.47 所示的对话框。

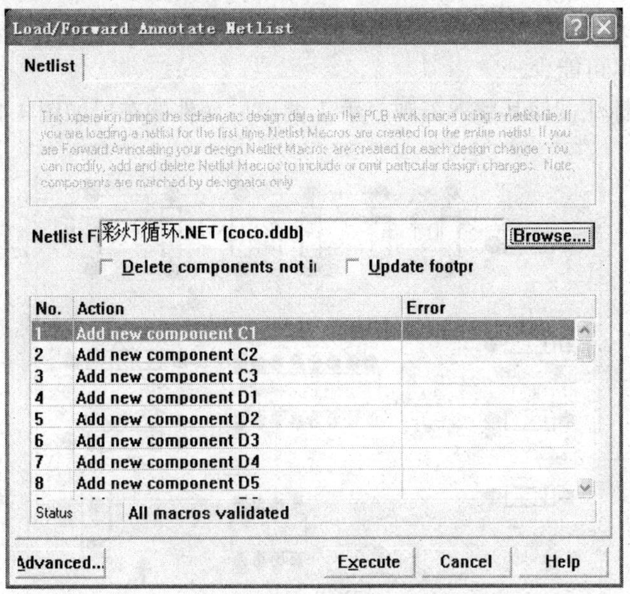

图 4.47　装载正确的网络表

- 单击【Execute】按钮，将元件载入规划好的印制电路板。

(6) 自动布局：

- 执行菜单【Tools】→【Auto Place】，在打开的对话框中选择 Statistical Placer(统计布局)，按照图 4.48 所示设置各选项。

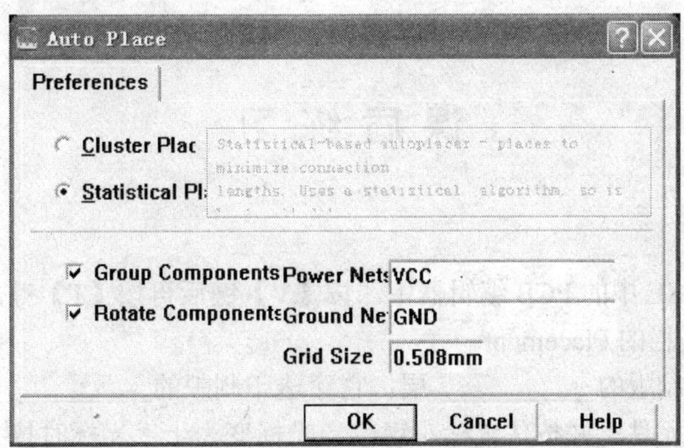

图 4.48　统计布局

- 单击【OK】键，系统进入自动布局状态。
- 自动布局结束后，更新当前的 PCB 文件。

(7) 手工调整布局：

- 首先把核心器件(即两个集成电路)放在电路板的中间位置，旋转器件，使两个集成电路之间飞线的交叉线尽可能少。
- 找到 10 个发光二极管，按顺序排列后放置在合适的位置，也可以组成某种图案。可使用元件排列工具栏使它们排列得更均匀、更整齐。

- 把C3元件放置在板子的边缘位置，以备布线时添加电源和地线。
- 调整其他的元器件，使它们均匀排列在禁止布线区内，并使各个元件之间的飞线尽可能少，交叉线也尽可能少。
- 调整元件的标注，使其整齐美观。手工调整后元件的布局如图4.49所示。

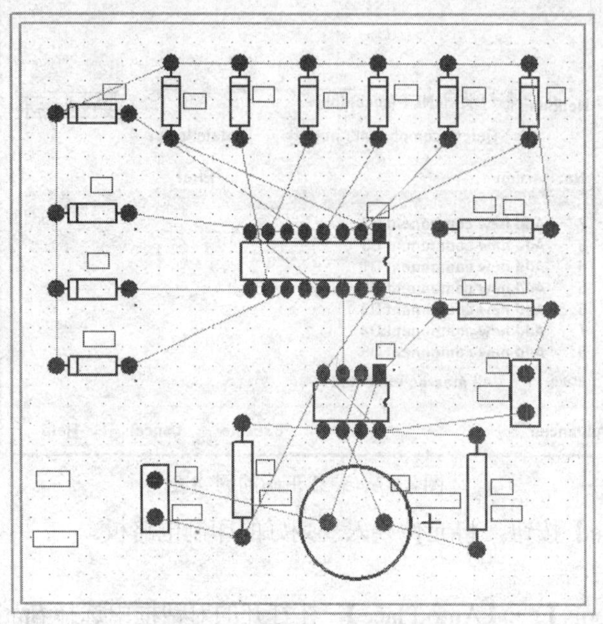

图4.49 手工调整后的布局

(8) 保存结果。

课后练习

1. 填空题

(1) 在Protel 99 SE中的PCB编辑器中，按【V】键后再按【T】键，然后再按________键，可打开放置工具栏的Placement。

(2) 焊盘位于印制版的__________层，它穿透印制版的____________层。

(3) 将光标置于元件上并按住鼠标左键，当光标变为十字光标时按__________键，即可进入元件属性对话框。

(4) 元件布局有______________和______________两种方式。

(5) 尺寸标注一般放置在印制版的____________层。

2. 简答题

(1) 手工布局时，元件排列的基本原则是什么？

(2) 在自动布局之前不规划电路板行吗？为什么？

(3) 在载入网络表之前，必须先装入所需的元件封装库，为什么？

(4) 自动布局结束后一般都要进行手工调整，为什么？

4.3　印制电路板布线

在电路板布局完毕后，就进入电路板的布线过程。电路板布线一般采用自动布线和手工调整相结合的方法。在布线之前一般要先设置布线的参数。

4.3.1　设置布线参数

在自动布线之前设置布线参数是十分必要的，如果设置不合适，可能会导致布线失败。设置好参数后，系统会自动监视和检查 PCB 中的图件是否符合设计规则，若违反了设计规则，将以高亮显示错误。

在 PCB 编辑器中执行菜单【Design】→【Rules】，打开如图 4.50 所示的对话框。该对话框共有 6 个选项卡，分别设定布线(Routing)、制造(Manufacturing)、高速线路(High Speed)、自动布置元件(Placement)、信号集成(Signal Intergrity)及其他(Other)方面的设计规则和参数，这里我们主要讲解 Routing 选项卡的各种设置规则。

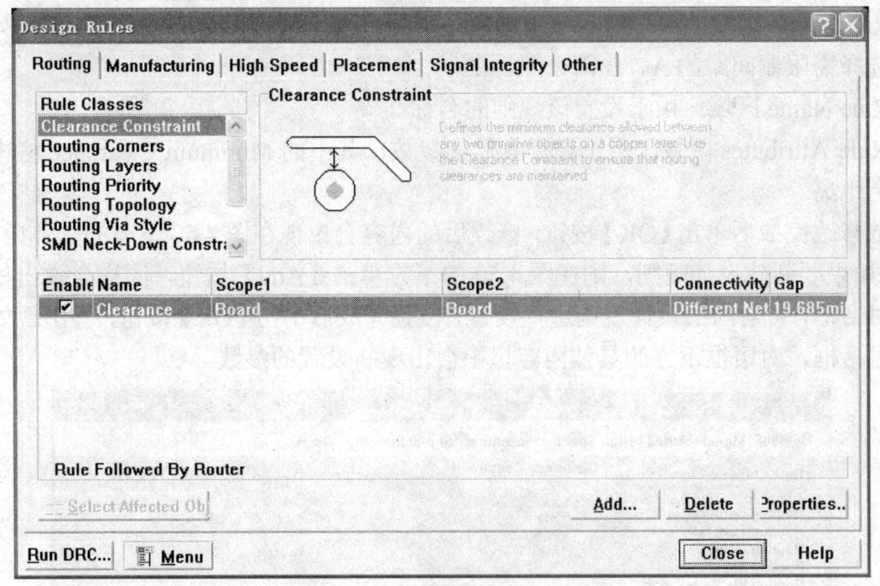

图 4.50　布线参数设置对话框

Routing 选项卡用于设置布线规则，左上角的 Rule Classes 栏列出了有关布线的 10 个设计规则；右上方的区域是左边所选取设计规则的说明，下方的区域是所选取设计规则的具体内容，一般系统有一个默认的参数。下面介绍常用的布线设计规则。

(1) Clearance Constraint：间距限制规则，用来设置具有导电特性的图件之间的最小间距，如图 4.50 所示，具体操作如下：

① 如果要对现有的间距规则进行修改，则在图 4.50 下方的现有的设计参数上双击鼠标左键，或单击【Properties…】按钮，打开如图 4.51 所示的对话框，该对话框共分 3 个区域。

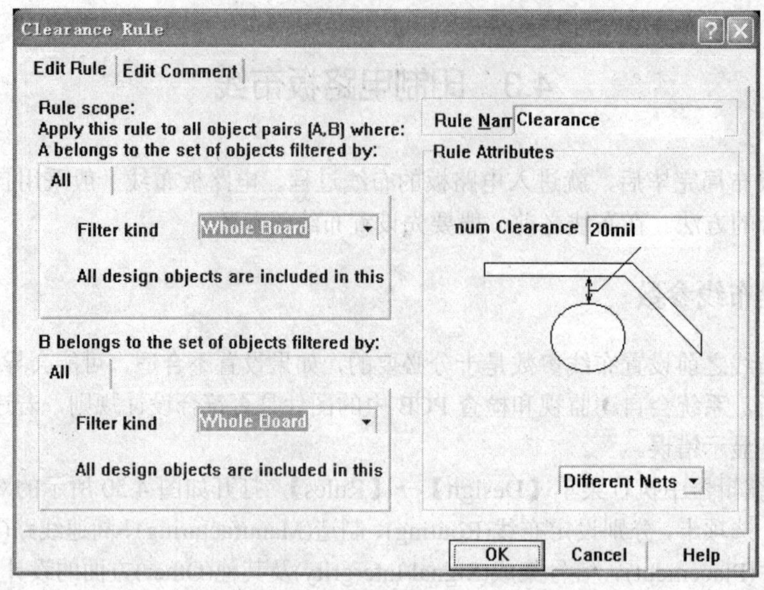

图 4.51　Clearance Rule 对话框

- Rule scope 区域：用于设置该规则所适用的范围，共有两个 Filter kind 下拉列表，分别用于选择需限制间距的 A、B 两个图件。
- Rule Name 区域：用于设置该规则的名称。
- Rule Attributes 区域：用于设置具体的参数，其中的 Minimum Clearance 栏中可设置最小安全距离。

参数修改完成后单击【OK】按钮，修改后的内容会出现在图 4.50 下方的具体内容栏中。

② 如果要新建设计规则，则在图 4.50 的下方单击【Add】按钮，同样会弹出如图 4.51 所示的对话框，可对新的设计规则进行设置。设置完成后单击【OK】按钮，会出现如图 4.52 所示的对话框，对语框下方的具体内容栏中会出现新设置的参数。

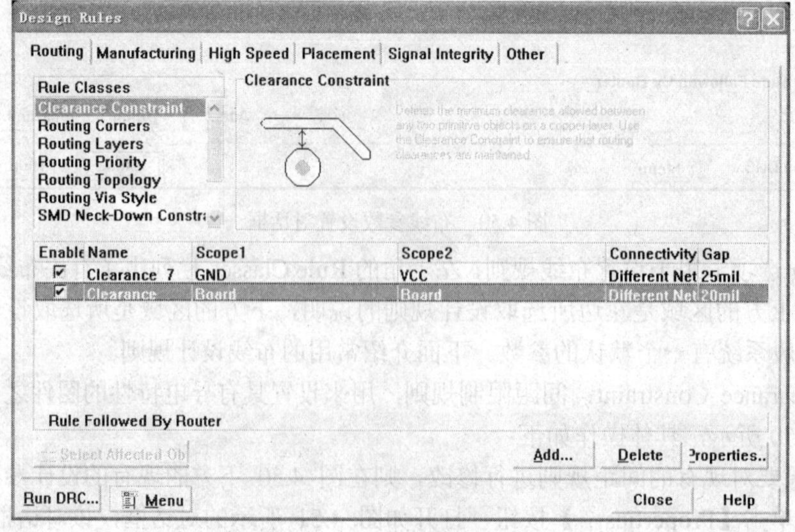

图 4.52　新增加间距参数

③ 如果要删除设计规则，在图 4.52 所示的设计规则下方的设计内容栏，单击鼠标左键选取要删除的规则，然后单击右下方的【Delete】按钮即可。

设定两个图件之间的最小间距一般依赖于布线经验，在电路板密度不高的情况下，最小间距可设大一些。最小间距的设置会影响到印制导线的走向，用户应根据实际情况调节。

(2) Routing Corners：拐角模式规则，用于设置自动布线时印制导线拐角的方式。其设置方法类似于最小间距设置，可以新建、删除、修改。印制导线的拐角模式有 3 种：45° 拐弯、90° 拐弯和圆弧拐弯，其中 45° 拐弯和圆弧拐弯有拐弯大小的参数设置，如图 4.53 所示。

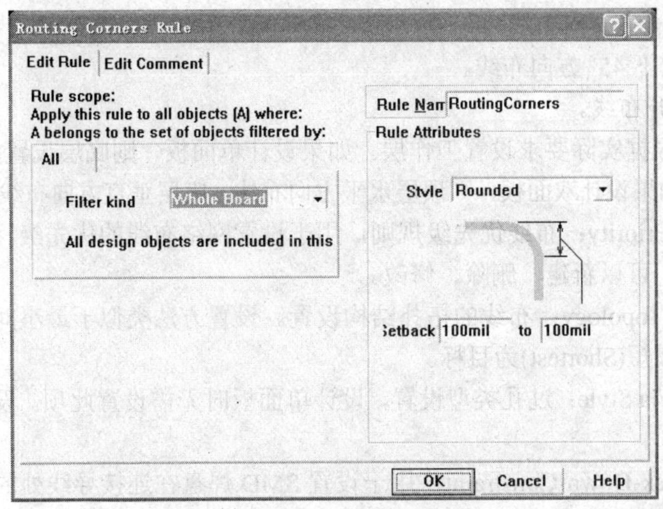

图 4.53　拐角模式设置对话框

(3) Routing Layers：布线层规则，用于设置自动布线时所使用的工作层及各层印制导线的走向。其设置方法类似于最小间距设置，可以新建、删除、修改。布线层规则设置对话框如图 4.54 所示。

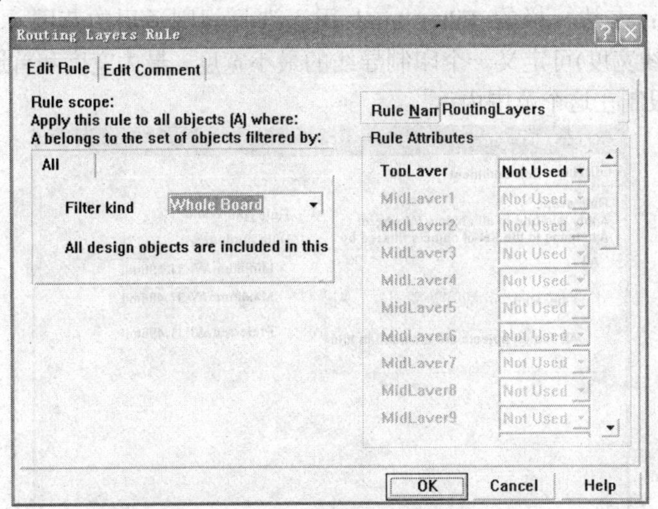

图 4.54　布线层规则设置对话框

- Filter kind 下拉列表用于选择规则适用的范围。

● Rule Attributes 用于设置自动布线时所使用的信号层及每一层布线的走向。本栏中共有 32 个布线层，分别为顶层、30 个中间层和底层，每一层都有一个下拉列表，用于设置该层的状态，具体内容有：

Not Used：不使用本层。

Horizontal：该层水平布线。

Vertical：该层垂直布线。

Any：任意方向布线。

1～5 O″ Clock：1～5 点钟方向布线。

45 Up：向上 45° 方向布线。

45 Down：向下 45° 方向布线。

Fan Out：散开布线。

布线时应该根据实际要求设置工作层。如果设计单面板，则底层设置为任意方向布线，其他层不使用；如果设计双面板，则顶层水平方向布线，底层垂直方向布线，其他层不使用。

(4) Routing Priority：布线优先级规则，用于设置网络布线的优先级，其设置方法类似于最小间距设置，可以新建、删除、修改。

(5) Routing Topology：布线的拓扑结构设置。设置方法类似于最小间距设置，一般以整个布线的线长最短(Shortest)为目标。

(6) Routing Via Style：过孔类型设置，设计单面板时无需设置此项。设置方法类似于最小间距设置。

(7) SMD Neck-Down Constraint：用于设置 SMD 焊盘在连接导线处的焊盘宽度与导线宽度的比例，可定义一个百分比。

(8) SMD To Corner Constraint：用于设置 SMD 焊盘与导线拐角的间距大小。

(9) SMD To Plane Constraint：用于设置 SMD 焊盘与电源层中过孔间的最短布线长度。

(10) Width Constraint：用于设置自动布线时印制导线的宽度。其参数设置对话框如图 4.55 所示，其中：左边一栏的 Filter kind 用于选择规则适用的范围，右边一栏的 Rule Attributes(设置布线宽度)可定义一个印制导线的最小宽度、最大宽度和首选宽度。自动布线时，布线的线宽限制在这个范围内。

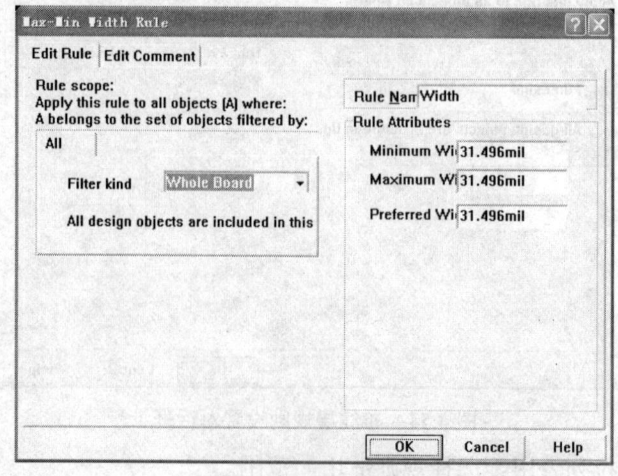

图 4.55　布线宽度设置对话框

在实际使用中，一个电路可以针对不同的网络设定不同的线宽，一般对于电源线和地线的线宽要求要粗。如果要加粗地线的宽度，可以新建一个专门针对地线网络的线宽设置，如图 4.56 所示，左边的规则适用范围为网络 GND，右边的线宽可设置为 20 mil。

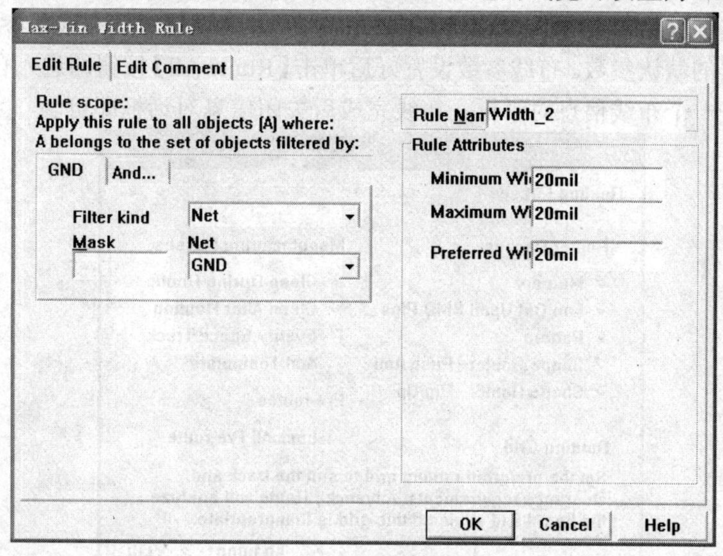

图 4.56　地线线宽设置

所有的参数设置完成后，单击图 4.50 下方的【Close】按钮结束自动布线规则设置。

4.3.2　自动布线

布线参数设置完成后就可以启动自动布线菜单【Auto Route】进行自动布线。系统提供了 5 种自动布线方式，分别介绍如下：

1. 全局布线方式

选择菜单【Auto Route】→【All】，启动全局布线命令，会打开如图 4.57 所示的对话框。在该对话框中选择布线策略，共有 4 个区域，其具体内容如下：

(1) Router Passes 区，用于设置自动布线的策略：

- Memory：适用于存储器元件的布线。
- Fan Out Used SMD Pins：适用于 SMD 焊盘的布线。
- Pattern：将智能性决定采用何种算法用于布线，以确保布线成功率。
- Shape Router-Push And Shove：推挤布线方式。
- Shape Router-Rip Up：选取此项能撤消发生间距冲突的走线，并重新布线以消除间距冲突，提高布线成功率。

在实际自动布线时，为了确保布线的成功率，以上几种策略都应选取。

(2) Manufacturing Passes 区，用于设置与制作电路板有关的自动布线策略：

- Clean During Routing：布线过程中将自动清除不必要的连线。
- Clean After Routing：布线后将自动清除不必要的连线。
- Evenly Space Track：程序将在焊盘间均匀布线。
- Add Testpoints：程序将在自动布线过程中自动添加指定形状的测试点。

(3) Pre-routes 区，用于处理预布线，如果选中则锁定预布线。一般自动布线之前有进行预布线的电路，必须选中此项。

(4) Routing Grid 区，此区域用于设置布线栅格的大小。

自动布线器能分析 PCB 设计，并自动按最优化的方式设置自动布线器参数，所以推荐使用自动布线器的默认参数。布线参数设置好后单击【Route All】按钮即进入自动布线状态，这时系统会打开一个布线信息对话框。布线完成后关闭信息对话框即可。

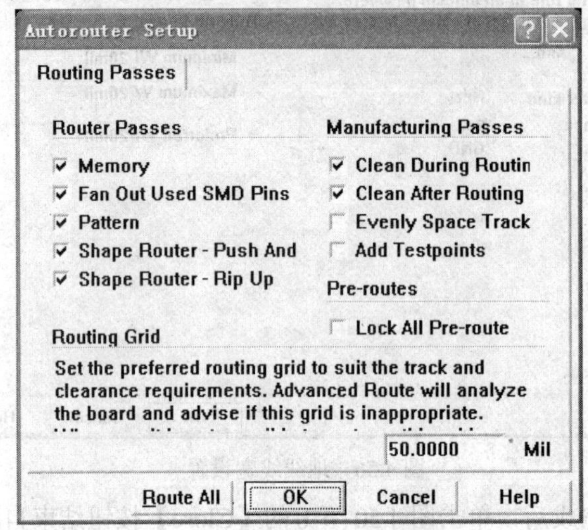

图 4.57　全局布线对话框

在布线过程中可执行菜单【Auto Route】→【Pause】暂停布线，也可执行菜单【Auto Route】→【Stop】终止布线。如果想重新布线，可选择菜单【Auto Route】→【Restart】。

2．网络布线方式

选择菜单【Auto Route】→【Net】，启动指定网络布线命令，这时光标会变成十字光标。将光标移动到需要布线的焊盘(如 U28-44)，单击鼠标左键选定该网络，这时会弹出如图 4.58 所示的菜单，从中选择 Pad 命令或 Connection 命令即可，不能选择 Component 命令。

继续选择其他网络，直到布线完成，单击鼠标右键退出选择网络的状态。

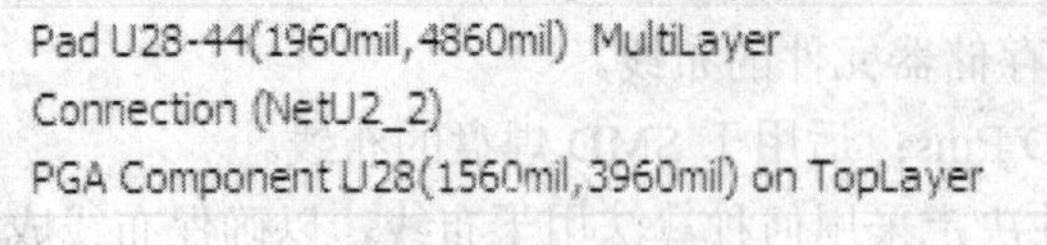

Pad U28-44(1960mil,4860mil) MultiLayer
Connection (NetU2_2)
PGA Component U28(1560mil,3960mil) on TopLayer

图 4.58　网络布线选择菜单

3．飞线布线方式

选择菜单【Auto Route】→【Connection】，启动指定飞线布线命令。当光标变为十字形状时，在选定的飞线上单击鼠标左键即可对该飞线所连接的焊盘进行布线。继续选择其他飞线，直到布线完成，单击鼠标右键退出。

4．元件布线方式

选择菜单【Auto Route】→【Component】，启动指定元件布线命令。当光标变为十字形状时，在选定的元件上单击鼠标左键即可完成与该元件相连的布线。继续选择其他元件，

直到布线完成，单击鼠标右键退出。

5．区域布线方式

选择菜单【Auto Route】→【Area】，启动指定区域布线命令。当光标变为十字形状时，在编辑区选定布线的区域，则会自动连接该区域所包含的导线。

设置好合适的布线参数以后，执行全局自动布线命令，则图 4.44 所示的印制版自动布线后的结果如图 4.59 所示。

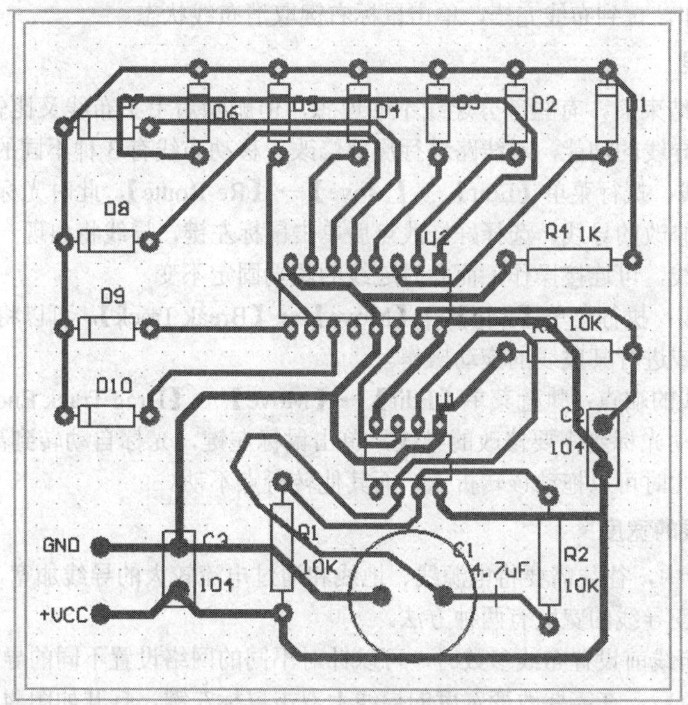

图 4.59　自动布线结果

4.3.3　手工调整布线

虽然自动布线的布通率很高，但有些地方的布线仍不能使人满意，需要手工进行调整。一块成功的电路板，往往是在自动布线的基础上，经过多次手工调整，才能达到令人满意的效果。

1．拆除布线

布线结束后，如果布线结果不理想，可执行菜单【Tools】→【Un-Route】拆除布线。系统提供了 5 种拆线方式，分别为 All(拆除所有布线)、Net(拆除指定网络的布线)、Connection(拆除指定的布线)、Component(拆除指定元件的布线)、Area(拆除指定区域的布线)。

2．手工布线

具体操作如下：

(1) 选择布线的层面。

(2) 单击 Placement 工具栏上的 按钮，光标变为十字光标。

(3) 将光标移动到需要连接的焊盘中心，此时光标上出现一个八边形，单击鼠标左键，确定连线的起点。

(4) 移动光标，在需要转折处单击鼠标左键，移动光标到目标焊盘，双击鼠标左键确定走线的终点。布线时可以按【Shift+Space】键改变转角的模式；按【Space】键改变走线的方向；按【Backspace】键取消前一段的布线。

(5) 重复操作，直到布线完毕，单击鼠标右键取消布线状态。

3．移动布线

在自动布线结束后，有些部分连线不够理想，但删除后手工布线又比较麻烦，这时可以采用移动印制导线的功能，对线路进行局部修改。移动布线有 3 种不同的方式。

(1) 重新走线：执行菜单【Edit】→【Move】→【Re-Route】，此时光标变为十字光标。移动光标到需要修改的导线，选择好修改点后单击鼠标左键，导线将出现一个新的转折点，移动光标修改连线，可连接操作，而此时连线的两端固定不变。

(2) 截断连线：执行菜单【Edit】→【Move】→【Break Track】，可以将连线截成两段，以便删除某段线或进行某段线的拖动操作。

(3) 移动连线的端点：执行菜单【Edit】→【Move】→【Drag Track End】，此时光标变为十字光标。移动光标到需要修改的导线，单击鼠标左键，光标自动转到离单击处最近的导线转折点上，此时可以拖动该转折点，而其他转折点不动。

4．改变导线的宽度

在 PCB 设计中，往往需要将电源线、地线和通过电流较大的导线加宽，以提高电路的抗干扰能力。改变导线的宽度有两种方法。

(1) 在自动布线前设置布线参数时，可以针对不同的网络设置不同的导线宽度。

(2) 布线结束后，在需要改变宽度的导线上双击鼠标左键，打开如图 4.60 所示的对话框，在 Width 后改变导线的宽度。

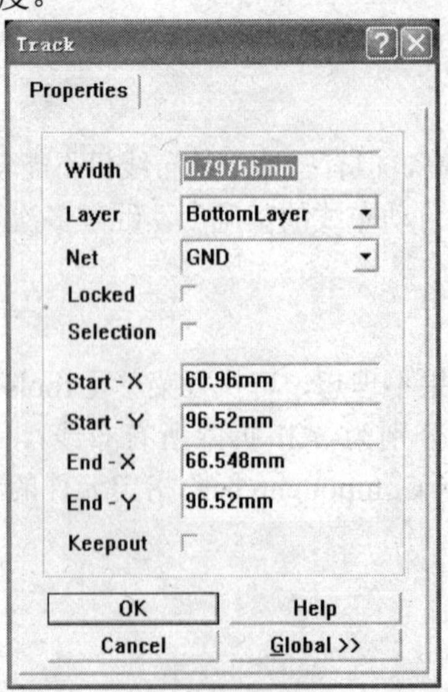

图 4.60　导线宽度设置对话框

5. 进一步完善电路板

1) 印制电路板的补泪滴处理

补泪滴是指在印制导线和焊盘或过孔连接处，为了增强连接的可靠性以及将来焊接的可靠性，逐渐加大线宽，形成一个形状似泪滴的导线。补泪滴时，一般要求焊盘比线宽大。

执行菜单【Tools】→【Teardrops】，弹出如图 4.61 所示的对话框。

图中各主要选项的功能如下：

(1) General 区域：

- All Pads：对所有焊盘执行泪滴化操作。
- All Vias：对所有过孔执行泪滴化操作。
- Selected Objects Only：对所有选择的对象执行泪滴化操作。
- Force Teardrops：强制执行补泪滴化操作。
- Create Report：生成报表文件。

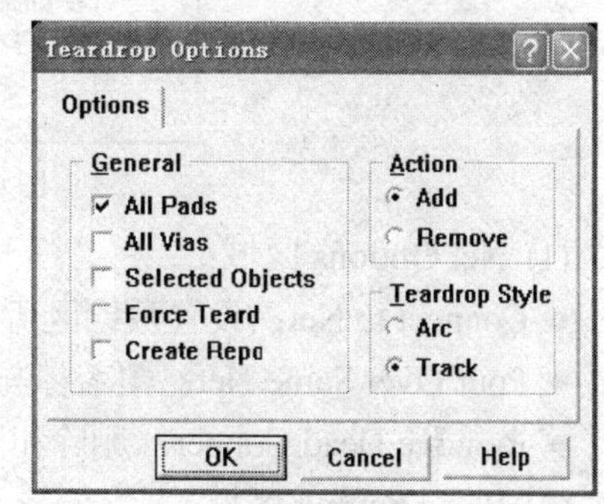

图 4.61　泪滴设置对话框

(2) Action 区域：

- Add：执行泪滴化操作。
- Remove：删除泪滴化操作。

(3) Teardrop Style 区域：

- Arc：圆弧形泪滴。
- Track：导线形泪滴。

单击【OK】 按钮，泪滴化操作效果如图 4.62 所示。

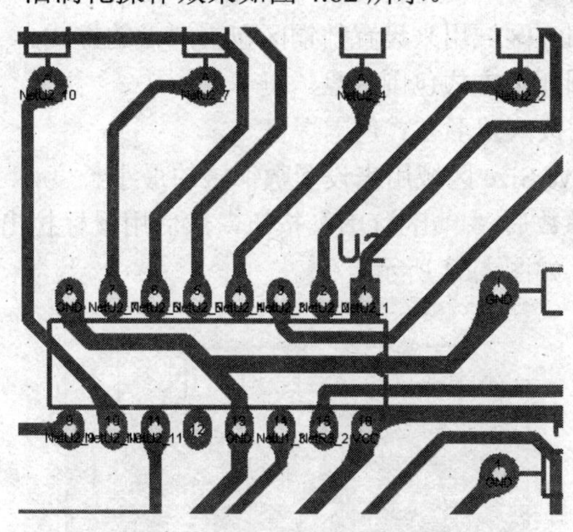

图 4.62　泪滴处理效果图

2) 设置大面积敷铜

在高频电路中，为了提高 PCB 的抗干扰性，通常需要大面积的敷铜与地线相连。具体操作如下：

单击布线工具箱框内的 图标，或执行菜单【Place】→【Polygon Plane】，弹出如图 4.63 所示的敷铜区属性设置对话框。该对话框共分 5 个区域。

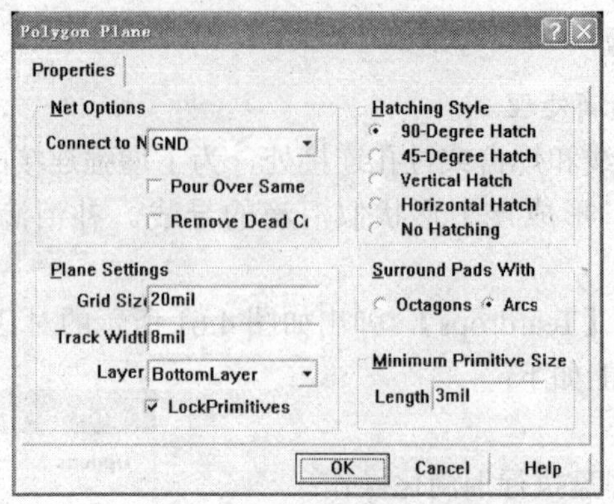

图 4.63　敷铜属性对话框

(1) Net Options 区域：

- Connect to Net：设置敷铜区所属的网络。通常选择“GND”，即对地网络。
- Pour Over Same Net：覆盖掉与敷铜区同一网络的导线。
- Remove Dead Copper：删除和网络没有电气连接的敷铜区。

(2) Plane Setting 区域：

- Grid Size：敷铜区域的网格宽度。
- Track Width：敷铜区域的导线宽度。
- Layer：敷铜区所在的工作层。
- Lock Primitives：只允许将敷铜区看做一个整体来执行修改、删除等操作，在执行这些操作时会给出提示信息。

(3) Hatching Style 区域用来设置敷铜区网格线的排列类型。

(4) Surround Pads With 区域用来设置敷铜区包围焊盘的方式。

- Arcs：敷铜区按圆弧形方式包围焊盘。
- Octagons：敷铜区按八角形方式包围焊盘。

(5) Minimum Primitive Size 区域用来设置敷铜区的最小长度。

设置好敷铜区属性参数后，单击【OK】按钮，然后用鼠标拉出一段首尾相连的折线，可以为任意形状多边形，如图 4.64 所示。

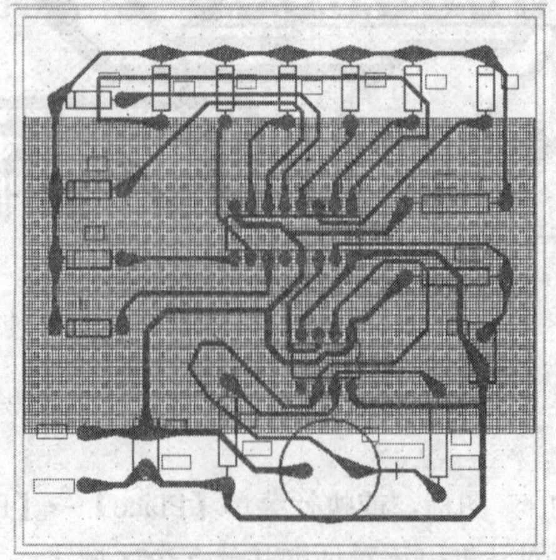

图 4.64　设置敷铜的电路

3) 元件重新编号及原理图更新

(1) 元件重新编号。在印制版布局或布线结束后，元件的标号经常会变得比较零乱，这时可以利用软件系统提供的重新编号功能对元件进行重新编号。具体操作如下：

执行菜单【Tools】→【Re-Annotate】，打开如图 4.65 所示的对话框，选择元件重新编号的方式。共有 5 种编号方式。

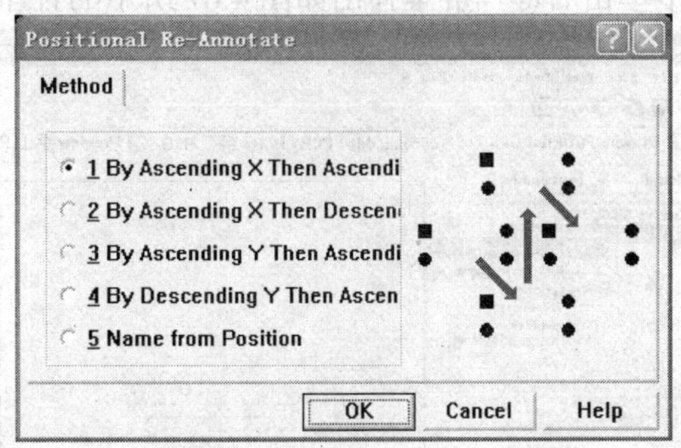

图 4.65　重新编号对话框

选择一种编号方式，单击【OK】按钮，系统自动进行重新编号，编号结束后产生一个*.WAS 的文件，显示编号的变化情况，如图 4.66 所示。左边一列为原编号，右边一列为新的编号。

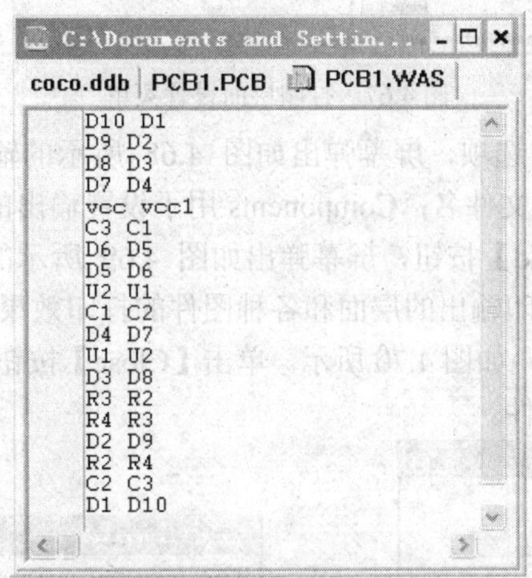

图 4.66　编号后的文件列表

(2) 更新原理图。在元件重新编号后，为了保证电路的一致性，还必须更新原理图的元件标注。更新原理图的方法如下：

打开原理图文件，执行菜单【Tools】→【Back Annotate】，打开一个文件选择对话框，选择前面生成的*.WAS 文件，单击【OK】按钮，系统自动完成原理图元件标注的更新，并产生一个*.REP 的报告文件，显示元件标注的调整情况。

4.3.4　印制版输出

1．打印预览

在 PCB 99 SE 中打印前必须先进行打印预览。执行菜单【File】→【Printer】→【Preview】，

系统产生一个预览文件，在设计管理器中的PCB打印浏览器中显示该预览PCB文件中的工作层名称，PCB预览窗口显示输出的PCB图，PCB打印预览器中显示当前输出的工作面，输出的工作面可以自行设置。

2. 打印层面设置

在PCB打印浏览器中单击右键，屏幕弹出如图4.67所示的打印层面设置菜单。

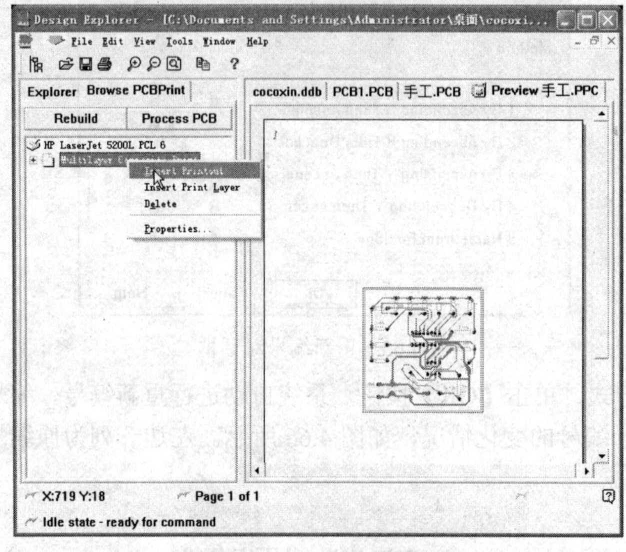

图4.67 打印层面设置菜单

选择【Insert Printout】选项，屏幕弹出如图4.68所示的输出文件设置对话框，其中Printout Name用于设置输出文件名；Components用于设置输出的元件面；Layers用于设置输出的工作层面，单击【Add】按钮，屏幕弹出如图4.69所示的输出层面设置对话框。在输出层面设置中可以添加打印输出的层面和各种图件的打印效果，设置完毕单击【OK】按钮，即可显示新的打印层面，如图4.70所示。单击【Close】按钮结束设置，在PCB打印浏览器中产生新的打印预览文件。

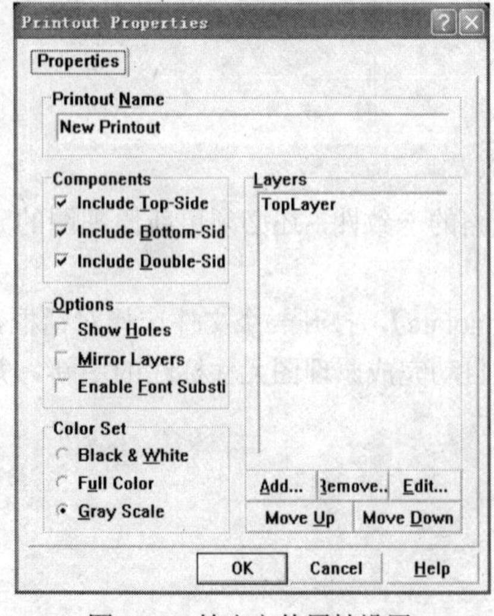

图4.68 输出文件属性设置

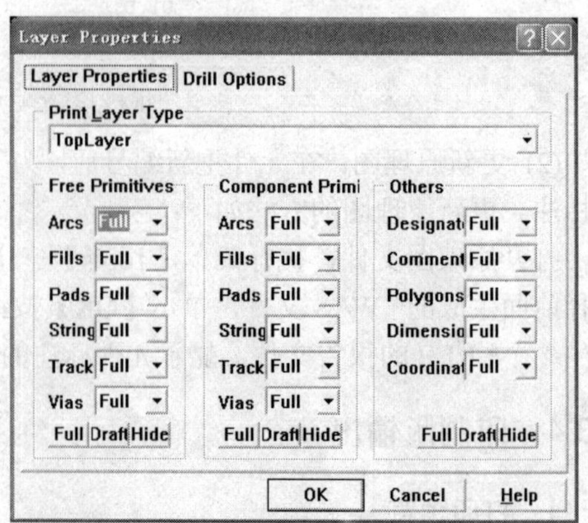

图4.69 输出层面设置

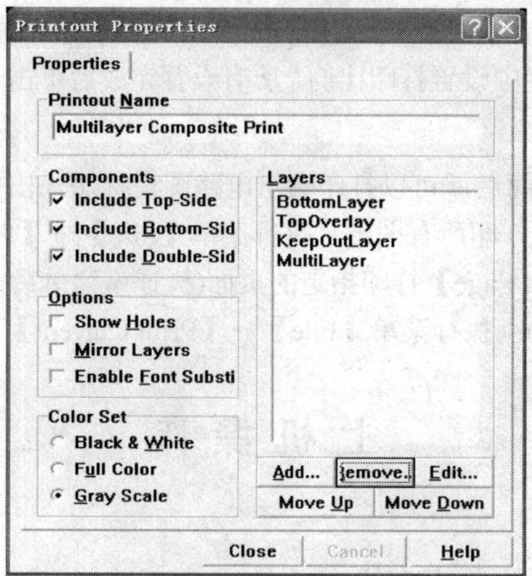

图 4.70　新添加的打印层

选择图 4.67 中的【Insert Print Layer】选项，可直接进入如图 4.69 所示的添加输出层面设置对话框，进行输出层面设置。

选择图 4.67 中的【Delete】选项，可以删除当前输出层面。

选择图 4.67 中的【Properties】选项，可修改当前输出层面的设置。

3．打印设置

进入打印预览后，执行菜单【File】→【Setup Printer】进行打印设置，屏幕弹出如图 4.71 所示的打印设置对话框。

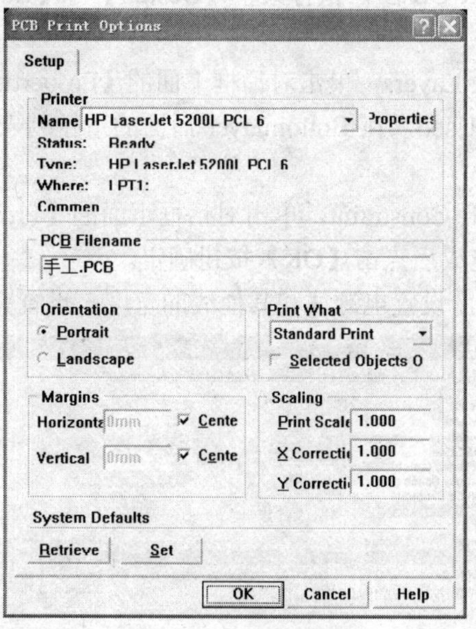

图 4.71　打印设置

在图 4.71 中的 Name 下拉列表框中，可以选择打印机；在 PCB Filename 框中显示要打印的文件名；在 Orientation 框中设置打印方向，包括 Portrait(纵向)和 Landscape(横向)；在 Print What 下拉列表框中可以选择打印的对象，包括 Standard Print(标准打印)、Whole Board On

Page(全板打印在一张纸上)和 PCB Screen Region(打印电路板屏幕显示区域)；在 Margins 区设置页边距；在 Print Scale 栏中设置打印比例。所有设置完成后单击【OK】按钮完成打印设置。

4．打印输出

设置好输出的工作层面后就可以打印输出电路图，打印输出的方式有 4 种，即执行菜单【File】→【Print All】打印所有图形；执行菜单【File】→【Print Job】打印操作对象；执行菜单【File】→【Print Page】打印指定的页面(执行该菜单后，屏幕上出现一个对话框，在其中可设置打印的页码)；执行菜单【File】→【Print Current】打印当前页。

上 机 操 作

操作 1　彩灯循环电路的单面布线

一、实验目的

(1) 熟练掌握 Protel 99 SE 的基本操作。

(2) 练习自动布线参数的设置和手工调整布线。

二、实验内容及步骤

对 4.2 节中图 4.46 所示的彩灯循环电路进行单面布线。

(1) 设置自动布线参数：

• 打开图 4.49 所示的 PCB 图，执行菜单【Design】→【Rules】，在打开的对话框中点击 Routing 选项卡。

• 选择第三项 Routing Layers，单击对话框下面的【Properties…】按钮。在 Toplayer 后面的下拉列表中选择 Not Used，在 Bottomlayer 后面的下拉列表中选择 Any，点击【OK】按钮确定。

• 选择最后一项 Width Constraint，单击对话框下面的【Properties…】按钮，设置接地线的宽度为 1 mm，设置完成后点击【OK】按钮确定。

• 点击【ADD】按钮，设置电源线和其他线的宽度，设置完成后如图 4.72 所示。

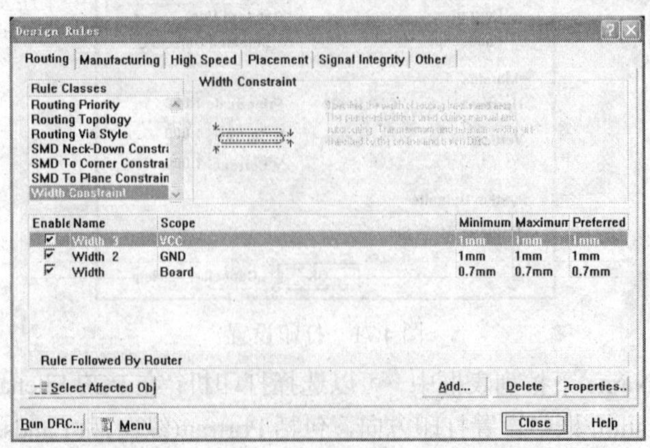

图 4.72　设置线宽

● 所有的参数设置完成后，单击图 4.72 下方的【Close】按钮结束自动布线规则设置。

(2) 执行菜单【Auto Route】→【All】，在打开的对话框中点击【Route All】按钮，启动全局自动布线。

(3) 对不太理想的布线进行手工调整，即通过执行菜单【Edit】→【Move】→【Drag】→【Track End】修改布线等手段进行调整。手工调整后的布线如图 4.73 所示。

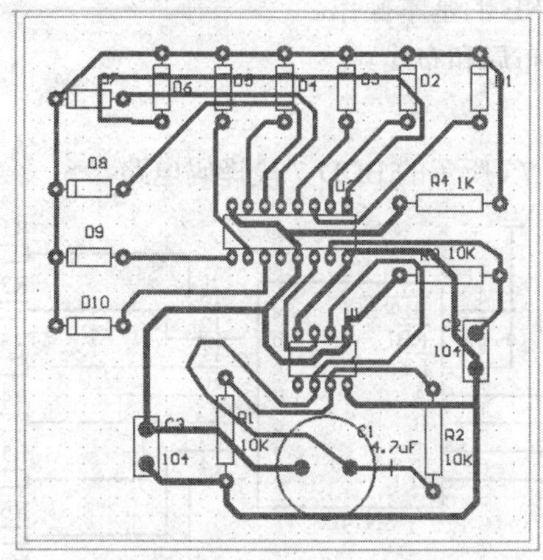

图 4.73　手工调整后效果图

(4) 把工作层切换到 Multilayer 层，单击放置工具栏的 ◉ 图标，添加两个焊盘，用于外接电源和地。

(5) 在焊盘上双击鼠标左键，在焊盘的属性设置对话框中，把两个焊盘所连接的网络分别设置为“VCC”和“GND”，此时焊盘上会出现网络飞线。

(6) 把工作层切换到 TopOverlay，为两个焊盘添加文字标注。选择放置工具栏上的 **T** 图标，当光标变为十字形状时，按键盘上的【Tab】键，在打开的对话框中设置文字为“+VCC”，并放置到相对应的焊盘旁边。同样添加另一个“GND”。

(7) 把工作层切换到底层，手工连接电源和地线。

(8) 为了增加焊盘和导线连接的可靠性，执行菜单【Tools】→【Teardrops】，进行补泪滴操作。补泪滴后的效果图如图 4.74 所示。

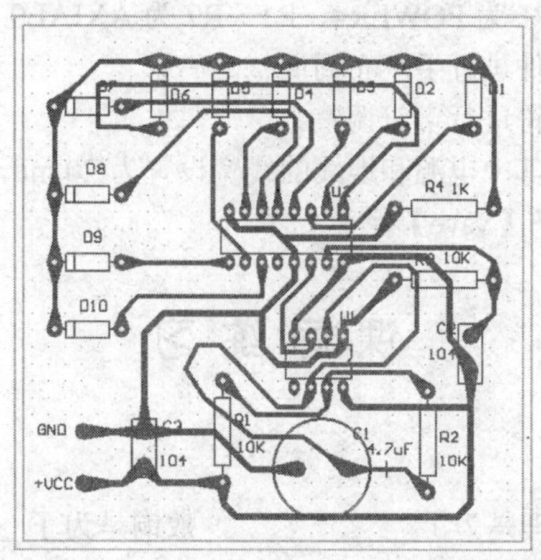

图 4.74　添加电源、地和补泪滴后效果图

(9) 布线完毕，保存结果。

操作 2　单面板的制作练习

一、实验目的

(1) 熟练掌握 Protel 99 SE 的基本操作。

(2) 初步掌握电路板的布局和布线。

二、实验内容及步骤

本节上机操作采用图 4.75 所示的 BCD-7 段译码电路。

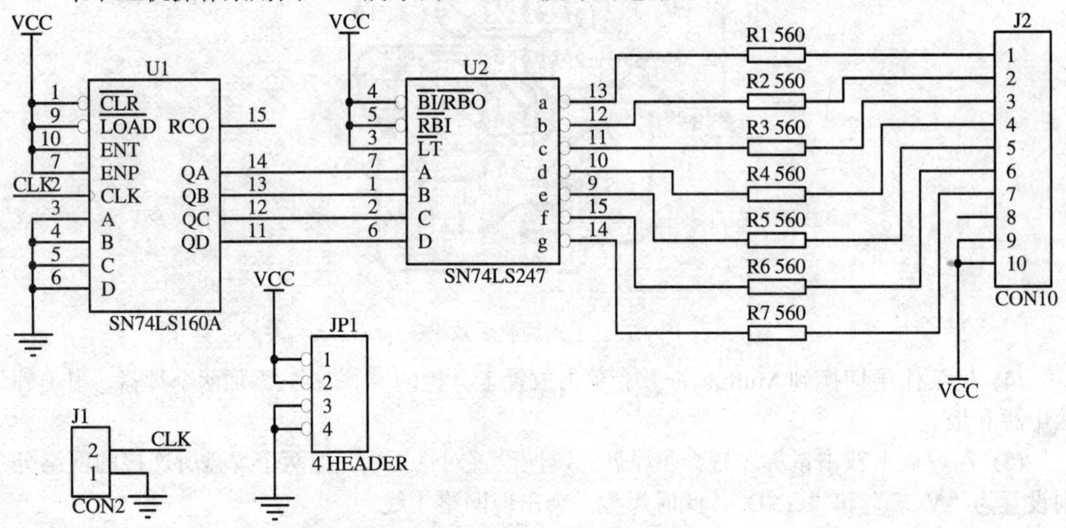

图 4.75　BCD-7 段译码电路

(1) 新建 PCB 文件，重新命名为“译码电路 .PCB”，并打开该文件。

(2) 装入封装元件库 Advpcb.ddb。

(3) 将工作层转换到 Keepout Layer，设置电路板为 2240 mil×1260 mil 的矩形框。

(4) 放置元件。执行菜单命令【Place】→【Component】放置元件：U1、U2 为 DIP16、J1 为 SIP2、J2 为 SIP10、JP1 为 POWER4，R1～R7 为 AXIAL0.3。

(5) 通过移动和旋转元件进行手工布局调整。

(6) 通过移动和旋转字符进行字符调整。

(7) 布线：单面布线，其中电源和地线的线宽设置为 20 mil，其他线的线宽为 10 mil。

(8) 执行菜单【File】→【Save】保存文件。

课 后 练 习

一、填空题

1．印制板的补泪滴处理是为了____________，敷铜是为了____________。

2．如果在自动布线的过程中想终止自动布线，可执行菜单命令________________。

3．如果发现电路板没有完全布通或布线效果不理想等，可拆除布线，拆除的方法有 5 种，分别为＿＿＿＿＿＿＿、＿＿＿＿＿＿＿＿、＿＿＿＿＿＿＿＿＿、＿＿＿＿＿＿＿和＿＿＿＿＿＿＿＿。

4．印制导线的拐角模式共有 3 种，分别为＿＿＿＿＿＿、＿＿＿＿＿＿＿＿＿和＿＿＿＿＿＿＿＿＿＿。

二、简答题

1．在设置自动布局参数时，如果要设计单面板，则布线的层应如何设置？如果设计双面板应如何设置？

2．设置好自动布线参数后，就可以开始自动布线了，简述系统提供的 5 种自动布线方式。

3．怎样进行手工布线？

4．简述移动印制导线的 3 种方式。

4.4　元件封装库的建立

Protel 99 SE 系统中提供了相当完整的元件封装库。但随着电子技术的发展，各厂商不断推出新的元件和元件封装。对于这种情况，一方面要求设计者对已有的元件封装进行编辑，另一方面则要求设计者创建新的元件封装。

4.4.1　元件封装简介

电路原理图中的元件使用的是实际元件的电气符号，在 PCB 设计中用到的元件则是使用实际元件的封装(Footprint)。元件的封装由元件的投影轮廓、引脚焊盘、元件标号和标注字符等组成。不同的元件可以共用同一个元件封装，同种元件也可以有不同的封装。所以，在进行 PCB 设计时，不仅要知道元件的名称，而且还要确定该元件的封装。

1．元件封装的分类

元件的封装形式可分为两大类：通孔式元件封装和表面贴装式元件封装。

- 通孔式元件封装：这类封装的元件在焊接时，一般先将元件的引脚从电路板的顶层插入焊盘通孔，然后在电路板的底层进行焊接。由于通孔元件的焊盘通孔贯通整个电路板，故在其焊盘的属性对话框内，Layer(层)的属性必须为 MultiLayer(多层)。
- 表面贴装式元件封装：这类元件在焊接时与其焊盘在同一层。故在其焊盘属性对话框中，Layer 属性必须为单一板层，如 Top layer 或 Bottom layer。

2．元件封装的编号

元件封装的编号规则一般为：元件类型 + 焊盘距离(或焊盘数) + 元件外形尺寸。根据元件封装编号可区别元件封装的规格。如 AXIAL-0.4 表示该元件封装为轴状，两个引脚焊盘的间距为 0.4 英寸(400 mil)；RB.2/.4 表示电容类元件封装，两个引脚焊盘的间距为 0.2 英寸(200 mil)，元件直径为 0.4 英寸(400 mil)；DIP-16 表示双列直插式元件的封装，两列共 16 个引脚。

3．常见通孔式元件的封装名称

常见通孔式元件的封装名称有：

- 电阻类：AXIAL0.3—AXIAL1.0。
- 无极性电容类：RAD0.1—RAD0.4。
- 极性电容类：RB.2/.4—RB.5/1.0。
- 二极管类：DIODE0.4—DIODE0.7。
- 电位器类：VR1—VR5。
- 小功率三极管类：TO-92A、TO-92B。
- 双列直插集成电路类：DIP-XX，数字“XX”表示引脚数目。
- 单列直插集成电路类：SIP-XX，数字“XX”表示引脚数目。

4.4.2 元件封装设计基础

1．新建元件封装库

在 Protel 99 SE 中，执行菜单【File】→【New】，在出现的对话框中选择 PCB Library Document 图标，即可新建并打开一个默认名为 PCBLIB1.Lib 的元件封装库，同时在元件库中，系统已经有了一个名为 PCBCOMPONENT_1 的元件。

2．封装库的管理

PCB 封装库的管理器与原理图元件库的管理器类似，在导航栏中选中 Browse PCBLib 选项卡，打开如图 4.76 所示的元件封装库管理器，在管理器中可对元件封装进行操作。

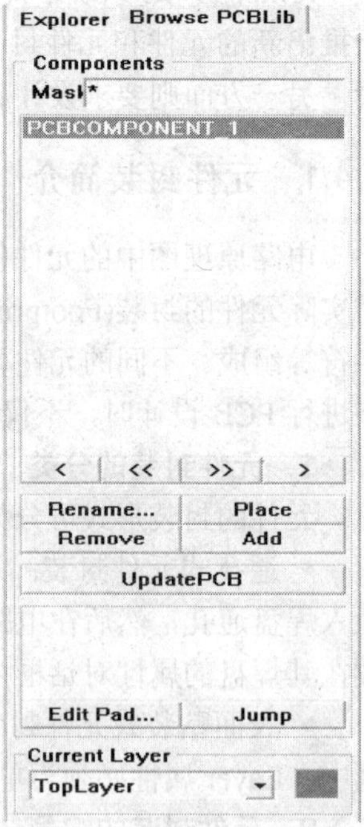

图 4.76 中各选项的功能如下：

Mask：填入通配符或元件名显示元件。

- [<]：上移一个元件。
- [>]：下移一个元件。
- [<<]：跳转到第一个元件。
- [>>]：跳转到最后一个元件。
- Rename…：元件重命名。
- Place：放置元件。
- Remove：删除元件。
- Add：新建元件。
- UpdatePCB：以新元件封装更新 PCB 中同名元件封装。
- Edit Pad…：编辑焊盘。
- Jump：跳转到选取的元件引脚。
- Current Layer：当前工作层。

图 4.76 元件封装库管理器

4.4.3 设计元件封装

1．设计元件封装的准备工作

在设计元件封装之前，首先要收集元件的封装信息。元件封装信息主要来源于生产厂家提供的手册，如果没有用户手册，可上网查找元件信息或依据实际进行测量，测量时要配备游标卡尺。如果元件信息掌握不准确，容易出现下列问题：

(1) 元件各引脚之间的间距与实际元件不符，可能或导致元件无法安装。

(2) 焊盘的大小选择不合适，特别是内径太小，导致元件无法插入焊盘。

(3) 封装的外形轮廓与实际元件不符。元件封装太小，可能导致元件排列太挤，无法安装；元件封装太大，又浪费了 PCB 的空间。

(4) 带定位孔的元件未在封装中定义定位孔，导致元件无法固定。

(5) 丝印层的内容放置在焊盘所在层，导致元件焊盘短路或无法焊接。

2．利用向导设计元件封装

在设计元件封装时，系统提供了封装设计向导，一般常见的标准封装可通过封装向导来设计，设计步骤如下：

(1) 新建一个封装库，并打开如图 4.2 所示对话框中的 PCB Library Document 文件。

(2) 单击【Add】按钮，打开元件封装制作向导首页，如图 4.77 所示。

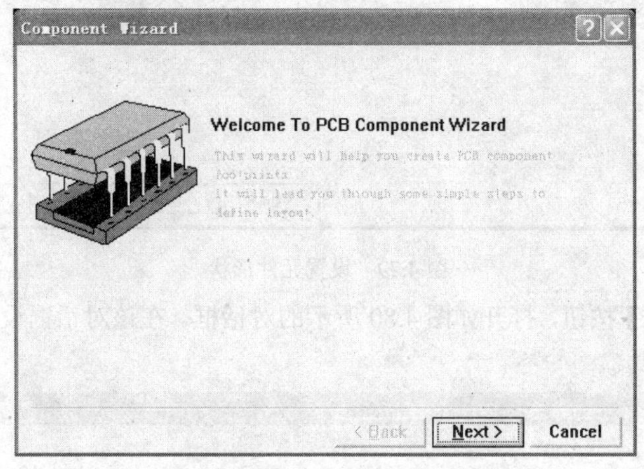

图 4.77　元件封装制作向导首页

(3) 单击【Next】按钮，该对话框提供了 12 种常用元件类型的封装模板，选择不同的模板则有不同的设计流程。这里选择 Capacitors。在下面的 Select a unit 栏选择英制(mil)单位。

(4) 单击【Next】按钮，选择元件封装形式为通孔式或表面贴装式，如选择 Through Hole。

(5) 单击【Next】按钮，打开如图 4.78 所示的对话框，设置焊盘直径和孔径的大小。可根据元件信息修改。

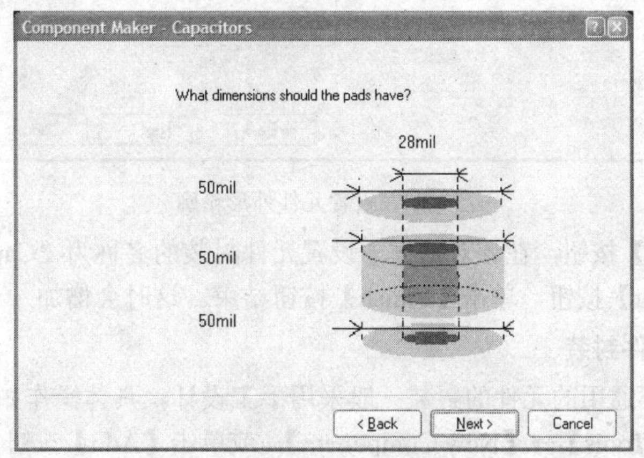

图 4.78　设置焊盘大小

(6) 单击【Next】按钮，设置焊盘之间的距离为 500 mil。

(7) 单击【Next】按钮，打开如图 4.79 所示的对话框。在 Choose the capacitor's polarity 下面的下拉菜单中选择电容是否有极性；在 Choose the capacitor's mounting stlyle 下面的下拉菜单中选择电容的形状。

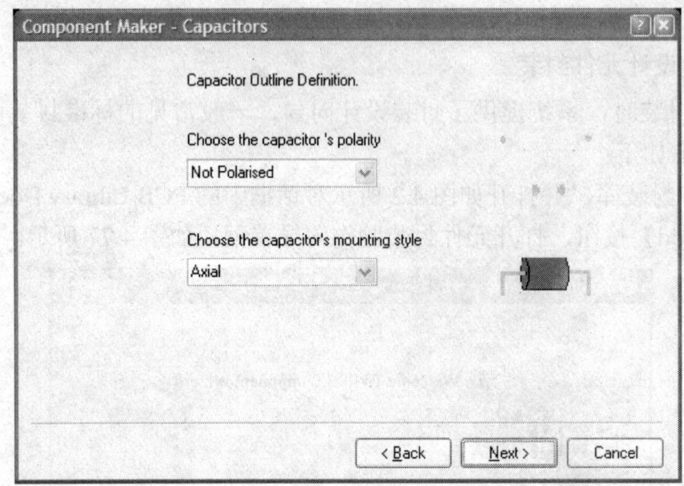

图 4.79　设置元件形状

(8) 单击【Next】按钮，打开如图 4.80 所示的对话框。在该对话框设置元件封装的外形轮廓及边框线的宽度。

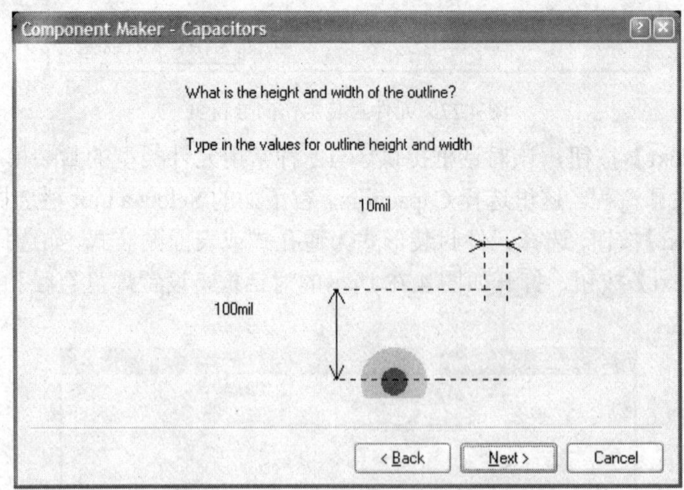

图 4.80　设置元件外形轮廓

(9) 单击【Next】按钮，在该对话框中设置元件封装的名称为"Capacitor"。

(10) 单击【Next】按钮，单击【Finish】按钮结束。这时会增加一个新的电容封装。

3．手工设计元件封装

对于不规则或不通用的元件的封装一般采用手工设计，具体操作如下：

(1) 执行菜单【Tools】→【New Component】，或单击【Add】按钮，打开如图 4.2 所示的设计向导对话框，单击【Cancel】按钮，进入手工设计状态，系统自动创建一个名为

PCBCOMPONENT_1 的新元件。

(2) 执行菜单【Tools】→【Rename Component】，或单击【Rename】按钮，打开如图 4.81 所示的对话框，对元件封装进行重命名。

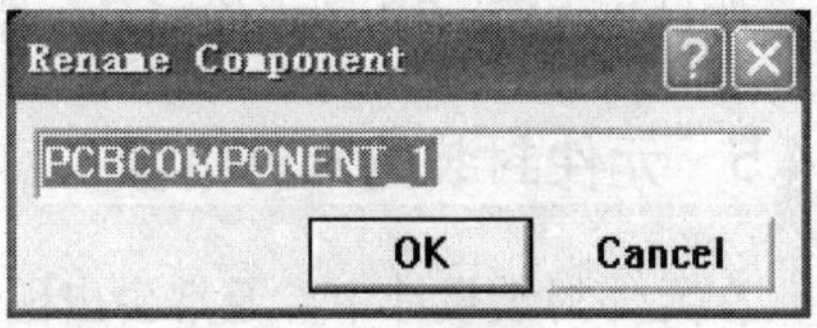

图 4.81　元件重命名

(3) 执行菜单【Tools】→【Library Options】，在打开的对话框中将捕捉栅格的大小设置为 5 mil。

(4) 执行菜单【Place】→【Pad】，或单击工具条上的图标，放置焊盘，一般放在坐标原点处。利用前面讲过的方法编辑焊盘的属性。

(5) 依据同样的方法放置其他焊盘，要注意焊盘的间距。

(6) 焊盘放置结束后，将工作层切换到 Top Overlay，单击工具条上的图标，绘制元件封装的外形轮廓线。根据元件的外形也可绘制圆弧轮廓线。

(7) 执行菜单【Edit】→【Set Reference】→【Pin1】，将元件参考点设置在引脚 1。

(8) 保存当前元件。

4.4.4　编辑已有元件封装

1. 直接在 PCB 图中修改元件封装

在 PCB 的设计过程中，如果某个元件的封装不符合要求，可直接在 PCB 图中修改，具体操作如下：

(1) 在元件封装上双击鼠标左键，打开如图 4.82 所示的属性对话框。

(2) 在属性对话框中，取消 Lock Prims 复选框的选中状态。

(3) 分别修改各个焊盘和封装外形的位置、大小、编号等信息。

(4) 全部修改完毕后，打开图 4.82 所示的属性对话框，选中 Lock Prims 复选框，单击【OK】按钮即可。

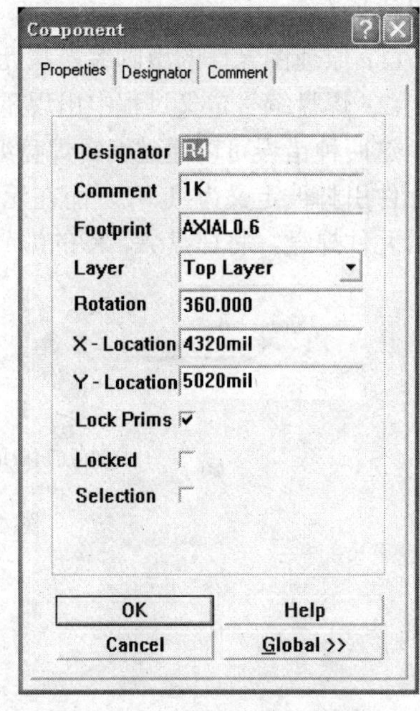

图 4.82　元件封装属性对话框

2. 修改元件封装库中的元件

在 PCB 的设计过程中，如果某个元件的封装不符合要求，也可在元件封装库中修改，具体操作如下：

(1) 打开要编辑的元件库，或者把要编辑的元件封装拷贝到自己的元件封装库中，在元件浏览器中选中要编辑的元件，把元件封装图显示在编辑窗口。

(2) 若要修改焊盘的编号、大小、钻孔直径、焊盘间距等属性，可在焊盘上双击鼠标左键，打开属性对话框直接修改。

(3) 若要修改元件外形，可以用鼠标点取某一条轮廓线，再单击非控点部分，移动鼠标改变其轮廓线；也可删除或重新绘制轮廓线。

(4) 修改元件后，执行菜单【File】→【Save】保存结果。

(5) 在封装库中修改元件封装的结果不会反映到已经设计的 PCB 图中，若想用修改后的元件封装更新 PCB 图中的同名元件，可单击元件库编辑器中的【UpdatePCB】按钮。

4.4.5 元件封装的常见错误

在元件封装设计中，通常会出现一些错误，这对 PCB 的设计将产生不良影响。

1．机械错误

机械错误在元件规则检查中是无法检查出来的，因此设计时需要特别小心。常见的机械错误有：

(1) 焊盘大小选择不合适，尤其是焊盘的内径选择得太小，使元件引脚无法插进焊盘。

(2) 焊盘间距以及分布与实际元件不符，导致元件无法安装。

(3) 带安装定位孔的元件未在封装中设计定位孔，导致元件无法固定。

(4) 封装的外形轮廓小于实际元件，可能导致元件排得太挤，甚至无法安装。

(5) 接插件的出线方向与实际元件的出线方向不一致，造成焊接时无法调整。

(6) 丝印层的内容放在焊盘所在层上，导致元件焊盘短路或无法焊接。

2．电气错误

电气错误通常可以通过元件规则检查(选择菜单命令【Reports】→【Component Rule Check】)，或者在载入网络表文件时由系统检查，因此可以根据出错信息找到错误并修改。常见错误有：

(1) 原理图元件的引脚编号与元件封装的焊盘编号不一致。

(2) 焊盘编号定义过程中出现重复定义。

这两种错误可以通过编辑焊盘编号的方式解决。如图 4.83 所示的二极管中，在原理图中元件引脚被定义为 1、2，而在元件封装中焊盘被定义为 A、K，两者不一致，可以通过编辑元件焊盘，将焊盘 A、K 的编号分别修改为 1、2。

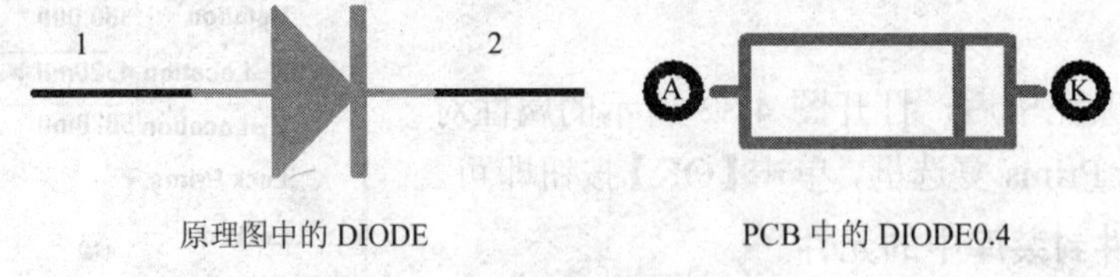

图 4.83　二极管引脚编号问题

上 机 操 作

操作　制作元件封装

一、实验目的

(1) 掌握 PCB 元件库编辑器的基本操作。

(2) 掌握用 PCB 元件库编辑器绘制元件封装。

二、实验内容及步骤

1．手工制作 SO-16 封装图

(1) 创建新元件。新建一个项目文件“元件封装制作练习.ddb”，若新建一个 PCB.LIB 元件库，系统将自动创建一个缺省名为 PCBCOMPONENT_1 的 PCB 元件。若在一个已经存在的元件库中再次创建一个新元件，执行菜单【Tools】→【New Component】，屏幕弹出元件设计向导，点击【Cancel】按钮进入手工设计状态，系统自动创建一个名为 PCBCOMPONENT_1 的新元件。

(2) 根据实际元件确定元件焊盘之间的间距、两排焊盘间的间距及焊盘的直径。SO-16 是标准的贴片式元件封装，焊盘设置为：80 mil × 25 mil，形状为 Round；焊盘之间的间距为 50 mil；两排焊盘间的间距为 220 mil；焊盘所在层为 Top layer(顶层)。

(3) 执行菜单【Tools】→【Library Options】设置文档参数，将可视栅格 1 设置为 5 mil，可视栅格 2 设置为 20 mil，捕获栅格设置为 5 mil。

(4) 执行菜单【Edit】→【Jump】→【Reference】将光标跳回原点(0，0)。

(5) 执行菜单【Place】→【Pad】放置焊盘，按下【Tab】键，弹出焊盘的属性对话框，设置参数如下。X-Size：80 mil；Y-Size：25 mil；Shape：Round；Designator：1；Layer：Top Layer；其他默认。退出对话框后，将光标移动到原点，单击鼠标左键，将焊盘 1 放下。

(6) 依次以 50 mil 为间距放置焊盘 2～8。

(7) 对称放置另一排焊盘 9～16，两排焊盘间的间距为 220 mil。

(8) 双击焊盘 1，在弹出的对话框中的 Shape 下拉列表框中选择 Rectangle，定义焊盘 1 的形状为矩形。

(9) 绘制 SO-16 的外框。将工作层切换到 Top Overlay，执行菜单【Place】→【Track】放置连线，执行菜单【Place】→【Arc】放置圆弧，线宽均设置为 10 mil，圆弧半径设置为 25 mil，外框绘制完毕的元件如图 4.84 所示。

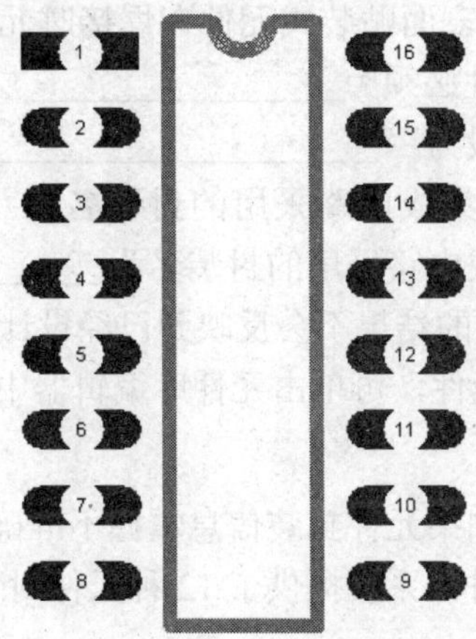

图 4.84　SO-16 封装图

(10) 执行菜单【Edit】→【Set Reference】→【Pin1】，将元件参考点设置在引脚 1。

(11) 执行菜单【Tools】→【Rename Component】，将元件名修改为 SO-16。

(12) 执行菜单【File】→【Save】保存当前元件。

2. 采用设计向导绘制 SOP8

采用设计向导绘制 8 脚贴片式封装 SOP-8，电路图如图 4.85 所示。

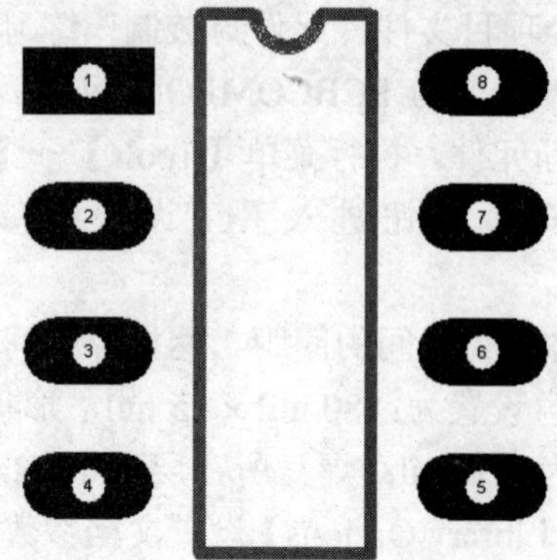

图 4.85 SOP-8 封装图

元件封装的参数设置为：焊盘大小为 100 mil × 50 mil；两焊盘之间的间距为 100 mil；两排焊盘间的间距为 300 mil；线宽为 10 mil，封装名为 SOP-8。

课 后 练 习

一、填空题

1. 元件的封装可以分为两大类，分别为____________和______________。

2. 元件的封装主要由__________、______________、____________和__________等组成。

3. 通孔式元件的焊盘通孔贯通整个电路板，故在其焊盘的属性对话框内，Layer(层)的属性必须为____________层。而表面贴装式元件在焊接时元件与其焊盘在同一层，故在其焊盘属性对话框中，Layer 的属性必须为_________________层。

4. 元件封装的编号规则一般为：____。

5. 常用的通孔式双列直插集成电路采用的封装名为 DIP-XX，其中的“XX”表示__________。通孔式单列直插集成电路采用的封装名为_____________。

6. 在封装库中修改元件封装的结果不会反映到已经设计的 PCB 图中，若想用修改后的元件封装更新 PCB 图中的同名元件，可单击元件库编辑器中的____________________按钮。

二、简答题

1. 在设计元件封装之前，如果元件封装信息掌握不准确，容易出现哪些问题？

2. 利用向导制作元件封装时，系统提供了 12 种元件封装模板，分别是什么？

第 5 章　可编程逻辑器件 PLD

本章要点

- 掌握 PLD 的设计方法
- 了解 VHDL 程序设计的基本结构和简单编程
- 学会使用 ispLEVER 软件进行 PLD 设计

5.1　PLD 概 述

可编程逻辑器件 PLD(Programmable Logic Device)是作为一种通用集成电路生产的，它是一种半导体集成器件的半成品。在可编程逻辑器件的芯片中按一定方式(阵列形式或单元阵列形式)制作了大量的门、触发器等基本逻辑器件，如对这些基本器件进行适当地连接(此连接的过程称为编程或配置)，就可以完成某个电路或系统的功能。这样就可以由设计人员自行编程而把一个数字系统“集成”在一片 PLD 上，而不必去请芯片制造厂商设计和制作专用的集成电路芯片了。

可编程逻辑器件按照集成度大致可分为：

(1) 低集成度芯片。比如早期出现的可编程只读存储器 PROM(Programmable Read Only Memory)、可编程阵列逻辑 PAL(Programmable Array Logic)、通用阵列逻辑 GAL(Generic Array Logic)等都属于这种类型。

(2) 高集成度芯片。比如现在大量使用的现场可编程门阵列 FPGA(Field Programmable Gate Array)、复杂的可编程逻辑器件 CPLD(Complex Programmable Logic Device)等。它们的规模和结构有较大的区别，但使用方法基本一致。虽然 CPLD 与 FPGA 在很大程度上类似，但内部结构的差异导致了它们在功能与性能上的差异。

5.2　VHDL 语言简介

VHDL 主要用于描述数字系统的结构、行为、功能和接口。除了含有许多具有硬件特征的语句外，VHDL 的语言形式、描述风格和句法与一般的计算机高级语言十分类似。VHDL 的程序结构特点是将一项工程设计或称设计实体(可以是一个元件、一个电路模块或一个系统)分成外部(或称可视部分及端口)和内部(或称不可视部分，即涉及实体的内部功能和算法实现部分)。在对一个设计实体定义了外部界面后，一旦其内部开发完成后，其他的设计就可以直接调用这个实体。这种将设计实体分成内外部分的概念是 VHDL 系统设计的基本点。应用 VHDL 进行工程设计的优点是多方面的。

5.2.1 VHDL 程序设计基本结构

描述一个实体的对外特性及其内部功能，是设计的主要任务。一个完整的 VHDL 程序通常包含实体(Entity)声明、结构体(Architecture)、配置(Configuration)、程序包(Package)和库(Library)5 个部分。实体声明用于描述所设计的系统的外部接口信号；结构体用于描述系统内部的结构和行为；程序包集合存放各设计模块都能共享的数据类型、常数和子程序等；配置用于从库中选取所需单元来组成系统设计的不同版本；库存放已经编译的实体、构造体、包集合和配置。

1．实体声明

实体声明语法如下：

```
entity    实体名称  is  [generic(类属声明)；]
                        [Port(端口声明)；]
end [entity][实体名称]；
```

一个基本设计单元的实体声明主要包括类属声明和端口声明两个方面。

1) 类属声明

类属声明用来确定实体或组件中定义的局部常数。类属声明必须放在端口声明之前，用于指定参数，在模块化设计中常用于不同层次模块间信息的传递。

类属声明的语法如下：

```
generic(常数名称：类型[:=值]
    {；常数名称：类型[:=值]})；
```

2) 端口声明

端口声明确定了输入和输出端口的数目和类型，是对基本设计实体(单元)与外部接口的描述，也可以说是对外部引脚信号的名称、数据类型和输入、输出方向的描述。

端口声明的语法如下：

```
Port(端口名称；端口方式   端口类型；
         {；端口名称；端口方式   端口类型})；
```

其中，端口方式有以下 4 种方式：

(1) in(输入型)：表示这一端口为只读型。

(2) out(输出型)：表示只能在实体内部对其进行赋值。

(3) inout(输入输出型)：既可读也可赋值。可读的值是该端口的输入值，而不是内部赋给端口的值。

(4) buffer(缓冲型)：与 out 相似但可读，读的值即内部赋的值。它只能有一个驱动源。

2．结构体

实体只描述了模块对外的特性，而没给出模块的具体实现。模块的具体实现或内部具体描述由结构体来完成。结构体是一个基本设计单元的实体，它具体地指明了该基本设计单元的行为、元件及内部的连接关系，即它定义了设计单元具体的功能，确定设计实体输出与输入之间的逻辑关系。

每个实体可以有一个或多个结构体，每个结构体对应着实体不同的结构和算法实现方

案，其间的各结构体的地址是同等的。

由于构造体是对实体功能的具体描述，因此它一定要跟在实体的后面。

结构体的语法如下：

```
architecture  结构体名称  of  实体名称  is
        [说明语句]
        begin
        [并行处理语句];
end  [Architecture][结构体名称];
```

结构体的名称是对本结构体的命名，它是该结构体的唯一名称；实体名称是将要实现的实体命名；说明语句用来定义计算单元，该单元可以执行读信号、计算以及对信号进行赋值等任务。

3. 配置

配置语句在功能上是用来描述设计过程中不同层次之间的连接关系以及实体与结构体之间的连接关系。也就是说，在设计过程中，利用配置从多个结构体中选择不同的结构体与设计的实体相对应，再通过比较多次的仿真结果，选出性能最佳的结构体。

配置语句的语法如下：

```
configuration  配置名  of  实体名  is
      [说明语句];
end  配置名;
```

根据不同的配置类型，说明语句有简有繁，其中常用的最简单默认配置格式结构如下：

```
configuration  配置名  of  实体名   is
      for  选配构造体名
      end  for
end  配置名;
```

这种配置用于选择不包含块(Block)和元件(Components)的构造体。在配置语句中只包含有实体所选配的结构体名称。

4. 程序包和库

程序包就是将声明收集起来的一个集合，它可供多个设计使用。为了使已定义过的常数、数据类型、元件说明、子程序等能够被其他更多的设计实体使用，可以把它们做成一个 VHDL 程序包共享。如果把多个程序包合并起来并放入一个 VHDL 库中，就可以使它更适用于一般的访问和调用，因此程序包和库是一个层次结构的关系。

1) 程序包

程序包的语法如下：

```
package  程序包名  is
     [说明语句];
end  程序包名;
package  body  程序包名  is
     [说明语句]
```

end　程序包名；

一个程序包由两大部分组成：程序包标题(Header)和程序包体。有时程序包体被省略了，因此程序包也可以只由程序包标题构成。

2) 库

库被用来存放编译过的程序包定义、实体定义、构造体定义和配置定义。它的作用与程序包类似，只是级别高于程序包。在 VHDL 语言中，库的说明总是放在设计单元的最前面，它可以用 library 语句打开，其语法如下：

library　库名；

利用这条语句可以在其后的设计实体打开以各库名命名的库，使用其中的程序包。当前在 VHDL 语言中存在的库大致可以分为 5 种：IEEE 库、Std 库、ASIC 矢量库、用户定义的库和 Work 库。其中 Std 库和 Work 库为预定义库，其他的为资源库。

打开库后，要用 use 语句来打开库中的程序包，其格式有如下两种：

use　库名.程序包名.项目名；

use　库名.程序包.all；

第一种语句格式是开放指定库中的特定程序包内所选的项目；第二种语句格式是开放指定库中特定程序包的所有内容。

应当注意，library 语句与 use 语句的作用范围是紧跟其后的实体及其结构体。若一个程序中有一个以上的实体，则应在每个实体的前面分别加上 library 语句和 use 语句，说明对应的实体及其结构体需要使用的库和程序包。

5.2.2　VHDL 语言要素

与其他软件编程语言一样，VHDL 语言在描述语句中也有标识符语法规则、数据对象、数据类型、属性、表达式和运算符等一些规定。

1．标识符

VHDL 语言中的标识符分为基本标识符和扩展标识符两种。

基本标识符中规定必须以英文字母开头，其他字符可以用英文字母(a～z，A～Z)、数字(0～9)以及下划线(_)；字母不区分大小写；不能以下划线结尾，更不能出现连续的两个或两个以上的下划线，避免使用 VHDL 的保留字。

扩展标识符在标识符上用反斜杠分隔，取消了基本标识符中的任何限制，可以任意使用字符、图形符号、空格、保留字等，也可以用数字开头，连续出现两个或两个以上的下划线，但扩展标识符要区分大小写；即使基本标识符和扩展标识符同名，也不表示同一名称。注意，如果扩展标识符内含有反斜杠，则必须用连续的两个反斜杠。

2．数据对象

数据对象是数据类型的载体。数据对象共有 3 种形式：常量(Constant)、变量(Variable)和信号(Signal)。虽然文件也是对象，可是它不可以通过复制来更新文件的内容，只能作为参数向子程序传递，通过子程序对文件进行读和写操作。这些对象在使用前，应加以说明。

(1) 常量(CONSTANT)(常数)。定义一个常数主要是为了使设计实体中的某些量易于阅读和修改。常数说明就是对某一常数名赋予一个固定的值。通常在程序开始前进行赋值，该值的数据类型在说明语句中说明。

常数说明语句的格式为：

Constant 常数名：数据类型 := 表达式；

例如：

```
Constant Width: Integer:=8;
Constant Fbus : BIT_VECTOR := “1011”;
```

注意：常量是一个恒定不变的值，一旦做了数据类型和赋值定义，它在程序中就不能再改变。

(2) 变量(VARIABLE)。变量只能在进程和子程序中用，是一个局部量，不能将信息带出对它做出定义的当前设计单元。与信号不同，变量的赋值是理想化数据传输，其赋值是立即生效的，不存在任何的延时行为。

变量定义语句的格式为：

Variable 变量名 : 数据类型 : 约束条件 := 初始值;

例如：

```
Variable Count：Integer Range 0 To 255 :=10;
Variable a: INTEGER;
```

(3) 信号(SIGNAL)。信号是电子电路内部硬件连接的抽象。它可以作为设计实体中的并行语句模块间交流信息的通道。信号及其相关的延时语句明显地体现了硬件系统的特征。

信号定义语句的格式为：

Signal 信号名：数据类型：约束条件 := 表达式；

例如：

```
Signal gnd : BIT := '0';
Signal temp: bit_vector(0 to 3);
```

(4) 信号与变量的区别。信号和变量是 VHDL 中的重要客体，它们之间的主要区别有：

- 信号赋值至少要有 δ 延时；而变量赋值没有。
- 信号除当前值外有许多相关的信息，如历史信息和投影波形；而变量只有当前值。
- 进程对信号敏感而不对变量敏感。
- 信号可以是多个进程的全局信号；而变量只在定义它们的顺序域可见(共享变量除外)。
- 信号是硬件中连线的抽象描述，它们的功能是保存变化的数据值和连接子元件，信号在元件的端口连接元件。变量在硬件中没有类似的对应关系，它们用于硬件特性的高层次建模所需要的计算中。

3．数据类型

在对 VHDL 的客体进行定义时，都要指定其数据类型。VHDL 有多种标准的数据类型，并且允许用户自定义数据类型。在 VHDL 语言语义约束中，对类型的要求反映在赋值语句的目标与源的一致，表达式中操作的一致，子类型中约束与类型的一致等许多方面。

1) VHDL 的预定义数据类型

预定义类型在 VHDL 标准程序包 Standard 中定义，在应用中自动包含了 VHDL 的源文件，不需要 use 语句调用。数据类型说明如下。

(1) 整数(INTEGER)。与数学中整数的定义相似，可以使用预定义运算操作符，如加、减、乘、除进行算术运算。在VHDL语言中，整数的表示范围为-2 147 483 647～2 147 483 647，即从$-(2^{31}-1)$到$2^{31}-1$。

(2) 实数(REAL)。实数的定义值范围为-1.0E+38～+1.0E+38。实数有正负数，书写时一定要有小数点。例如：-1.0，+2.5，-1.0E+38。

(3) 位(BIT)。位用来表示数字系统中的信号值。位值用字符“0”或者“1”(将值放在引号中)表示。与整数中的1和0不同，“1”和“0”仅仅表示一个位的两种取值。

(4) 位矢量(BIT_VECTOR)。位矢量是用双引号括起来的一组数据，例如：“001100”，X“00bb”。位矢量前面的X表示是十六进制。用位矢量数据表示总线状态最形象也最方便，在VHDL程序中将会经常遇到。

(5) 布尔量(BOOLEAN)。一个布尔量具有两种状态，即逻辑“真”或逻辑“假”。虽然布尔量也是二值枚举量，但它和位不同，它既没有数值的含义，也不能进行算术运算，可以进行关系运算。

(6) 字符(CHARACTER)。字符也是一种数据类型，所定义的字符量通常用单引号括起来，如‘a’。一般情况下VHDL对大小写不敏感，但对字符量中的大小写则认为是不一样的。例如，‘M’不同于‘m’。字符量中的字符可以是从a到z中的任一个字母，从0到9中的任一个数以及空格或者特殊字符，如$、@、%等。

(7) 时间(TIME)。时间是一个物理量数据。完整的时间量数据应包含整数和单位两部分，而且整数和单位之间至少应留一个空格的位置。例如55 sec，2 min等。在包集合STANDARD中给出了时间的预定义，其单位为fs，ps，ns，μs，ms，sec，min和hr。例如：20 μs，100 ns，3 sec。

在系统仿真时，时间数据特别有用，用它可以表示信号延时，从而使模型系统能更逼近实际系统的运行环境。

(8) 错误等级(SEVERITY LEVEL)。错误等级类型数据用来表征系统的状态，共有4种：note(注意)，warning(警告)，error(出错)，failure(失败)。

(9) 自然数(NATURAL)，正整数(POSITIVE)。这两种数据是整数的子类，NATURAL类数据为0和0以上的正整数；而POSITIVE 则只能为正整数。

(10) 字符串(STRING)。字符串是由双引号括起来的一个字符序列，也称字符矢量或字符串组。字符串常用于程序的提示和说明。

上述10种数据类型是VHDL语言中标准的数据类型，在编程时可以直接引用。在IEEE库的程序包 STD_LOGIC_1164 中预定义的两个数据类型“STD_LOGIC”和“STD_LOGIC_VECTOR”也经常用。这两种类型具有9种不同的值：U(初始值)、X(不定)、0(置0)、1(置1)、Z(高阻)、W(弱信号不定)、L(弱信号0)、H(弱信号1)、—(不可能情况)。在程序中使用这两个数据类型之前，必须使用Library和Use语句加以说明，例如：LIBRARY IEEE；USE IEEE.STD_LOGIC_1164.ALL。

2) 用户自定义的数据类型

VHDL语言中，通常使用类型说明语句Type和子类型说明语句Subtype进行说明。

类型说明的格式为：

Type 数据类型名 {，数据类型名} Is 数据类型定义

用户自定义的数据类型可以是枚举类型、整数类型、数组类型、记录类型、时间类型或实数类型等。

4．VHDL 语言的运算操作符

VHDL 语言中的操作符大致可以分为 4 类：逻辑运算符、关系运算符、算术运算符和其他运算符，如表 5.1 所示。

表 5.1　VHDL 运算符

类型	运算符	功　能	类型	运算符	功　能
逻辑运算符	NOT	非逻辑	算术运算符	SLA	算术左移
	AND	与逻辑		SRA	算术右移
	OR	或逻辑		ROL	逻辑循环左移
	NAND	与非逻辑		ROR	逻辑循环右移
	NOR	或非逻辑		**	指数
	XOR	异或逻辑		ABS	取绝对值
	XNOR	异或非逻辑	关系运算符	=	等于
算术运算符	+	加		/=	不等于
	-	减		<	小于
	*	乘		>	大于
	/	除		<=	小于等于
	MOD	求模		>=	大于等于
	REM	取余	其他	+	正
	SLL	逻辑左移		-	负
	SRL	逻辑右移		&	连接

VHDL 语言中的运算符和操作数之间需注意：

(1) 在基本操作符间操作数要具有相同的数据类型。

(2) 操作数的数据类型必须与操作符所要求的类型完全一致。

在 VHDL 语言中，表达式不允许不用括号而把不同的运算符结合起来，同时还要注意运算符的优先级别，因此在编程中要正确使用括号来构造表达式。运算符的优先级别如表 5.2 所示。

表 5.2　VHDL 操作符的优先级顺序

运　算　符	优先级顺序	
NOT，ABS，**	最高级	高
*，/，MOD，REM		↓
+(正号)，−(负号)		↓
+(加)，−(减)，&		↓
SLL，SLA，SRL，SRA，ROL，ROR		↓
=，/=，<，>，<=，>=		↓
AND，OR，NAND，NOR，XOR，XNOR	最低级	低

5．VHDL 语言的主要描述语句

VHDL 语言的主要描述语句有两类：顺序语句和并行语句。顺序语句是指程序按照语句的书写顺序执行；并行语句是指程序只执行被激活的语句，对所有被激活语句的执行也不受书写顺序的影响。但有时并行语句中又有顺序语句。

1) 顺序语句

顺序语句是指完全按照程序中书写的顺序执行各语句，并且在结构层次中前面的语句执行结果会直接影响后面各语句的执行结果。在 VHDL 语言中，顺序语句只能出现在进程或子程序中，用来定义进程或子程序的算法。顺序语句可以用来进行算术运算、逻辑运算、信号和变量的赋值、子程序调用等，还可以进行条件控制和迭代。

顺序语句主要包括：变量赋值语句、信号赋值语句、IF 语句、CASE 语句、LOOP 语句、NEXT 语句、EXIT 语句、NULL 语句、WAIT 语句、RETURN 语句和过程调用语句。

其中，空(NULL)语句表示只占位置的一种空处理操作，但是它可以用来为所对应信号赋一个空值，表示关闭或停止。

(1) 变量赋值语句(Variable Evaluate)与信号赋值语句(Signal Evaluate)。变量赋值语句的语句格式为

```
变量名 := 赋值表达式;
```

例如：

```
out1 :=3;
out2 :=3.0;
count := s+1
```

注意：符号左右两边的类型必须相同，且右边的表达式可以是变量、信号和字符。

信号赋值语句的语句格式为

```
信号名 <= 信号量表达式;
```

例如：

```
a<=b;
c<=q NOR (a AND b);
```

要求“<=”两边的信号变量的类型和位长度应该一致。

(2) IF 语句。在 VHDL 语言中，IF 语句的作用是根据指定的条件来确定语句的执行顺序。IF 语句可用于选择器、比较器、编码器、译码器、状态机等的设计，是 VHDL 语言中最常用的语句之一。IF 语句的格式为

```
    IF 条件 THEN
        顺序语句
    [ELSE
        顺序语句];
[ELSE IF 条件 THEN
        顺序语句];
    END IF;
```

(3) CASE 语句。CASE 语句是以一个多值表达式为条件，根据满足的条件直接选择多项顺序语句中的一项执行，它常用来描述总线行为、编码器、译码器等的结构。

CASE 语句的格式为：

```
CASE  表达式 IS
  [WHEN 条件表达式 => 顺序语句];
  [WHEN OTHERS => 顺序语句];
```

```
END  CASE;
```

条件表达式的值可以是一个值，或是多个值的“或”关系，或是一个取值范围，或表示其他所有的缺省值。“OTHERS”表示已给的所有条件语句中未能列出的其他可能的取值，使用时 OTHERS 只能出现一次，且只能作为最后一种条件取值。

(4) LOOP 语句、NEXT 语句和 EXIT 语句。LOOP 语句就是循环语句，它可以使包含的一组顺序语句被循环执行，其执行的次数受迭代算法控制。在 VHDL 中常用来描述迭代电路的行为。其格式为：

```
[标号:] LOOP
      顺序语句;
End LOOP [标号];
```

这种循环语句需引入其他控制语句(如 EXIT)后才能确定，否则为无限循环。其中的标号是可选的。

NEXT 语句主要用于 LOOP 语句内部的循环控制。

NEXT 语句的格式为

```
NEXT [循环标号] [WHEN  条件];
```

当 NEXT 语句后不跟[标号]时，它作用于当前最内层循环，即从 LOOP 语句的起始位置进入下一个循环。若 NEXT 语句不跟[WHEN 条件]，则 NEXT 语句立即无条件跳出循环。

EXIT 语句也用来控制 LOOP 的内部循环，与 NEXT 语句不同的是 EXIT 语句跳向 LOOP 终点，结束 LOOP 语句；而 NEXT 语句跳向 LOOP 语句的起始点，结束本次循环并开始下一次循环。

EXIT 语句的格式为

```
EXIT [循环标号] [WHEN  条件];
```

当 EXIT 语句中含有标号时，表明跳到标号处继续执行。含[WHEN 条件]时，如果条件为“真”，则跳出 LOOP 语句；如果条件为“假”，则继续执行 LOOP 循环。

EXIT 语句不含标号和条件时，表明无条件结束 LOOP 语句的执行，因此，它为程序需要处理保护、出错和警告状态，提供了一种快捷、简便的调试方法。

2) 并行语句

并行语句是 VHDL 硬件描述语言特色的体现，在结构体中是同时并发执行的，其书写次序与执行顺序并无关联，并行语句的执行顺序是由它们的触发事件来决定的。

主要的并行语句有：进程语句、并行信号代入语句、条件信号代入语句、选择信号代入语句、并行过程调用语句、块语句、并行断言语句、生成语句和元件例化语句。

进程(PROCESS)语句是一个并行处理语句，在一个构造体中多个 PROCESS 语句可以同时并行运行。因此，PROCESS 语句是 VHDL 语句中描述硬件系统并行行为的最基本的语句。进程语句的格式为

```
[进程标号：] PROCESS [(敏感信号表)] [IS]
      [说明语句；]
BEGIN
      顺序语句;
```

```
END PROCESS [进程标号];
```

进程语句虽然是一个并行语句，但在进程内部却是顺序执行的。只有当敏感信号表中的信号发生变化时，进程才被激活并顺序执行进程内部语句。

例如：由时钟控制的进程语句设计：

```
library ieee;
use ieee.std_logic_1164.all;
ENTITY sync_device IS
PORT (ina,clk: IN Bit;
outb: OUT Bit);
END sync_device;
ARCHITECTURE example OF sync_device IS
BEGIN
PROCESS (CLK)
BEGIN
outb <= ina;
END PROCESS P1;
END Example;
```

当给这个模块加上时钟时，模块能将输入 ina 信号传输给端口 outb，并由时钟控制数据的传输速度。上面的进程设计中，对时钟没有控制，只要时钟变化，进程就会工作。

5.3 使用 ispLEVER 软件进行 PLD 设计

ispLEVER 是 Lattice 公司最新推出的 EDA 软件。设计输入可采用原理图、硬件描述语言、混合输入等 3 种方式。

5.3.1 ispLEVER 开发工具的原理图输入

1．启动 ispLEVER

执行菜单【Start】→【Programs】→【Lattice Semiconductor】→【ispLEVER】。

2．创建一个新的设计项目

(1) 选择菜单【File】。

(2) 选择菜单【New Project...】。

(3) 在 Create New Project 对话框的 Project Name 栏中，键入项目名 d:\user\demo.syn。在 Project type 栏中选择 Schematic/VHDL(ispLEVER 软件支持 Schematic/ABEL、Schematic/VHDL、Schematic/Verilog 等的混合设计输入，在此例中，仅有原理图输入，因此可选这 3 种中的任意一种)。

(4) 屏幕显示默认的项目名和器件型号: Untitled 和 ispLSI5256VE-165LF256，如图 5.1 所示。

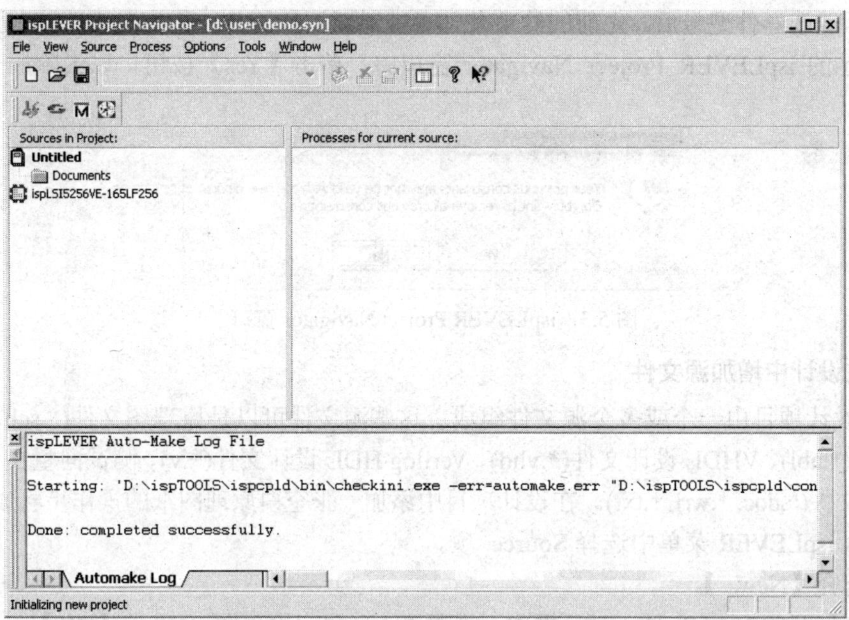

图 5.1　创建新项目

3. 项目命名

(1) 用鼠标双击 Untitled。

(2) 在 Title 文本框中输入 Demo Project，单击【OK】按钮。

4. 选择器件

(1) 双击 ispLSI5256VE-165LF256，打开 Device Selector 对话框，如图 5.2 所示。

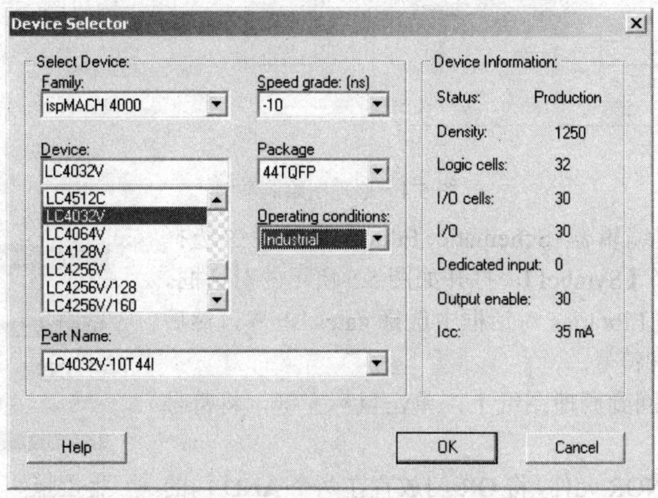

图 5.2　Device Selector 对话框

(2) 在 Select Device 窗口中选择 ispMACH 4000 项。

(3) 拖动器件目录中的滚动条，直到找到并选中器件 LC4032V-10T44I。

(4) 单击【OK】按钮，选择这个器件，在软件弹出的 Confirm Change 窗口中，单击【Yes】按钮。

(5) 因改选器件型号后，先前的约束条件可能对新器件无效，因此在软件接着弹出的如图 5.3 所示的 ispLEVER Project Navigator 窗口中，单击【Yes】按钮，以去除原有的约束条件。

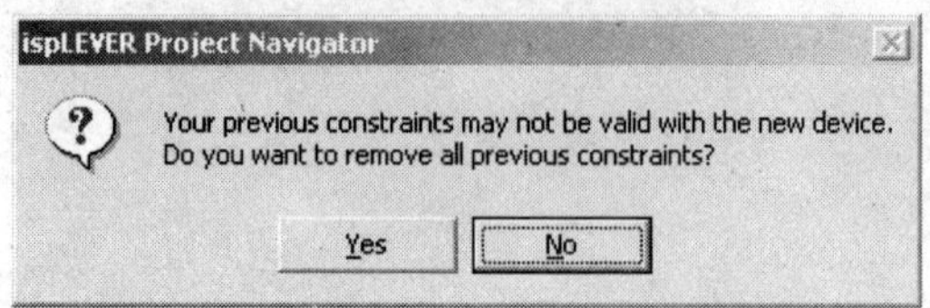

图 5.3　ispLEVER Project Navigator 窗口

5. 在设计中增加源文件

一个设计项目由一个或多个源文件组成。这些源文件可以是原理图文件(*.sch)、ABEL HDL 文件(*.abl)、VHDL 设计文件(*.vhd)、Verilog HDL 设计文件(*.v)、测试向量文件(*.abv)或者文字文件(*.doc, *.wri, *.txt)。在设计项目中添加一张空白原理图纸的操作步骤如下：

(1) 从 ispLEVER 菜单中选择 Source 项。

(2) 选择【New...】。

(3) 在打开的 New Source 对话框中，选择 Schematic(原理图)，单击【OK】。

(4) 在打开的 New Schematic 对话框中，输入文件名 demo.sch，确认后单击【OK】。

6. 原理图输入

进入原理图编辑器，完成图 5.4 所示的原理图的绘制。

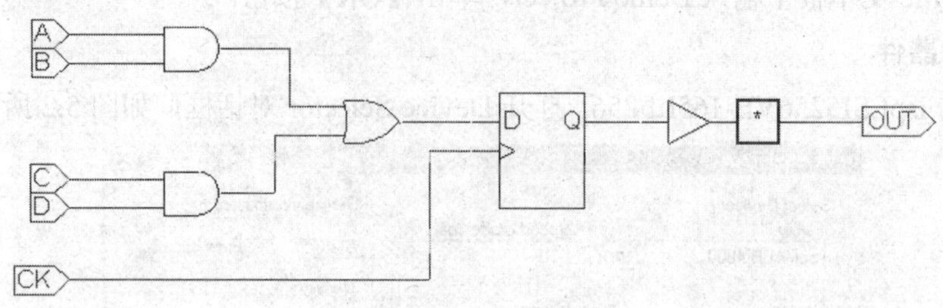

图 5.4　原理图绘制举例

(1) 从原理图编辑器 Schematic Editor 菜单栏中选择【Add】，然后选择【Symbol】，打开如图 5.5 所示的对话框。

(2) 在 Symbol Libraries 对话框中选择 gates.lsb 库，然后选择 G_2AND 元件符号。

(3) 将鼠标移回到原理图纸上，单击鼠标左键，将符号放置在合适的位置。

(4) 选择 G_2NOR 元件，将 OR 门放置在两个 AND 门的右边。

(5) 从 regs.lib 库中选一个 g_d 寄存器，并从 iopads.lib 库中选择 G_OUTPUT 符号。

(6) 选择 Add 菜单中的【Wire】，开始画引线。

(7) 添加连线和连线的信号名称。

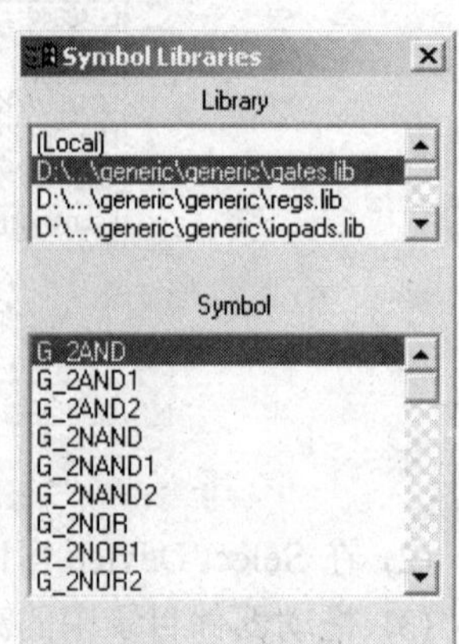

图 5.5　原理图编辑器对话框

选择【Add】菜单中的【Net Name】项，输入 A、B、C、D 和 CK，以及输出 OUT 放置连线名称。选择【Add】菜单的【I/O Marker】项，输入连线的信号名称。

7．器件属性的定义

在 ispLEVER 中，引脚的属性实际上是加到 I/O Pad 符号上，而不是加到 I/O Marker 上的。只有为一个引脚增加属性时，才需要 I/O Pad 符号，否则只需要一个 I/O Marker。

(1) 在菜单栏上选择【Edit】→【Attribute】→【Symbol Attribute】项，这时会出现 Symbol Attribute Editor 对话框，如图 5.6 所示。

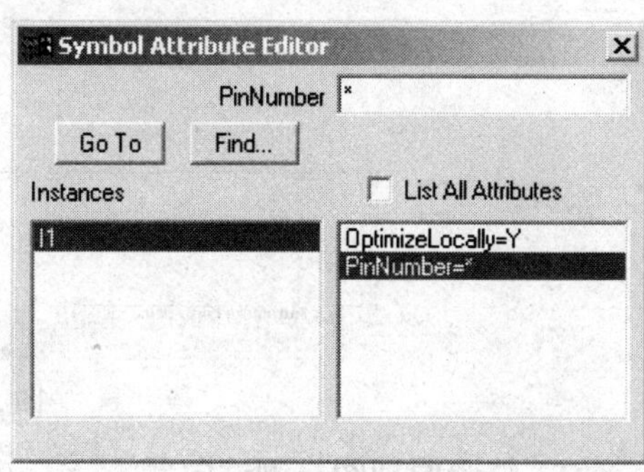

图 5.6　Symbol Attribute Editor 对话框

(2) 单击需要定义属性的输出 I/O Pad 符号，对话框里会出现一系列可供选择的属性。

(3) 选择 PinNumber 属性，将文本框中的“*”替换成“4”(“4”为器件的引脚号)。这样，该 I/O Pad 上的信号就被锁定到器件的第四个引脚上了。关闭对话框，此时数字“4”出现在 I/O Pad 符号内。

(4) 执行菜单【File】→【Save】→【Exit】保存完成的设计。

5.3.2　设计的编译与仿真

1．建立仿真测试向量(Simulation Test Vectors)

(1) 在已选择 LC4032V-10T44I 器件的情况下，执行菜单【Source】→【New...】。在对话框中，选择 ABEL Test Vectors 并单击【OK】按钮。

(2) 输入文件名 demo.abv 作为测试向量文件名。单击【OK】按钮，文本编辑器弹出后，输入如图 5.7 所示的测试向量文本。

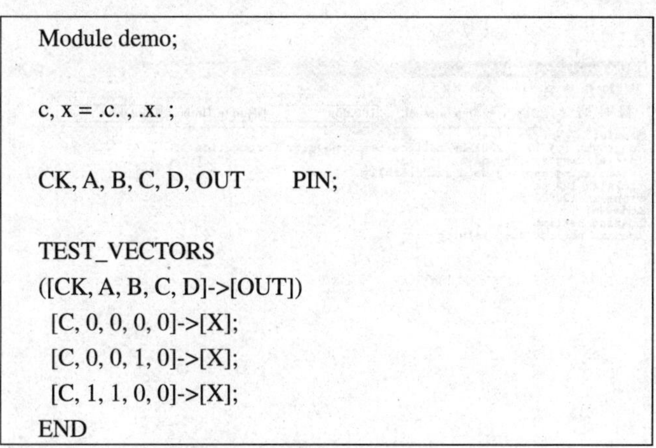

```
Module demo;

c, x = .c. , .x. ;

CK, A, B, C, D, OUT       PIN;

TEST_VECTORS
([CK, A, B, C, D]->[OUT])
 [C, 0, 0, 0, 0]->[X];
 [C, 0, 0, 1, 0]->[X];
 [C, 1, 1, 0, 0]->[X];
END
```

图 5.7　测试向量文本

(3) 完成后，执行菜单【File】→【Save】保存测试向量文件，再执行菜单【Exit】退出。

(4) 此时的项目管理器(Project Navigator)如图 5.8 所示。

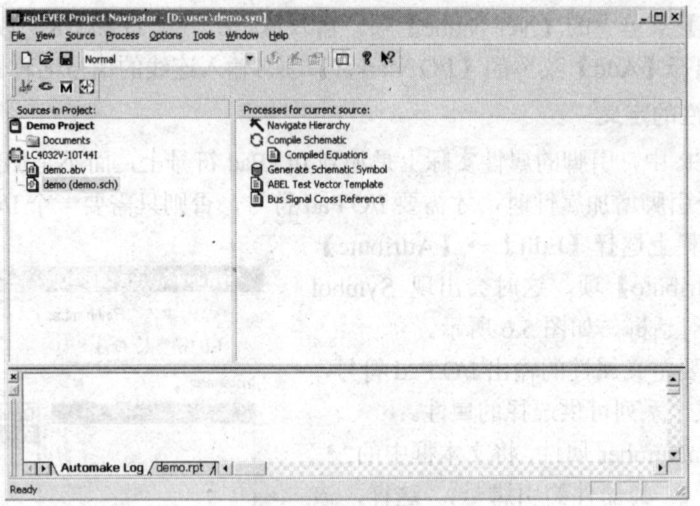

图 5.8 项目管理器

2．编译原理图与测试向量

选择不同的源文件，可以从项目管理器窗口中观察到该源文件所对应的可执行过程。

(1) 在项目管理器左边的 Sources in Project(项目源文件)清单中选择 demo.sch(原理图)。双击 Compile Schematic(原理图编译)处理过程。

(2) 编译通过后，Compile Schematic 过程的左边会出现一个绿色的查对记号以表明编译成功。编译结果将以逻辑方程的形式表现出来。

(3) 从源文件清单中选择 demo.abv(测试向量源文件)，双击 Compile Test Vectors(测试向量编译)处理过程。

3．功能仿真

(1) 在 ispLEVER Project Navigator 的主窗口左侧，选择 demo.abv（测试向量源文件)，双击右侧的 Functional Simulation 功能条，弹出如图 5.9 所示的 Simulator Control Panel(仿真控制窗口)。

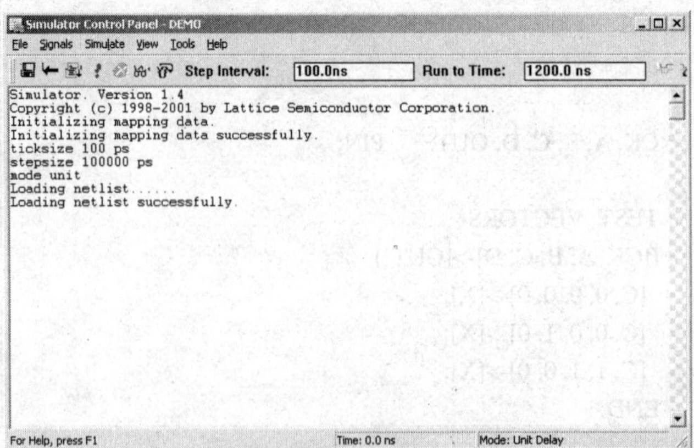

图 5.9 仿真控制窗口

(2) 在 Simulator Control Panel 中，根据(*.abv)文件中所给出的输入波形进行一步到位的仿真。执行菜单【Simulate】→【Run】，再选择【Tools】→【Waveform Viewer】，打开 Waveform

Viewer(波形观察器)，观察到的波形如图 5.10 所示。

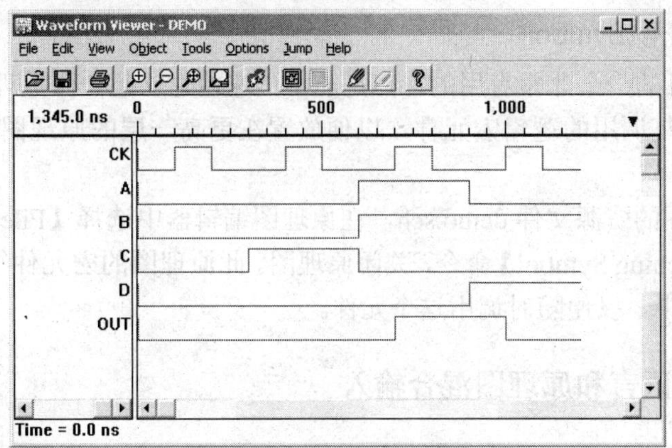

图 5.10　功能仿真波形图

4．时序仿真(Timing Simulation)

时序仿真的操作步骤与功能仿真基本相似，以下简述其操作过程中与功能仿真的不同之处。

仍以设计 Demo 为例，在 ispLEVER Project Navigator 主窗口中，在左侧源程序区选中 Demo.abv，双击右侧的 Timing Simulation 栏进入时序仿真流程。由于时序仿真需要与所选器件有关的时间参数，因此双击 Timing Simulation 栏后，软件会自动对器件进行适配，然后打开与功能仿真时间相同的 Simulator Control Panel 窗口。

时序仿真与功能仿真操作步骤的不同之处在于仿真的参数设置上。在时序仿真时，打开 Simulator Control Panel 窗口中的菜单【Simulate】→【Settings】，产生 Setup Simulator 对话框。在此对话框中可设置延时参数(Simulation Delay)的最小延时(Minimum Delay)、典型延时(Typical Delay)、最大延时(Maximum Delay)和 0 延时(Zero Delay)。最小延时是指器件可能的最小延时时间，0 延时指延时时间为 0。

在 Setup Simulator 对话框中，仿真模式(Simulation Mode)可设置为两种形式：惯性延时(Inertial Mode)和传输延时(Transport Mode)。

将仿真参数设置为最大延时和传输延时状态，在 Waveform Viewer 窗口中显示的仿真结果如图 5.11 所示。

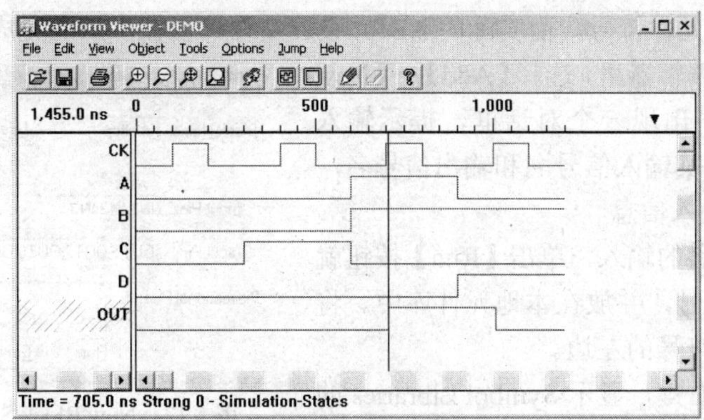

图 5.11　时序仿真波形图

由图可见，与功能仿真不同的是：输出信号OUT的变化比时钟CK的上升沿滞后了5 ns。

5．建立元件符号(Symbol)

ispLEVER工具的一个非常有用的特点是能够迅速地建立起一张原理图的符号。这样可以建立一个可供反复调用的逻辑宏元件，以便放置在更高一层的原理图纸上。建立元件符号的步骤如下：

(1) 双击原理图的资源文件demo.sch，在原理图编辑器中选择【File】菜单。

(2) 选择【Matching Symbol】命令，关闭原理图。此原理图的宏元件符号已经建立完毕，并且被加到元件表中，以便随时调用这个元件。

5.3.3 硬件描述语言和原理图混合输入

ispLEVER软件支持ABEL原理图、VHDL原理图和Verilog原理图的混合输入。这一节以ABEL原理图为例，介绍硬件描述语言和原理图混合输入的方法。

首先建立一个简单的ABEL HDL语言输入的设计，并且将其与上一节中完成的原理图进行合并，以层次结构的方式画在顶层的原理图上。然后对这个完整的设计进行仿真、编译，最后适配到器件中。

1．启动ispLEVER

执行菜单【Start】→【Programs】→【LatticeSemiconductor】→【ispLEVER】，打开项目管理器。

2．建立顶层的原理图

(1) 选择LC4032V-10T44I器件，执行菜单【Source】→【New...】。

(2) 在对话框中选择Schematic，单击【OK】按钮。

(3) 在文本框中输入文件名top.sch，单击【OK】按钮，进入原理图编辑器。

(4) 调用上节中创建的元件符号。

选择【Add】菜单中的【Symbol】项，这时会出现Symbol Libraries对话框，选择Local的库及demo元件符号，并放到原理图上的合适位置。

3．建立内含ABEL语言的逻辑元件符号

为ABEL HDL设计文件建立一个元件符号。只要知道了接口信息，就可以为下一层的设计模块创建一个元件符号。而实际的ABEL设计文件可以在以后再完成。

(1) 在原理图编辑器里，选择【Add】→【New Block Symbol...】，出现一个对话框，提示输入ABEL模块名称及其输入信号名和输出信号名，按照图5.12所示输入信息。

(2) 完成信号名的输入，单击【Run】按钮就会产生一个元件符号，并放在本地元件库中。将此符号放在demo符号的左边。

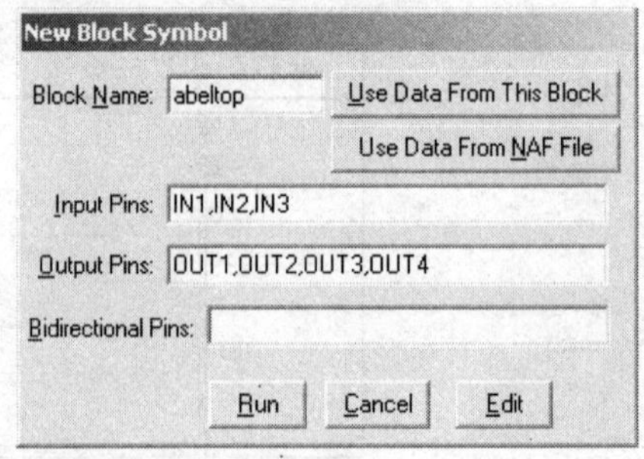

图5.12　New Block Symbol对话框

(3) 单击鼠标右键，显示Symbol Libraries的对话框。注意此时abeltop符号出现在Local库中，

关闭对话框。添加必需的连线、连线名称以及 I/O 标记，原理图如图 5.13 所示。

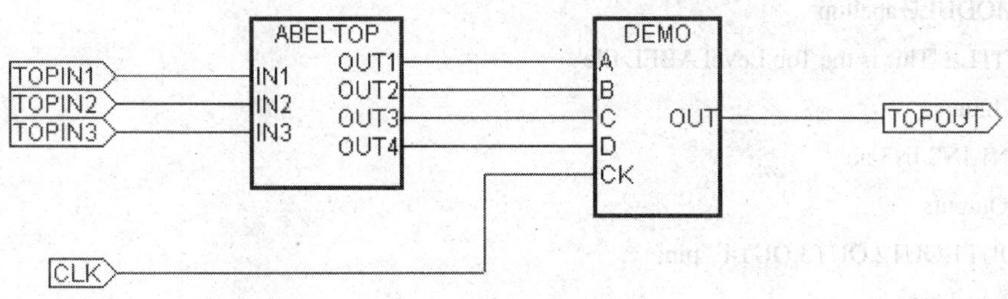

图 5.13　原理图

4．建立 ABEL-HDL 源文件

建立一个 ABEL 源文件，并把它链接到顶层原理图对应的符号上。当前的管理器如图 5.14 所示。

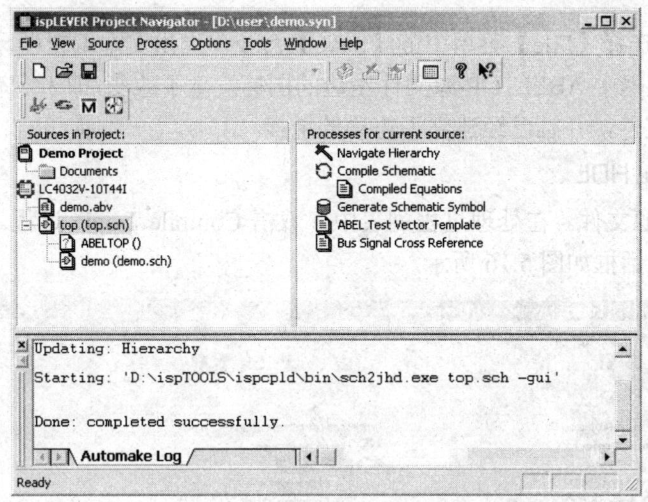

图 5.14　当前的管理器对话框

(1) ABELTOP 左边的“?”图标意味着目前这个源文件还是个未知数，同时源文件框中的层次结构、ABELTOP 和 demo 源文件位于 Top 原理图的底层源文件中。这也是 ispLEVER 项目管理器另外一个有用的特点。

(2) 建立所需的源文件，选择 ABELTOP，然后选择【Source】菜单中的【New...】命令。在 New Source 对话框中，选择 ABEL-HDL Module 并单击【OK】按钮。

(3) 填写模块名、文件名、模块标题。为了将源文件与符号相链接，模块名必须与符号名一致，而文件名可以不与符号名一致。按图 5.15 所示填写相应的栏目。

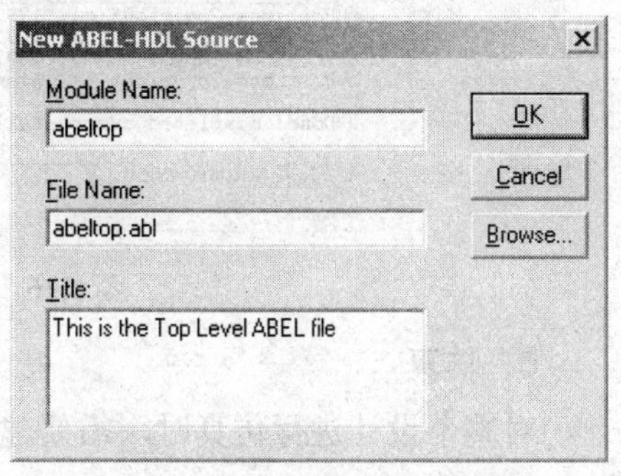

图 5.15　模块名、文件名、模块标题

(4) 单击【OK】按钮，进入 Text Editor，弹出 ABEL HDL 设计文件的框架。输入下列的代码，以

确保输入代码位于 TITLE 语句和 END 语句之间：

```
MODULE abeltop
TITLE 'This is the Top Level ABEL file'
" Inputs
IN1,IN2,IN3 pin;
"Outputs
OUT1,OUT2,OUT3,OUT4   pin;
Equations
OUT1=IN1 & !IN3;
OUT2=IN1 & !IN2;
OUT3=!IN1 & IN2 & IN3;
OUT4=IN2 & IN3;
END
```

(5) 完成后，选择【File】菜单中的【Save】命令，退出文本编辑器。

这时项目管理器中 ABELTOP 源文件左边的图标发生了改变，即表示有了一个与此源文件相关的 ABEL 文件，并且已经建立了正确的链接。

5. 编译 ABEL HDL

选择 abeltop 源文件。在处理过程列表中，双击 Compile Logic 过程。当处理过程结束后，项目管理器对话框如图 5.16 所示。

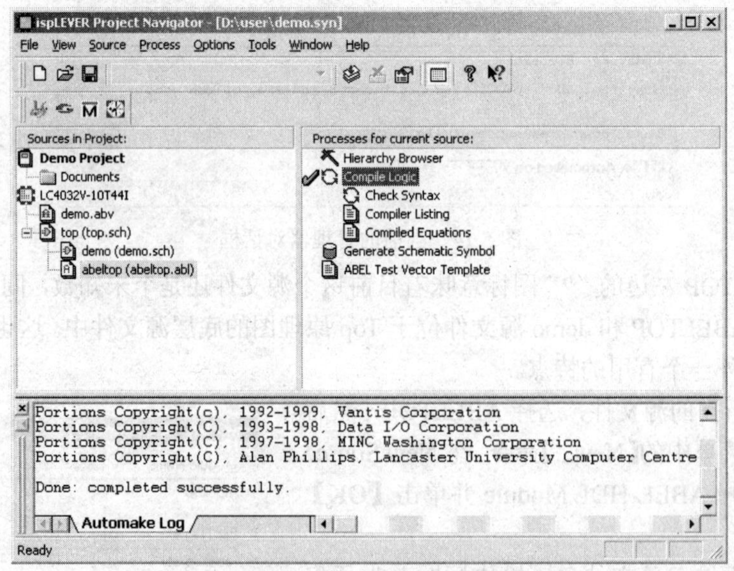

图 5.16 编译后的项目管理器对话框

6. 仿真

对整个设计进行仿真时，需要建立一个新的测试矢量文件。本例中只需修改当前的测试矢量文件。

(1) 双击 demo.abv 源文件，出现文本编辑器，按照图 5.17 所示修改测试矢量文件。

```
Module demo;
c, x = .c. , .x. ;
CK, A, B, C, D, OUT      PIN;
TEST_VECTORS
([CK, A, B, C, D]->[OUT])
  [C, 0, 0, 0, 0]->[X];
  [C, 0, 0, 1, 0]->[X];
  [C, 1, 1, 0, 0]->[X];
  [C, 0, 1, 0, 1]->[X]
END
```

图 5.17　测试矢量文件

(2) 完成后，存盘退出。

(3) 选择测试矢量源文件，双击 Functional Simulation 过程，进行功能仿真。

(4) 进入 Simulation Control Panel 窗口，执行菜单【Tools】→【Waveform Viewer】打开波形观测器并准备查看仿真结果。

(5) 在 Waveform Viewer 窗口中执行菜单【Edit】→【Show】，弹出 Show Waveforms 窗口，如图 5.18 所示。

选择 CLK、TOPIN1、TOPIN2、TOPIN3 和 TOPOUT 信号，并且单击【Show】按钮，然后执行菜单【File】→【Save】。这些信号名都可以在波形观测器中观察到。再单击【Run】按钮进行仿真，其结果如图 5.19 所示。

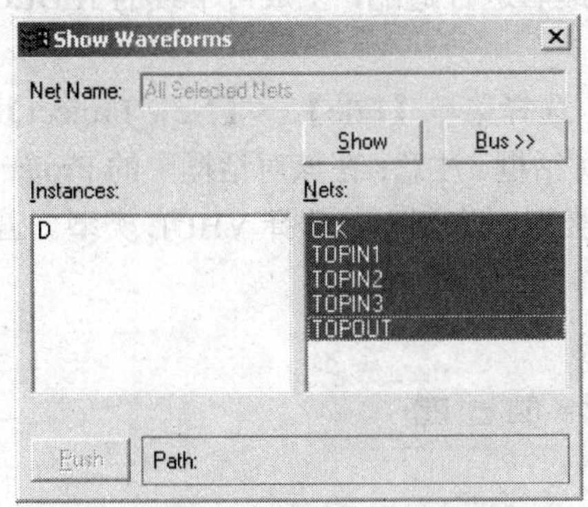

图 5.18　Show Waveforms 窗口

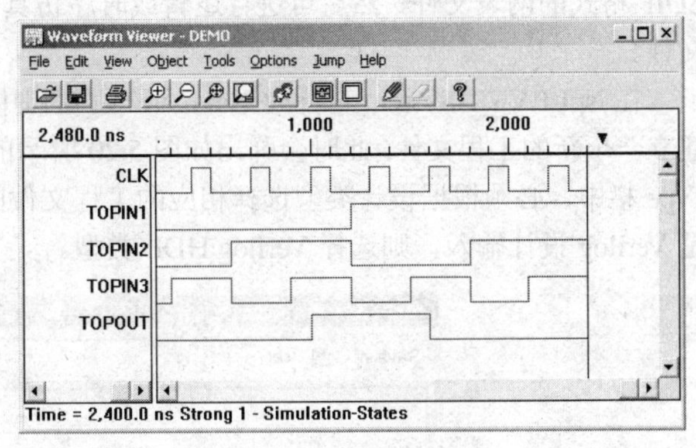

图 5.19　波形图

7．将设计适配到 Lattice 器件中

(1) 在源文件窗口中选择 LC4032V-10T44I 器件作为编译对象，并注意观察对应的处理过程。

(2) 双击处理过程 Fit Design。这将迫使项目管理器完成对源文件的编译，然后连接所有的源文件，最后进行逻辑分割、布局和布线，将设计适配到所选择的 Lattice 器件中。

(3) 双击 HTML Fitter Report，查看设计报告和有关统计数据。

8. 层次化操作方法

层次化操作是ispLEVER项目管理器的重要功能，它能够简化层次化设计的操作。

(1) 在项目管理器的源文件窗口中，选择最顶层原理图“top.sch”，此时在项目管理器右边的操作流程清单中必定有Navigation Hierarchy过程。

(2) 双击Navigation Hierarchy过程，即会弹出最顶层原理图“top.sch”。

(3) 选择【View】菜单中的【Push/Pop】命令，光标就变成十字形状。

(4) 用十字光标单击顶层原理图中的abeltop符号，即可弹出描述abeltop逻辑的文本文件abeltop.abl。此时可以浏览或编辑ABELHDL设计文件。浏览完毕后执行菜单【File】→【Exit】退回顶层原理图。

(5) 用十字光标单击顶层原理图中的demo符号，即可弹出描述demo逻辑的底层原理图“demo.sch”。此时可以浏览或编辑底层原理图。

(6) 若欲编辑底层原理图，可以使用菜单命令【Edit】→【Schematic】进入原理图编辑器。编译完毕后使用菜单命令【File】→【Save】→【Exit】退出原理图编辑器。

(7) 底层原理图浏览完毕后用十字光标单击图中任意空白处即可退回上一层原理图。

(8) 若某一设计为多层次化结构，则可在最高层逐层进入其底层，直至最底一层；退出时亦可以从最底层逐层退出，直至最高一层。

(9) 层次化操作结束后使用菜单命令【File】→【Exit】退回项目管理器。

5.3.4 ispLEVER工具中VHDL语言的设计方法

用户的VHDL或Verilog设计可以经ispLEVER系统提供的综合器进行编译综合，生成EDIF格式的网表文件，然后可进行逻辑或时序仿真，最后进行适配，生成可下载的JEDEC文件。

在ispLEVER System Project Navigator主窗口中，选择菜单【File】→【New Project】建立一个新的工程文件，此时会弹出如图5.20所示的对话框。注意：在该对话框中的Project Type栏中，必须根据设计类型选择相应的工程文件的类型。本例中，选择VHDL类型。若是Verilog设计输入，则选择Verilog HDL类型。

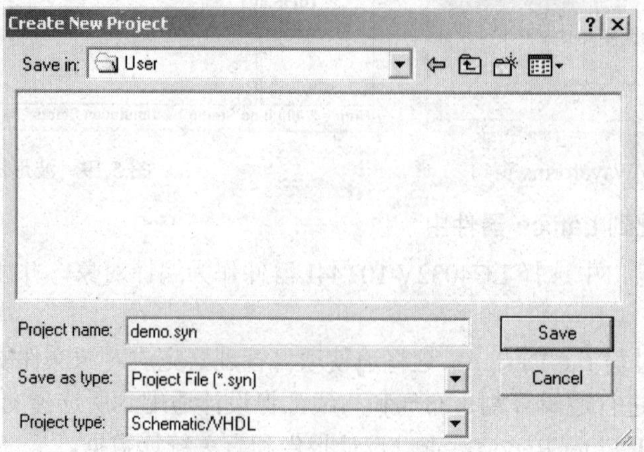

图5.20 新建工程文件

该工程文件存盘为 demo.syn。在 ispLEVER System Project Navigator 主窗口中，执行菜单【Source】→【New】，弹出如图 5.21 所示的 New VHDL Source 对话框。在弹出的 New Source 对话框中，选择 VHDL Module 类型。

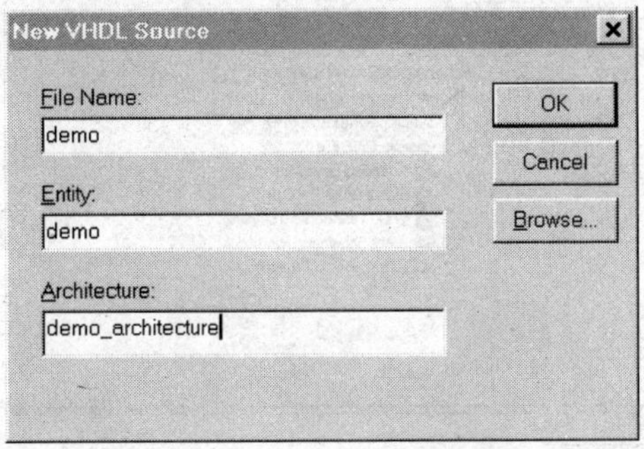

图 5.21　New VHDL Source 对话框

在对话框的各栏中，分别填入图 5.21 所示的信息。单击【OK】按钮，进入 Text Editor (文本编辑器)，编辑如下的 VHDL 文件。在 Text Editor 中输入 VHDL 设计，并存盘。

```
library ieee;
use ieee.std_logic_1164.all;
entity demo is
port ( A, B, C, D, CK:  in std_logic;
     OUTP:      out std_logic);
end demo;
architecture demo_architecture of demo is
signal INP: std_logic;
begin
Process (INP, CK)
begin
     if (rising_edge(CK)) then
          OUTP <= INP;
     end if;
end process;
INP <= (A and B) or (C and D);
end demo_architecture;
```

此 VHDL 设计所描述的电路与 5.3 节所输入的原理图相同，只不过将输出端口 OUT 改名为 OUTP(因为 OUT 为 VHDL 语言的保留字)。

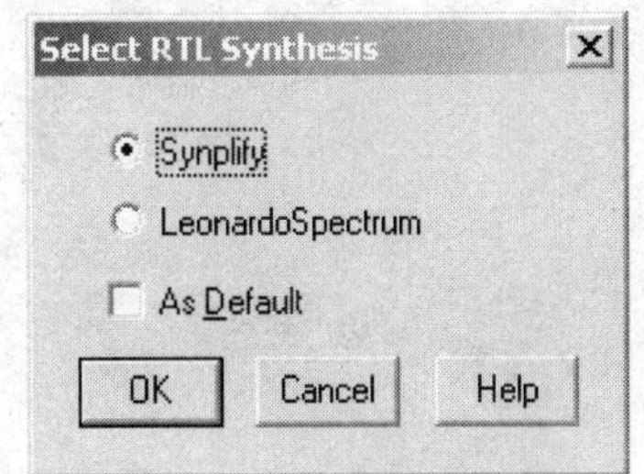

图 5.22　Select RTL Synthesis 对话框

在 ispLEVER System Project Navigator 主窗口左侧的源程序区中，demo.vhd 文件被自动调入。选择器件 ispMACH4A5－64/32-10JC，并启动菜单【Options】→【Select RTL Synthesis】，显示如图 5.22 所示的对话框。在该对话框中选择 Synplify，即采用 Synplify 工具对 VHDL 设计进行综合。此时的 ispLEVER

System Project Navigator 主窗口如图 5.23 所示。

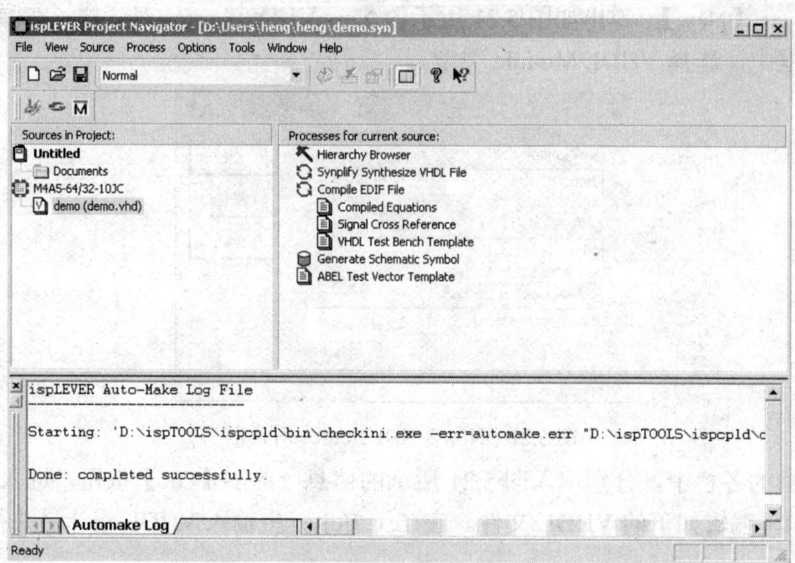

图 5.23 ispLEVER System Project Navigator 主窗口

双击 Processes 窗口的 Synplify Synthesize VHDL File 进行编译、综合。或者执行菜单【Tools】→【Synplify Synthesis】产生如图 5.24 所示的窗口。单击【Add】调入 demo.vhd，然后对 demo.vhd 文件进行编译、综合。

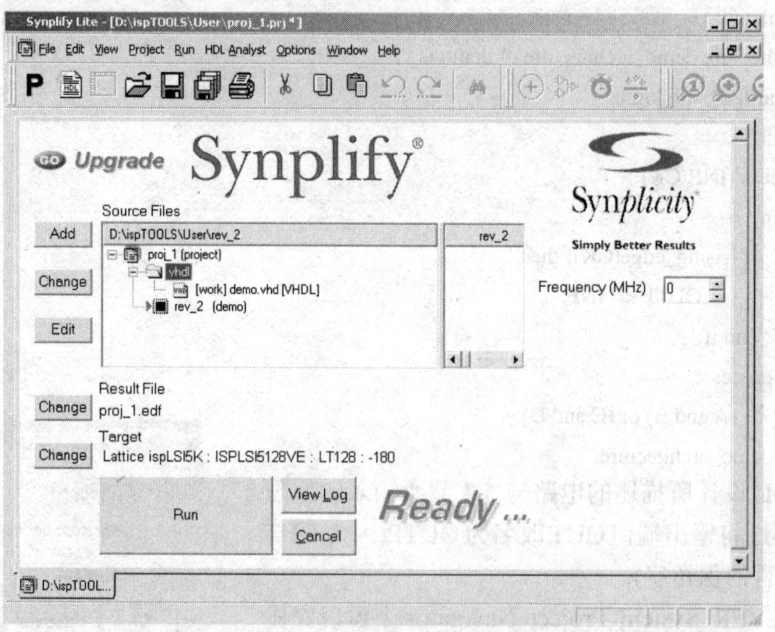

图 5.24 Synplify Synthesis 窗口

若整个编译、综合过程无错误，该窗口在综合过程结束时会自动关闭。若在此过程中出错，可以双击上述 Synplify 窗口中 Source Files 栏中的 demo.vhd 文件进行修改并存盘，然后单击【RUN】按钮重新编译。

在 ispLEVER System Project Navigator 主窗口中选择菜单【Source】→【New】，产生并编辑测试向量文件 demo.abv：

```
module demo;
c,x = .c.,.x.;
CK,A,B,C,D,OUTP        PIN;
TEST_VECTORS
([CK,  A,    B,  C,  D]->[OUTP])
[  c  ,   0   ,0 ,  0 ,0 ]->[ x ];
[  c  ,   0   ,0 ,  1 ,0 ]->[ x ];
[  c  ,   1   ,1 ,  0 ,0 ]->[ x ];
[  c  ,   0   ,1 ,  0 ,1 ]->[ x ];
END
```

在 ispLEVER System Project Navigator 主窗口中选中左侧的 demo.abv 文件，双击右侧的 Functional Simulation 栏，进行功能仿真。在 Waveform Viewer 窗口中观测信号 A、B、C、CK、D 和 OUTP，其波形如图 5.25 所示。

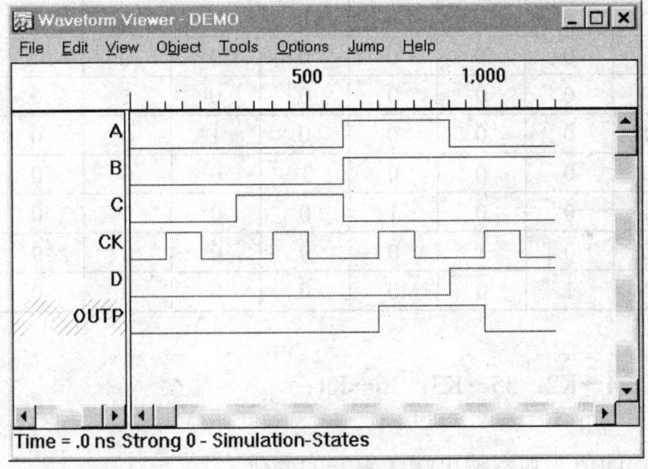

图 5.25　功能仿真波形图

上 机 操 作

操作　3×8 译码器的设计

一、实验目的

(1) 初步了解 VHDL 语言。

(2) 用组合逻辑电路设计 3×8 译码器。

二、实验内容及步骤

1. 实验原理

译码器的外部配置如图 5.26 所示。当 EN=1 时，译码器正常工作；EN=0 时，译码器不工作。

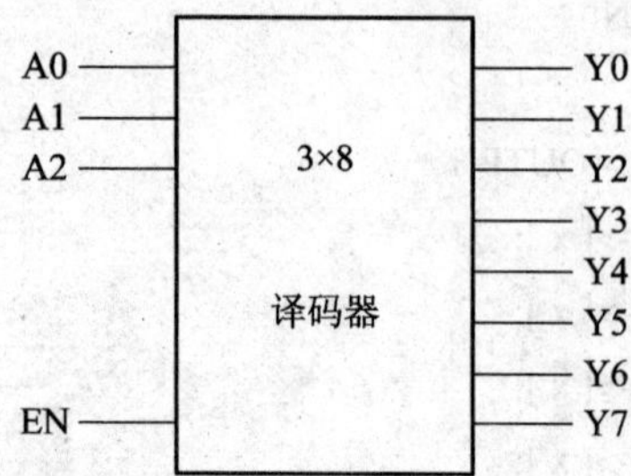

图 5.26　3×8 译码器外部配置图

译码器对应的真值表如表 5.3 所示。

表 5.3　3×8 译码器真值表

A2	A1	A0	Y7	Y6	Y5	Y4	Y3	Y2	Y1	Y0
0	0	0	0	0	0	0	0	0	0	1
0	0	1	0	0	0	0	0	0	1	0
0	1	0	0	0	0	0	0	1	0	0
0	1	1	0	0	0	0	1	0	0	0
1	0	0	0	0	0	1	0	0	0	0
1	0	1	0	0	1	0	0	0	0	0
1	1	0	0	1	0	0	0	0	0	0
1	1	1	1	0	0	0	0	0	0	0

2. 实验连线

33→K1；　34→K2；35→K3；36→K1；

10～3→L1～L8。

通过改变输入端的值，观察输出端译码器的变化。

3. 引脚锁定

引脚锁定如表 5.4 所示。

表 5.4　引 脚 锁 定

信号名	信号模式	引脚号	信号名	信号模式	引脚号
A(0)	IN	35	Y(2)	OUT	5
A(1)	IN	34	Y(3)	OUT	6
A(2)	IN	33	Y(4)	OUT	7
EN	IN	36	Y(5)	OUT	8
Y(0)	OUT	3	Y(6)	OUT	9
Y(1)	OUT	4	Y(7)	OUT	10

4. 实验程序

实验程序如下：

```
library ieee;
use ieee.std_logic_1164.all;
entity encoder is
   PORT(
         A    :IN   STD_LOGIC_VECTOR(2 DOWNTO 0);
         EN   :IN   STD_LOGIC;
         Y    :OUT STD_LOGIC_VECTOR(7 DOWNTO 0));
end;

architecture a of encoder is
   SIGNAL   SEL:STD_LOGIC_VECTOR(3 DOWNTO 0);
begin
   SEL<=A & EN; --将 EN、A2、A1、A0 合并成序列，目的是将 EN 脚的功能融入程序及电路中
                  --当 EN=1 时，译码器正常工作；当 EN=0 时，译码器不动作
   WITH SEL SELECT
         Y<="00000001" WHEN "0001",
              "00000010" WHEN "0011",
              "00000100" WHEN "0101",
              "00001000" WHEN "0111",
              "00010000" WHEN "1001",
              "00100000" WHEN "1011",
              "01000000" WHEN "1101",
              "10000000" WHEN "1111",
              "00000000" WHEN OTHERS;
end a;
```

课 后 练 习

1. 一个完整的 VHDL 程序通常包含哪几部分？
2. VHDL 语言中的操作符大致可以分为几类？分别是什么？
3. 在 ispLEVER 开发工具下，分别采用原理图和文字输入方式设计表决器。

第6章　实　训

本章要点

- 进一步加深对电路仿真、PCB设计和PLD设计的理解
- 培养综合应用能力

6.1　鉴频器电路板的设计

1. 鉴频器电路图

图6.1所示为鉴频器电路，该电路输入的是等幅调频波，输出的是低频调制信号。

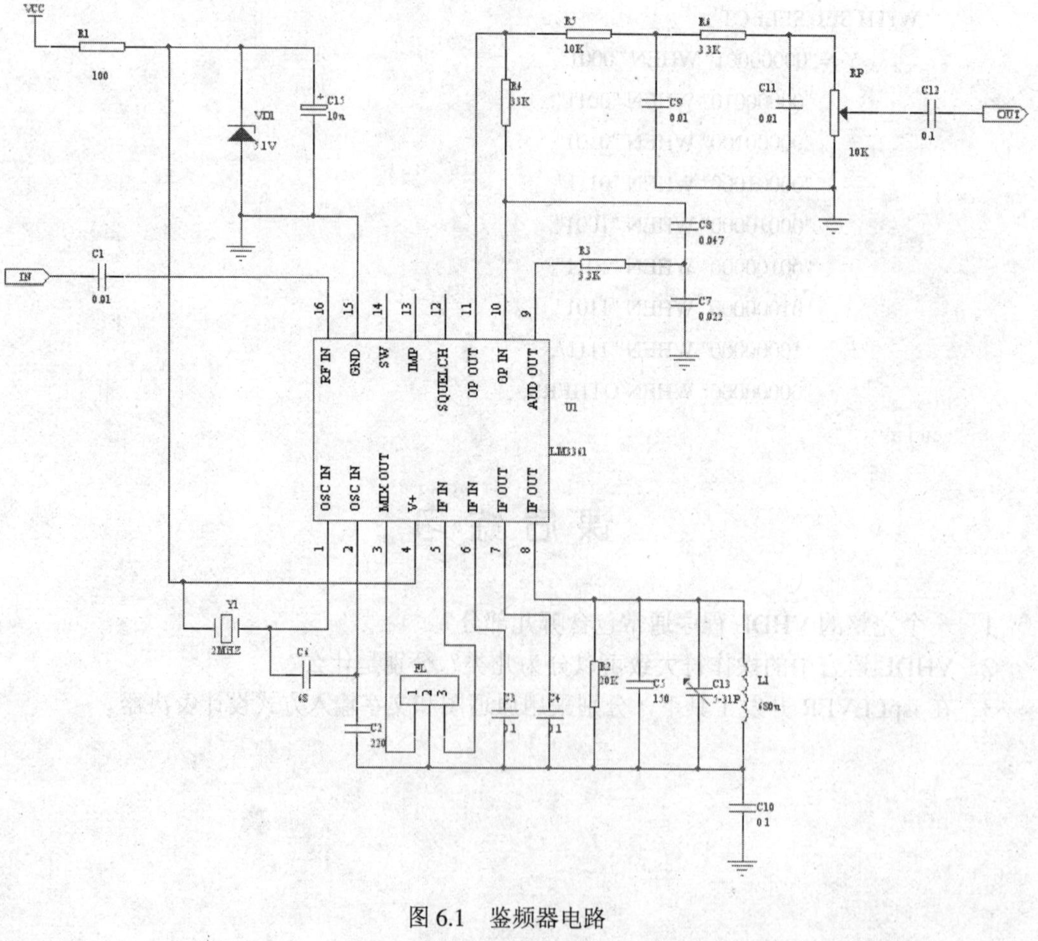

图6.1　鉴频器电路

2．印制版设计

(1) 绘制如图 6.1 所示的鉴频器电路原理图。具体要求为：集成电路 LM3361 的封装形式是 DIP16；电阻 RES2 的封装形式是 AXIAL0.4；电容 CAP 的封装形式是 RAD0.1；电感 INDUCTOR1 的封装形式是 RAD0.3；电解电容 ELECTRO1 的封装形式是 RB.2/.4；晶振 CRYSTAL 的封装形式是 XTAL1；稳压二极管 ZENER1 的封装形式是 DIODE0.4；电位器 POT2 的封装形式是 VR1；陶瓷滤波器 CON3 的封装形式是 SIP3。

(2) 进行电气规则检查并创建网络表。

(3) 规划印制版，设置文档参数。要求印制版尺寸为 2800 mil × 2100 mil；可视栅格 1 设置为 20 mil，可视栅格 2 设置为 100 mil，捕获栅格设置为 20 mil。

(4) 装载原理图的网络表，由于二极管封装中的焊盘编号与原理图中的不一致，在装载过程中会出错，所以要修改封装中的焊盘编号使之与原理图中的编号保持一致，并更新 PCB。

(5) 对元件进行手工布局调整，调整后的布局如图 6.2 所示。

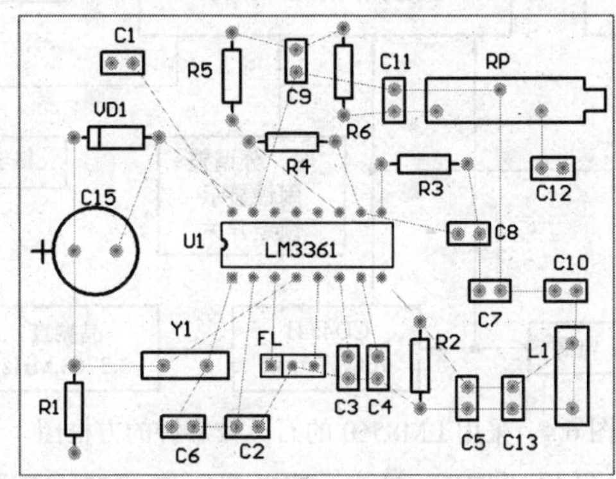

图 6.2　元件布局图

(6) 设置自动布线参数。具体要求如下：

布线间隔：20 mil。

布线转弯角度：45°。

布线层：顶层不使用，底层布线方向任意。

布线宽度：网络 GND 为 50 mil；网络 VCC 为 30 mil；其他为 20 mil。

进行自动布线，并进行手工调整。调整后的电路如图 6.3 所示。

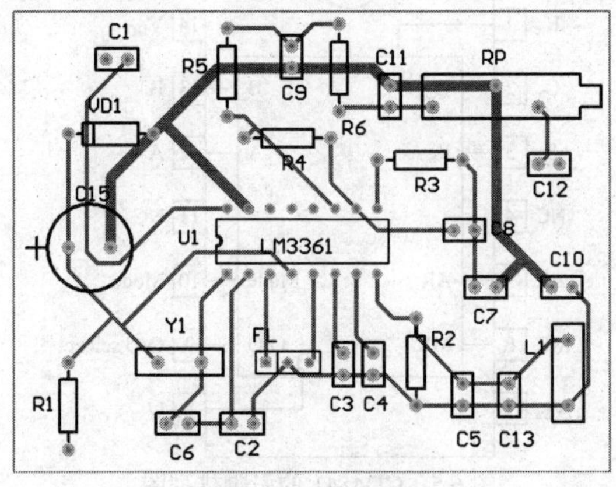

图 6.3　布线后的 PCB

(7) 用 3D 观察印制版设计是否合理。

6.2 数字钟的电路设计

1. 电路原理

数字钟电路一般由振荡器、分频器、计数器、译码器、显示器等几部分组成。这些都是数字电路中应用最广的电路，其组成框图如图 6.4 所示。

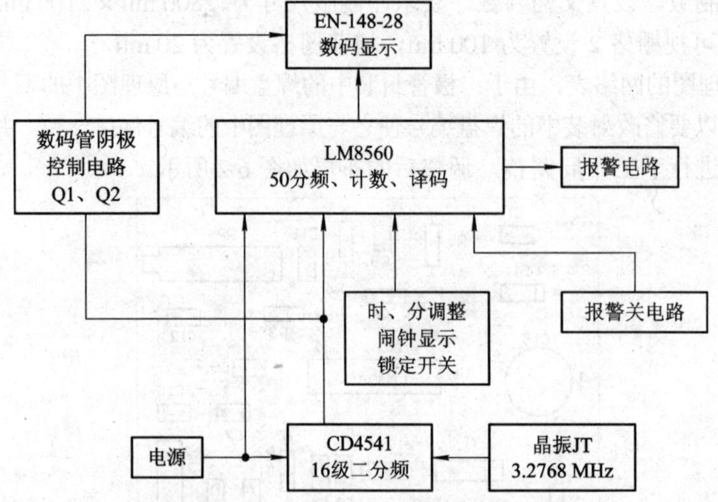

图 6.4 采用 LM8560 的石英数字钟的方框图

通过图 6.4 所示的数字钟组成框图可知：石英晶体振荡器产生的时标信号送到分频器，分频电路将时标信号分成每秒一次的方波做为秒信号，秒信号送入计数器开始计数，并把累计的结果以“时”、“分”、“秒”的数字显示出来。“秒”的显示由两级计数器和译码器组成的六十进制计数器和译码器组成的二十四进制计数电路来实现。

下面简单介绍数字钟电路主要组成部分中元器件的选择：

(1) 可编程定时器采用 CD4541。它是由 16 级二进制计数器、振荡器(RC 电路)、自动电源复位和输出控制电路构成的，其引脚排列图如图 6.5 所示。

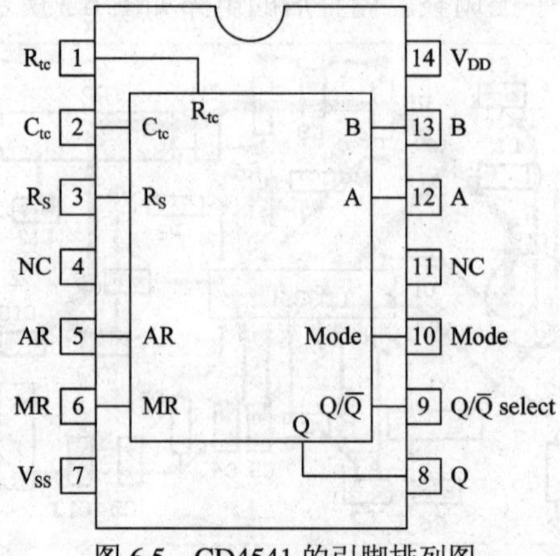

图 6.5 CD4541 的引脚排列图

(2) 计数译码部分采用的是 LM8560 元件。

LM8560 为 P-MOS 大规模集成电路，采用双列直插塑封，配用 4 位数字显示板。LM8560 的引脚排列如图 6.6 所示。

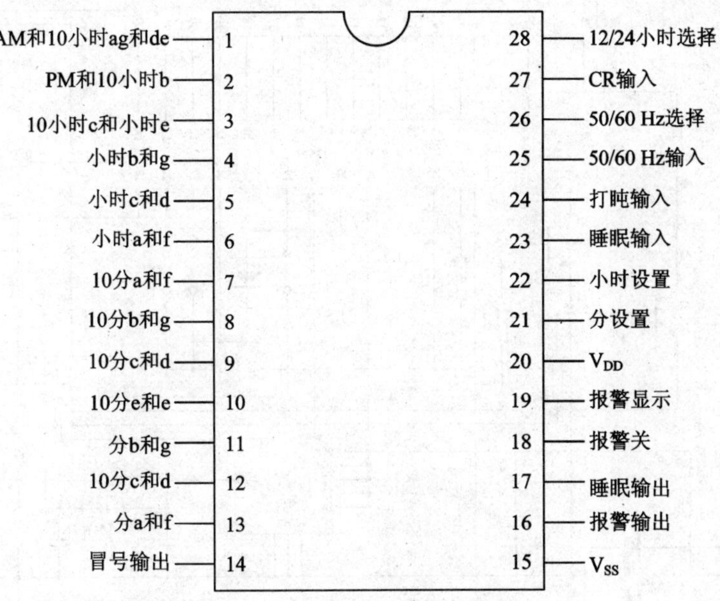

图 6.6 LM8560 的引脚排列图

(3) EN-148-28 为双阴极数码显示屏，其内部电路如图 6.7 所示。

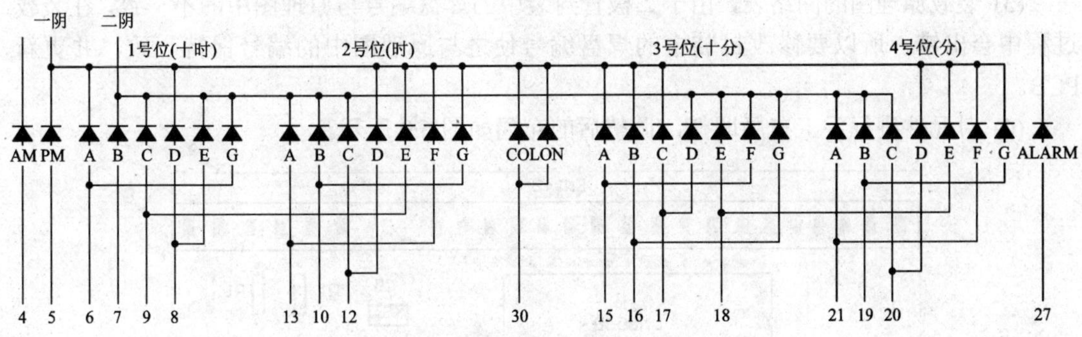

图 6.7 双阴极 LED 数码显示屏

2. 创建电路原理图

绘制如图 6.8 所示的数字钟电路图。具体要求为：集成电路 LM8560 的封装形式是 DIP28；4069 的封装形式是 DIP14；电阻 RES2 的封装形式是 AXIAL0.3；电容 CAP 的封装形式是 RAD0.1；电解电容 ELECTRO1 的封装形式是 RB.2/.4；晶振 CRYSTAL 的封装形式是 XTAL1；二极管 DIODE 的封装形式是 DIODE0.4；喇叭 SPEAKER 的封装形式是 AXIAL0.4；开关 K1～K5 的封装形式是 AXIAL0.3；EN-148-28 的封装形式采用自制。

3. 绘制印制电路板

(1) 进行电气规则检查并创建网络表。

(2) 规划印制版，设置文档参数。要求印制版尺寸为 100 mm × 70 mm；可视栅格 1 设置为 1 mm，可视栅格 2 设置为 10 mm，捕获栅格设置为 0.5 mm。

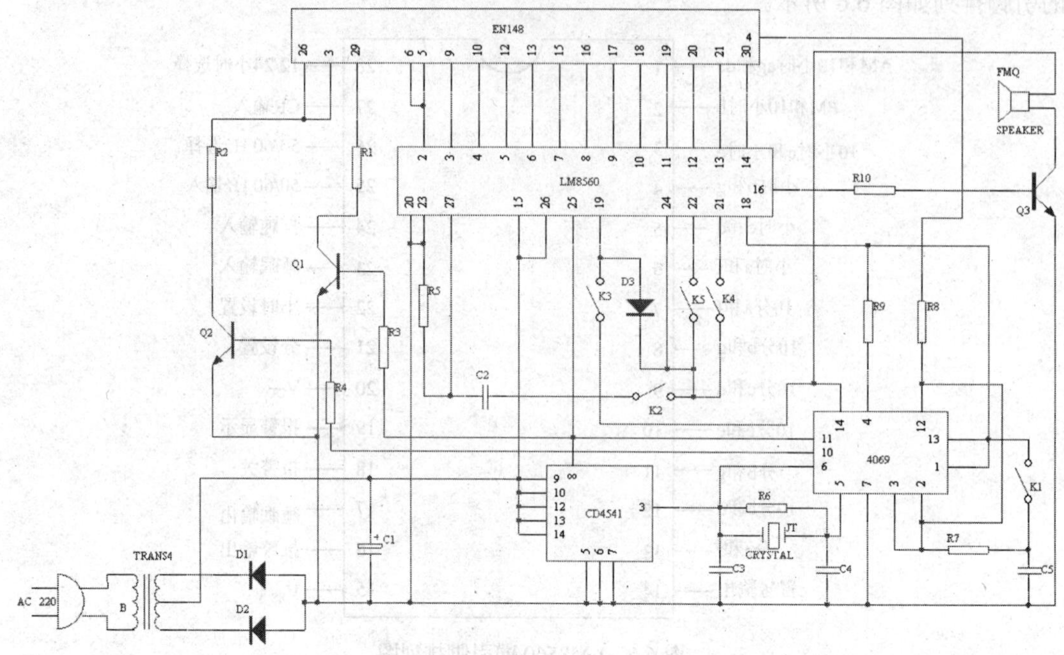

图 6.8　采用 LM8560 的石英数字钟电路图

(3) 装载原理图的网络表，由于二极管封装中的焊盘编号与原理图中的不一致，在装载过程中会出错，所以要修改封装中的焊盘编号使之与原理图中的编号保持一致，并更新 PCB。

(4) 对元件进行手工布局调整，调整后的布局如图 6.9 所示。

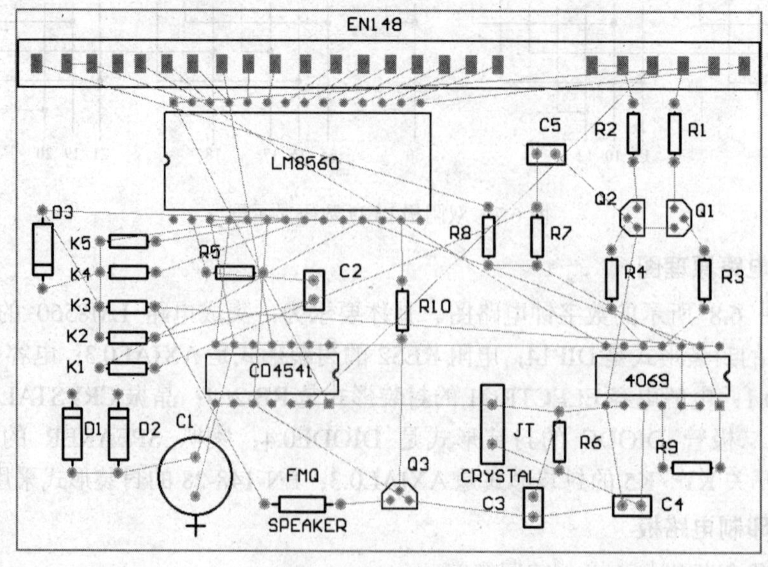

图 6.9　元件布局图

(5) 设置自动布线参数。具体要求如下：

布线间隔：0.254 mm。

布线转弯角度：45°。

布线层：顶层布线方向垂直，底层布线方向水平。

布线宽度：网络 GND 为 1 mm；其他为 0.5 mm。

进行自动布线，并进行手工调整。布线后的电路如图 6.10 所示。

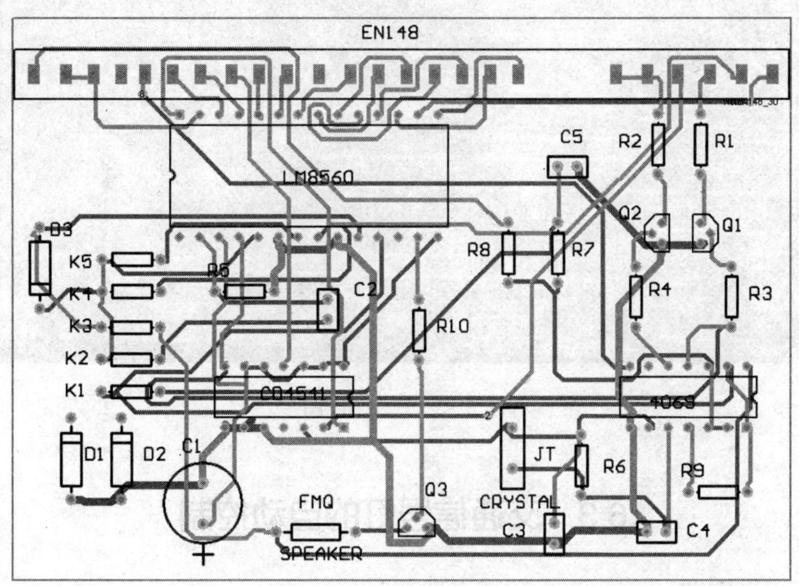

图 6.10　布线后的 PCB

(6) 用 3D 观察印制版设计是否合理。

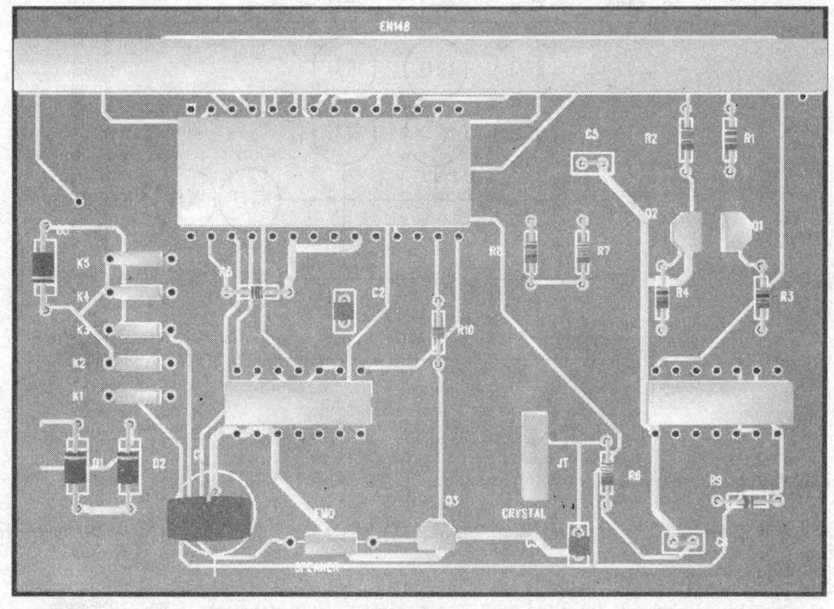

图 6.11　顶层 3D 图

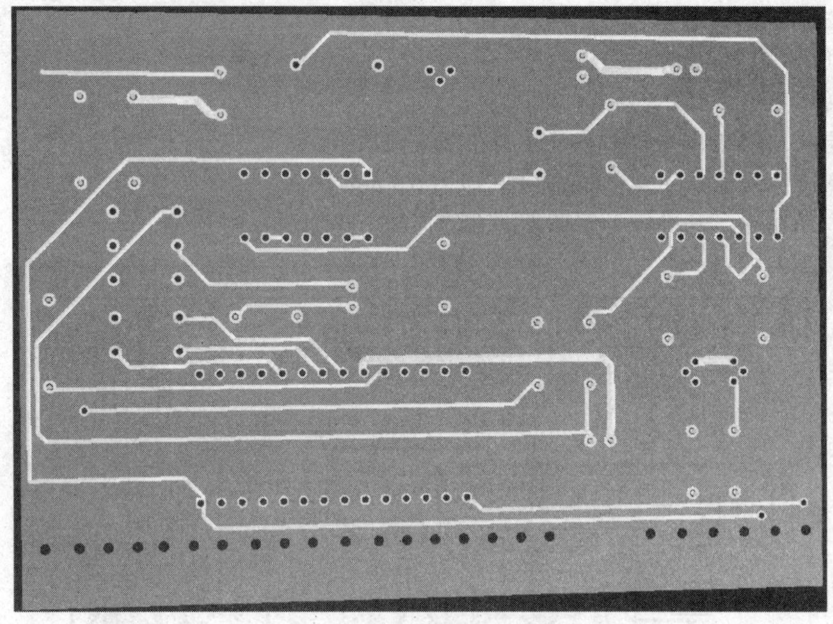

图 6.12　底层 3D 图

6.3　交通信号灯的自动控制

1．交通灯的工作原理

交通灯自动控制原理图如图 6.13 所示。

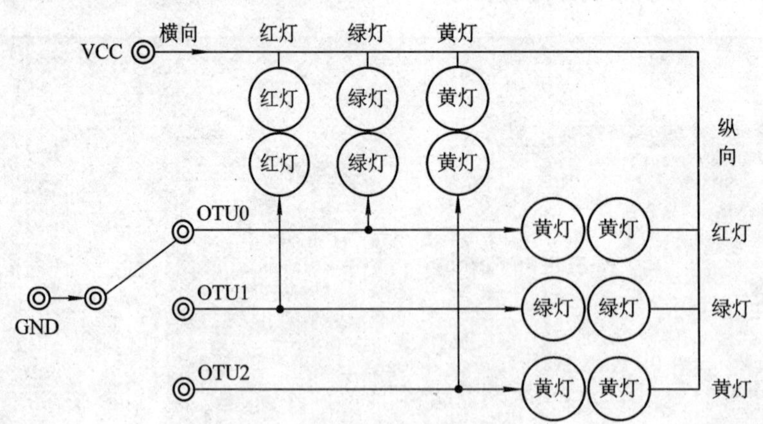

图 6.13　交通灯自动控制原理图

2．交通灯的信号功能

十字路口有 4 组交通灯，对面两组对应，分别以红、黄、绿的次序转换。所有信号为低电平有效，即：

OUT0、OUT1、OUT2 分别为 0、1、1 时，表示纵向红灯亮，横向绿灯亮；

OUT0、OUT1、OUT2 分别为 1、0、1 时，表示纵向绿灯亮，横向红灯亮；

OUT0、OUT1、OUT2 分别为 1、1、0 时，表示纵向黄灯亮，横向黄灯亮。

3. 程序设计要求

(1) 设置一个交通灯工作启动按钮，高电平时开始工作，低电平时四组均显示黄灯，即禁止通行。

(2) 交通灯工作时，程序中先是纵向红灯亮，横向绿灯亮 10 s，然后所有黄灯亮 5 s，接着纵向绿灯亮，横向红灯亮 10 s，周而复始。

(3) 通过改变程序中计数器的计数值来修改交通灯交替点亮的延时时间，以实现十字路口人流量的最佳控制。

4. 实验连线

20(CP1)→1 Hz(系统工作时钟 CLK)；

34→K1(逻辑电平开关 K1，表示交通灯的启停控制)；

10→OUT0(表示纵向红灯亮，横向绿灯亮)；

9→OUT1(表示纵向绿灯亮，横向红灯亮)；

8→OUT2(表示纵向黄灯亮，横向黄灯亮)。

5. 引脚锁定

引脚锁定见表 6.1。

表 6.1 引 脚 锁 定

信号名	信号模式	引脚号	信号名	信号模式	引脚号
CLK	IN	20	LIGHT(1)	OUT	9
START	IN	34	LIGHT(0)	OUT	8
LIGHT(2)	OUT	10			

6. 实验程序

实验程序如下：

```
library ieee;
use ieee.std_logic_1164.all;
use ieee.std_logic_unsigned.all;
entity trafic is
        port ( clk,clk1:in  std_logic;
                R1,R2,Y1,Y2,G1,G2:out std_logic;
                segout:out std_logic_vector(7 downto 0);
                selout:out std_logic_vector(3 downto 0);
--              A,B:  out std_logic_vector(3 downto 0);
end;
architecture arch of trafic is
type states is (s3,s2,s1,s0);
signal state:           states:=s0;
```

```
signal next_state:        states:=s0;
signal count:std_logic_vector(2 downto 0);
signal counta:std_logic_vector(1 downto 0);
signal sel:std_logic_vector(3 downto 0);
signal temp:std_logic_vector(3 downto 0);
signal num:std_logic_vector(7 downto 0);
signal count0: std_logic_vector(3 downto 0):="0000";
signal count1: std_logic_vector(3 downto 0):="0000";
signal data0: std_logic_vector(3 downto 0):="0000";
signal data1: std_logic_vector(3 downto 0):="0000";
signal light: std_logic_vector(5 downto 0);
signal en,load,carry: std_logic;
begin
process(clk1)
begin
    if(rising_edge(clk1))then
        if(counta="11")then
            counta<="00";
        else
            counta<=counta+'1';
        end if;
    end if;
end process;
    p1:process(clk)
    begin
            if rising_edge (clk) then
                count <= count+'1';
            end if;
    end process p1;
    p11:process (clk)
    begin
            if rising_edge (clk) then
                if count="111" then
                    carry<='1';
                else
                    carry<='0';
                end if;
            end if;
    end process p11;
```

```
p2:process(carry,load)
    begin
        if rising_edge (carry) then
            if load ='1' then
                count0<=data0;
            elsif count0="0000" then
                count0<="1001";
                else
                count0<=count0-'1';
            end  if;
        end if;
    end process p2;
p22:process(carry,count0)
begin
    if carry='0' then
        if count0="0000" then
            en<='1';
            else
            en<='0';
        end if;
    end if;
end process p22;
p3:process(carry,en)
    begin
        if (rising_edge (carry) and en='1') then
            if load ='1' then
                count1<=data1;
            elsif count1="0000" then
                count1<="1001";
                else
                count1<=count1-'1';
            end  if;
        end if;
end process p3;
p4:process(carry)
    begin
        if (falling_edge (carry) ) then
            if( count0 ="0000" and  count1 ="0000") then
                load<='1';
```

```
                    state<=next_state;
                    else
                         load<='0';
                    end  if;
               end if;
     end process p4;
     p6:process(state)
          begin
               case state is
                    when s0 => light <="001100";
                         next_state<=s1;
                         data0<="0000";
                         data1<="0011";
                    when s1 => light <="010100";
                         next_state<=s2;
                         data0<="0100";
                         data1<="0000";
                    when s2 => light <="100001";
                         next_state<=s3;
                         data0<="0000";
                         data1<="0010";
                    when s3 => light <="100010";
                         next_state<=s0;
                         data0<="0100";
                         data1<="0000";
               end case;
     end process p6;
SEL<="1110" when counta="00" else
          "1101" when counta="01" else
          "1011" when counta="10" else
          "0111" when counta="11";
temp<=    count0 when sel="1110" else
     count1 when sel="1101" else
     count0 when sel="1011" else
     count1 when sel="0111";
WITH temp select
     NUM   <="00000011" WHEN "0000",
                    "10011111" WHEN "0001",
                    "00100101" WHEN "0010",
```

```
                    "00001101" WHEN "0011",
                    "10011001" WHEN "0100",
                    "01001001" WHEN "0101",
                    "01000001" WHEN "0110",
                    "00011111" WHEN "0111",
                    "00000001" WHEN "1000",
                    "00001001" WHEN "1001",
                    "00010001" WHEN "1010",
                    "11000001" WHEN "1011",
                    "01100011" WHEN "1100",
                    "10000101" WHEN "1101",
                    "01100001" WHEN "1110",
                    "01110001" WHEN OTHERS;
--      A<=count0;
--      B<=count1;
        selout<=sel;
        segout<=num;
        R1<=not light(5);
        Y1<=not light(4);
        G1<=not light(3);
        R2<=not light(2);
        Y2<=not light(1);
        G2<=not light(0);
end arch;
```

参考文献

[1] 郭勇. EDA 技术基础. 北京：机械工业出版社，2005.

[2] 吉雷. Protel 99 SE 从入门到精通. 西安：西安电子科技大学出版社，2000.

[3] 潘永雄，等. 电子线路 CAD 实用教程. 西安：西安电子科技大学出版社，2004.

[4] 陈雪松，等. VHDL 入门与应用. 北京：人民邮电出版社，2000.

[5] 蒋卓勤，邓玉元. Multisim2001 及其在电子设计中的应用. 西安：西安电子科技大学出版社，2003.

[6] 王振宇. 电子设计自动化(EDA). 北京：电子工业出版社，2007.

[7] 潘松，等. EDA 技术及其应用. 北京：科学技术出版社，2007.

[8] 毕满清. 电子技术实验与课程设计. 北京：机械工业出版社，2005.

~~~~~~~自动控制、机械类~~~~~~~

书名	定价
控制工程基础(王建平)	23.00
现代控制理论基础(舒欣梅)	14.00
过程控制系统及工程(杨为民)	25.00
控制系统仿真(党宏社)	21.00
模糊控制技术(席爱民)	24.00
运动控制系统(高职)(尚丽)	26.00
工程力学(项目式教学)(高职)	21.00
工程材料及应用(汪传生)	31.00
工程实践训练基础(周桂莲)	18.00
工程制图(含习题集)(高职)(白福民)	33.00
工程制图(含习题集)(周明贵)	36.00
现代工程制图(含习题集)(朱效波)	48.00
现代设计方法(曹岩)	20.00
液压与气压传动(刘军营)	34.00
液压与气压传动案例教程(高职)(梁洪洁)	20.00
先进制造技术(高职)(孙燕华)	16.00
机电一体化控制技术与系统(计时鸣)	33.00
机械原理(朱龙英)	27.00
机械设计(王宁侠)	36.00
机械 CAD/CAM(葛友华)	20.00
画法几何与机械制图(叶琳)	35.00
机械制图与 CAD(含习题集)(杜淑幸)	59.00
机械设备制造技术(高职)(柳青松)	33.00
机械制造技术实训教程(高职)(黄雨田)	23.00
机械制造基础(周桂莲)	21.00
特种加工(高职)(杨武成)	20.00
数控加工进阶教程(张立新)	30.00
数控加工工艺学(任同)	29.00
数控机床电气控制(高职)(姚勇刚)	21.00
机床电器与 PLC(高职)(李伟)	14.00
电机与电气控制(高职)(冉文)	23.00
电机安装维护与故障处理(高职)(张桂金)	18.00
供配电技术(高职)(杨洋)	25.00
模具制造技术(高职)(刘航)	24.00
塑料成型模具设计(高职)(单小根)	37.00
液压传动技术(高职)(简引霞)	23.00
发动机构造与维修(高职)(王正键)	29.00
汽车典型电控系统结构与维修(李美娟)	31.00
汽车单片机与车载网络技术(于万海)	20.00
汽车故障诊断技术(高职)(王秀贞)	19.00
汽车使用性能与检测技术(高职)(郭彬)	22.00
汽车电工电子技术(高职)(黄建华)	22.00
汽车电气设备与维修(高职)(李春明)	25.00
汽车空调(高职)(李祥峰)	16.00
现代汽车典型电控系统结构原理与故障诊断	25.00

~~~~~~~~~其 他 类~~~~~~~~~

书名	定价
移动地理信息系统开发技术(李斌兵)(研究生)	35.00
地理信息系统及 3S 空间信息技术(韦娟)	18.00
管理学(刘颖民)	29.00
西方哲学的智慧(常新)	39.00
实用英语口语教程(含光盘)(吕允康)	22.00
高等数学(高职)(徐文智)	23.00
电子信息类专业英语(高职)(汤滟)	20.00
高等教育学新探(杜希民)(研究生)	36.00
国际贸易实务(谭大林)(高职)	24.00
国际贸易理论与实务(鲁丹萍)(高职)	27.00
电子商务与物流(燕春蓉)	21.00
市场营销与市场调查技术(康晓玲)	25.00
技术创业：企业组织设计与团队建设(邓俊荣)	24.00
技术创业：创业者与创业战略(马鸣萧)	20.00
技术创业：技术项目评价与选择(杜跃平)	20.00
技术创业：商务谈判与推销技术(王林雪)	25.00
技术创业：知识产权理论与实务(王品华)	28.00
技术创业：新创企业融资与理财(张蔚虹)	25.00
计算方法及其 MATLAB 实现(杨志明)(高职)	28.00
网络金融与应用(高职)	20.00
网络营销(王少华)	21.00
网络营销理论与实务(高职)(宋沛军)	33.00
企划设计与企划书写作(高职)(李红薇)	23.00
现代公关礼仪(高职)(王剑)	30.00
布艺折叠花(中职)(赵彤凤)	25.00

欢迎来函来电索取本社书目和教材介绍！ 通信地址：西安市太白南路 2 号 西安电子科技大学出版社发行部
邮政编码：710071 邮购业务电话：(029)88201467 传真电话：(029)88213675。